INNER SOLAR SYSTEM
（内部太陽系）

絲の太陽たちが

灰黒色の荒地の上に。

この太陽の光の色調《トーン》を

樹木の高さの

ひとつの

想いがとらえる——

まだ歌える歌がある

人間の

かなたに。

——パウル・ツェラン［飯吉光夫・訳］

B E Y

ビヨンド

惑星探査機が見た太陽系

O　　　N　　　D

マイケル・ベンソン

はじめに：
明日の探検者たち

左ページ：本書で唯一の、人間が撮影した写真。
アルフレッド・ウォーデン宇宙飛行士撮影、
地球の分光（紫外線）写真。
アポロ15号、1971年7月31日

2001年12月、コロンボに住む私のところへ初めてやってきたマイケル・ベンソンは、「我々の種はまだ幼年期にあるが、宇宙旅行によって進化の次なる段階にさしかかった」という、私が繰り返し取り上げてきたテーマについて次のように尋ねた。スタンリー・キューブリックと私が60年代につくったあの映画、『2001年宇宙の旅』の約束は、なぜいまだ果たされていないのか、と。マイケルは、当時私が書いた文章を引用してみせた。

それまで棲んでいた海から、条件が厳しく未知なる大地へとあえて移住した生物だけが、知能を発達させることができた。そして、その知能をもつ生物がさらに大きな挑戦をしようとしているいま、この美しい地球はもはや、塩の海と星の海とのあいだのつかの間の居場所にすぎないのかもしれない。我々はいま、前へと進まねばならないのだ。

発展の進捗状況にマイケルが失望するのも理解できる。宇宙旅行の話となれば、なおさらだ。（人類初の宇宙観光に飛び立った億万長者が国際宇宙ステーションを訪ねる、ということはあったにせよ）地球周回軌道にヒルトン・ホテルができたわけでもなければ、クラヴィウス・クレーターに埋もれたナゾの人工遺物を探す探検者たちが月面基地にあふれているわけでもない。それどころか、７名の宇宙飛行士全員が死亡した先頃のスペースシャトルの悲劇を考えれば、これまでの成果さえ色褪せて思えてしまう有様だ。

最初の訪問から１年後、マイケルは本書に収められることになる美しい写真の数々をもって再び現われた。これらの画像を見ていると、人類の発展をそれほど悲観する必要はなさそうだ。かつて世界が経験したことのない大冒険時代に私たちは生きているのだということを、改めて認識させてくれるのである。

思えば、コロンブスはあまり恵まれてはいなかった。ヨーロッパを後にしたとき彼の前にあったのは、4000年前に算出された、地球１周分の距離だけだった――しかも彼は、「インド諸島」への旅が実現可能だと周囲に信じ込ませるため、その距離を少なめにごまかしていたのだ。本書の素晴らしい写真が示しているように、ジョン・F・ケネディの言葉を借りれば「新たな大洋」となる宇宙が舞台となったいま、私たちの前にははるかに長い道がのびている。スプートニクが人類の可能性に対する認識を大きく変えてから40年、そしてアポロが宇宙という新たな視点から私たちの住む惑星の姿を見せてくれてから30年がたった。その間、いくつもの無人惑星探査機が太陽系を広く調査してきた。そのうちの４機は現在、太陽系を離れて遠い星々への航海を続けている。こうした勇猛果敢な探検者たちは、私たちが想像してきたことをはるかに超える、驚くべき事実を明らかにしてくれた。かつて人間は、ぼんやりとした火星の砂漠や巨大な木星の周囲をまわる四つの小さな光を、地球の不安定な大気をとおして望遠鏡で観測するしかなかったのだ。

イギリス天文協会やイギリス王立天文学会の今は亡き仲間たちに、ここにある写真を見せてやりたかった。ニール・アームストロングのあの「小さな」、だが実際には巨大な一歩よりもさらに大きな飛躍を、私たちは確かに成し遂げてきたのである。いや、正確には無人探査機が私たちのかわりに成し遂げてくれたと言うべきか。1951年に『The Exploration of Space（宇宙探検）』を書いたとき、私は、それから10年もしないうちに人類が宇宙を旅しようとは夢にも思わなかったし、ましてや20年あまりで有人月面探査の第一段階が始まり、そのうえ終わってしまうとは想像もしていなかった。アポロ17号が1972年に月から帰還して以降、有人宇宙船が低い地球周回軌道上にとどまっているのは確かなことだ。しかし、太陽系と恒星との両方において新たな局面が展開していたこともまた事実なのである。そして、それを実現可能にしたのが高性能の機械たちだった。

おそらく私たちはいつの日か、金星の焼けつくような平原で昼下がりのそぞろ歩きを楽しめるテクノロジーを手にできるだろう。しかし、いまのところ金星探査をしたり、ガスにおおわれた木星の大気を採取したり、土星の神秘的な衛星タイタンをおおう雲の中に降りていったりする（2004年末、土星に接近した探査機カッシーニが、大気探査用プローブをタイタンに投下する予定）のは、ますます自律性を高めていく惑星探査ロボットを介してのことになる。

だから、この本にまとめられた探検が機械によっておこなわれたものであっても、残念に思う必要はまったくない。実のところ、本書のタイトルが示すとおり、私たちは種としての発展において、非常に面白い段階に到達したのである。私たちのつくった機械が、はるか彼方で動いているのだから。そもそもここに至ったプロセスの起源は、はるか先史時代に遡る。いまから100万年ほど前、アフリカ大陸のどこかにいた、特別変わったところもない霊長類の動物が、移動するという目的以外にも前肢を使えることに気づいた。棒きれや石、あるいは『2001年』に登場する人類の祖先ムーン・ウォッチャーが振り回していた骨などは、手でしっかりと握ることができ、それで獲物を殺したり、根を掘り出したり、隣人を襲ったりするのに役立った。道具というものが現われてから、太陽から３番目の惑星は様相を一変させたのである。

ムーン・ウォッチャーが放り投げた骨から地球をまわる人工衛星へと移る、キューブリックの見事なカット（これ以上長いフラッシュフォワードは映画史上ほかにあるまい）が饒舌に語ってみせたように、その間の数千年、私たちは長い長い道のりを進んできた――平和共存能力については疑問が残るが、とにかく私たち人類の能力が発達してきたことは間違いない。そしてもうひとつ、これはあまり理解されていないが、あの作品がはっきりと示していたのは、道具を初めて使ったのが人間ではなく、人類出現以前の類人猿だったということである。道具を発見したことで、彼らの運命は決ったのだ。道具は、たとえ単純きわまりないものであっても、使う者の精神と肉体にきわめて大きな刺激を与える。道具を使うために直立歩行しなければならなくなり、より高度なレベルの動きをこなすためにさらに手先を器用にしなければならなくなる。それはいうまでもなくホモ・サピエンスの特徴である。そうした特徴がそなわりはじめた途端、それ以前の古いタイプは急速に衰退へとむかうことになったのだ。

人間が道具を発明したという従来の考えは誤解を招きやすいうえ、真実の半面しか捉えていない。道具が人間をつくったという方がむしろ正確だろう。当然のことながら、そもそも道具は非常に原始的なものだった。類人猿とほとんど変わらない者たちが振り回す、石斧や木の棍棒といった類のものだったのだ。それでも、そうした道具こそが私たちをつくるに至ったのであり、そしてまた、最初に道具を使った猿人たちの絶滅を招いたのである。やがては、私たち霊長類という種をも、絶滅や、表舞台からの降板に追い込むかもしれない。

実際、私たちがつくりだしてきたさまざまな道具は、私たちの後継者となっても不思議ではないだろう――特に、ニール・アームストロングや仲間のヒューマノイドたちが30年前月へ行くのに利用したのと同じ発射台からその多くが打ち上げられた、本書の主題である探査機などは、後継者の資格を十分にもっている。生物学的進化は、それよりはるかに急速なテクノロジーの進歩に取って代わられたのだ。だから、やがてこんなふうにいわれる日が来るかも知れない。「道具が人間をつくり、人間は新たな道具を発明し、その道具が人間に取って代わった」。

こうしたホモ・サピエンスからマキナ・サピエンスへというような、起こりうる進化プロセスが、短い宇宙飛行史のなかで、どのように予言され反映されているかを記しておこう。最初の宇宙探査機、スプートニク２号には、科学機器だけでなく、ライカという犬も載せられていた。この不幸な生物は命を落としてしまったが、その後ソ連の宇宙カプセルで飛び立った犬たちは、地球に無事生還した。アメリカの初期の打ち上げではチンパンジーたちが周回軌道に送られ、これもまた回収された。コヨーテやオオカミの家畜化された子孫、そしてジャングルにすむ、私たちと近い関係にある霊長類が無事、地球へ戻って来られるようになって、ようやく人類も宇宙に飛び立った。最後の月面着陸以来、ほかの世界を目指して地球を旅立っていったのは、人間がつくった機械だけである。（そう、すでに一世代以上に相当する年月、地上わずか数百㎞の地球周回軌道より遠くへ行った人間はひとりもいないのだ。）このパターンが何か重大なことを告げていると思わなければ、この偶然はあまりにできすぎだ。

機械が私たち人間の後を継ぎつつある、継ごうとしている、というアイディアは、いうまでもなくＳＦの世界では使い古されたテーマである。チャペックの戯曲『R.U.R.(ロボット)』、サミュエル・バトラーの小説『エレホン』、メアリー・シェリーの小説『フランケンシュタイン』、ファウスト伝説から、ミノス王お抱えの個人科学研究所とでも呼ぶべきダイダロスがつくったという不思議なひとがたにいたるまで（これはまったくの作り話だったわけでもないらしい）、昔からあったものだ。このように、『2001年』に出てくるHAL-9000の祖先には、評判のいいものも悪いものもいた。そして、人類はまだあのようなコンピュータをつくるには至っていないものの、それが可能であることはもうわかっている。

現代のコンピュータの多くがいまだに高速半知性体の域を出ず、細かくプログラムされた以上のことはほとんどできないという事実を前に、人々は偽りの安心感を抱いてきた。宇宙探査機のようなロボットたちの成功例に、進化の次段階のはじまりの可能性を認めたマイケルの判断は正しい。もし、機械の創造的可能性など信じることができないというなら、ここにある写真を見るといい。……そしてチェスの世界チャンピオン、ガルリ・カスパロフと話をしてみればいい。カスパロフがIBMのコンピュータ、ディープ・ブルーとの対戦で敗れたことは、すでに歴史の転換点とみなされているのだから。

オリジナリティと創造力は人間だけがそなえた特性だとする主張を耳にすると、動かなくなった旧型車を笑いものにする、威張ったスピード狂のドライバーを思い浮かべてしまう。このような証拠写真があるにもかかわらず、しかもそれは風景写真の最高傑作に数えられてもいいほど素晴らしい出来だというのに、ロボットたちにわずかでも知性や創造性があることを認めようとしない人は多いのである。だが、認めるのは早ければ早いほどいい。経験から学んで、失敗もうまく利用し、さらには人間と違って同じ過ちを二度と繰り返さない、そんな機械を私たち人間はもうすでに開発しているのだ。じっと座って指示を待つのではなく、世界を、それももしかしたらいくつもの世界を、根ほり葉ほりとしか表現しようのないやり方で探検してまわるインテリジェント・マシンが存在しているのである。本書の写真を撮影した探査機の多くを設計した機関、カリフォルニア州パサデナのジェット推進研究所は、金属の「骨」をもち、半有機的「筋肉」につつまれた「腕」を特色とする革新的なデザインを研究中で、その腕の先につく「指」は神経終末によく似たものをそなえる予定だ。だが、それもまだほんの始まりにすぎない。

そういうわけだから、人類の進化における「ミッシングリンク」を探す必要はもうない。それは私たちだったのだ。ニーチェがいうように、人間は動物と超人のあいだに張られた１本のロープである。はかりしれない距離を結ぶロープなのだ。知性と創造力とは、有機的生命体からでなければ生じないかもしれない。命あるものだけが、本質的に、単純な有機体から複雑な有機体へと進化できるのだから。生命のない惑星で、ほかからの助けも受けず、金属鉱物や鉱床が自力でコンピュータに直接進化するということはまずありえない。だが、知性と創造力が生物からしか生まれないとしても、一旦生み出されてしまえば、その知性と創造力は、いまのところは必要とされている脆い有機基質がなくてもやっていけるようになるかもしれない。そして機械知能の進化をうながす最高の刺激が、宇宙への挑戦なのだ。

私たち人間が直接行ける場所、つまり精巧な機械に守ってもらわなくても生きられる場所は、宇宙全体のなかでもほんのわずかしかない。もし地球全体を人類の「生活圏」と捉え、海抜０mから5000mのどこにでも暮らせるとすると、その合計はおよそ20億km^{3}になる。とても広く聞こえる。一辺数kmの立方体に全人類が詰め込めることを思えば、なおのこと広い。だがそれも大宇宙を前にしては微々たるものでしかない。最新型でなくとも望遠鏡をのぞいてみさえすれば、その何億倍も、何億倍も、何億倍も、何億倍も、何億倍も広い空間を見渡すことができるのである。

こうした途方もなく大きな数字は、私たちのかよわい有機的脳には当然理解を越えた概念なのだが――マイクロチップでできた脳になら、とらえられない概念ではないが――わかりやすく説明できないこともない。すでに把握されている宇宙を地球大に縮小してみると、私たちが保護なしに生きられる空間は、ほぼ原子ひとつ分の大きさとなる。

この広大な既知の空間で私たち有機的人間がほかの「原子」に移住しようとすれば、技術的にとてつもない努力が必要になる。宇宙空間や新しい星の温度、気圧、重力から私たちのか弱く繊細な肉体を守るために、エネルギーのほとんどを費やさなければならないからだ。機械なら、こうした過酷な状況にもかなりのレベルまで耐えられる。さらに重要なのは、宇宙空間の長い長い旅に必要な何十年、何百年という時を、機械ならじっと耐えられるという点だ。

肉と血からなる私たち生物にも宇宙探検は可能だ――スペースシャトルの悲しい事故のように滞ることはあったとしても、実際にやっていくだろう。探査機のおかげで行く手にどんなことが待ち受けているのか、私たちはコロンブスやマゼランよりずっと正確に把握できている。だが、実際に新世界を征服できるのは、金属とプラスチックでできた機械だけなのかもしれない。すでにそうなりはじめているように。いつの日か恒星へと旅立っていくであろう機械知能の姿を、ボイジャーやパスファインダーの小さな脳がわずかにかいま見させてくれる。H・G・ウェルズは、「選択すべきは宇宙――さもなくば無だ」という有名な言葉を残した。だが、彼は必ずしも私たち人間が選択すべきだとは言明していないし、現在のようなロボットを使った方法で宇宙を選択する可能性も除外してはいない。

本書に収められたみごとなまでに美しい写真を見ていると、私はふとこんなことも考える。知性と創造力とは、この惑星のどこよりも過酷で複雑な環境に直面しなければならない宇宙でしか、その潜在能力を完全に発揮することはできないのかもしれないと。どんな能力もそうだが、知性や創造力もまた葛藤と闘いのなかで伸ばされる。これからの時代、鈍く独創性のない者は古く穏やかな地球に残り、真の天才と冒険者が宇宙を舞台に活躍することになるのかもしれない。そしてそこは、肉と血ではなく、機械の領域なのだ。

ちょうど40年前、私は『未来のプロフィル』という作品で「第３法則」を発表した。それは、十分に進んだテクノロジーはどのようなものであれ魔法と見分けがつかないというものだ。機械の体をもつ私たちの子孫は、やがて人間が定義した知性の範囲を大きく越え、人間にはまったく理解できないゴールを目指して進んでいくのかもしれない。そうであるとすれば、塩の海から星の海へとつづく何千年もの旅路をしめくくるのは、私たち人間ではなく彼らということになるだろう。いつの日か、本書の写真を撮った素晴らしい機械たちの末裔が、新たなフロンティアを求めて、銀河系の外へと旅立ち、私たち人間は、彼らが最初に探検してみせてくれた太陽系の主として、ふたたび後に残されるのだろう。本書のエピグラフにあるように、そのとき彼らは、彼ら自身が歌える歌を見つけているかもしれない。人間のかなたに。

2003年２月

スリランカ、コロンボにて

アーサー・C・クラーク

THE EARTH-MOON SYSTEM

地　球　と　月

左ページ：南アフリカ。
オーブビュー２号、1999年８月18日

初めに、天と地は、同じひとつのとてつもない文章［創世記第一章第一節：初めに、神は天地を創造された。（以下、［　］内は訳注）］のなかに隣り合って漂っていた。前後の順で序列めいたものはほのめかされているが、価値は等しく認められていたようだ。不格好な大地（海は静まることがなく、山々は揺れ動いて、砂漠はひからび、ジャングルは鬱蒼としている）と巨大な円屋根のような天（明るい光がたゆたい、煙がたなびき、小さな点がきらきらまたたいている）とが、ともかくも同等であるというかのように。言い換えれば、天がすべてを構成するものであることはおろか、地が天のなかにあることにも、果てしがないことにも、また地が非常に特殊特異なものであって、限りのあることにも、さほど意味はなかったのである。

このような多少の見落としはあったものの、天と地はかく名付けられ、すべてを等しくするコスモスという漆黒のパピルスに浮かんでいた。もし何者か、あるいは何物かが、水面をのぞきこんでいたなら、彼か彼女か“それ”は、ごく小さな分子が慌ただしく自己複製をくりかえしているところを目撃しただろう。それは、緑の導火線をつたって、ついには花々を咲かせることになる力であったのだ。その力はやがて、地球が文明発祥の地にすぎず、越えて出ていくべき場所であるという革命的思想を育んでいくだろう。

名もなき観察者は、大きな衛星があることにも気づいただろう。海や陸地にひとたび知的生命体が発生したなら、この衛星は、冴えた光と、地球からの近さとで、地球外の最初の目的地となるのだ。近年の複雑な科学的計算によると、この明るい物体が地球の周期的回転を安定させてくれていなければ、地上の温度は極端に変化し、生命が高度な進化をとげた可能性はきわめて小さいことが明らかになっている。つまり地球と月は実に関わりの深い、複合的天体だったのだ。地球に複雑な生命体が誕生するためには、生命のない灰色の月が、引力で支えてくれることが不可欠だったのである。月は、ボートにたとえるなら、人類の発展を支えるアウトリガーであり、潮の満ち引きをうむ引力は、人類を地球の外へと誘い出してくれたばかりか、私たちが進化できるような環境を地球上に整えるところから助けてくれていたのである。

もし例の観察者が50億年ほど気長に待っていてくれたとしたら、そしていま私たちが宇宙探査機と呼んでいるような小さな調査機器を、青と白の模様が珍しいこの星の近くまで送り込んできていたとしたらどうだろう？　そのデータから、彼（か彼女か、

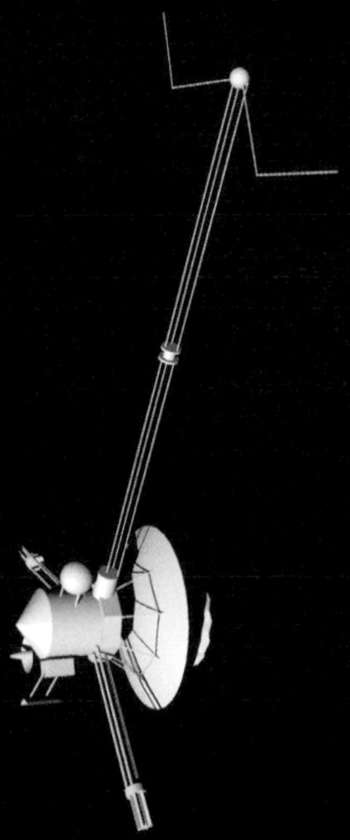

ガリレオ

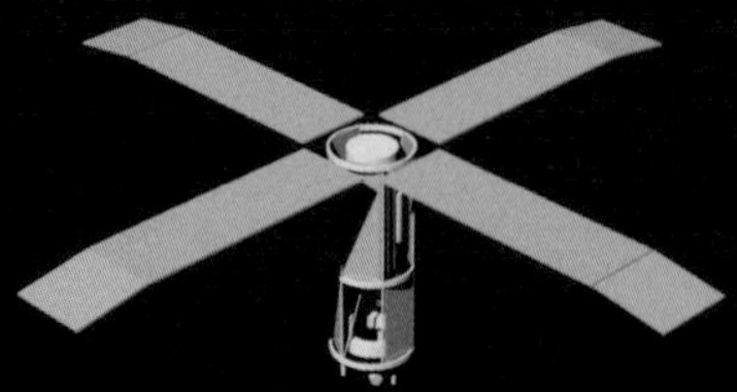

オーブビュー２号

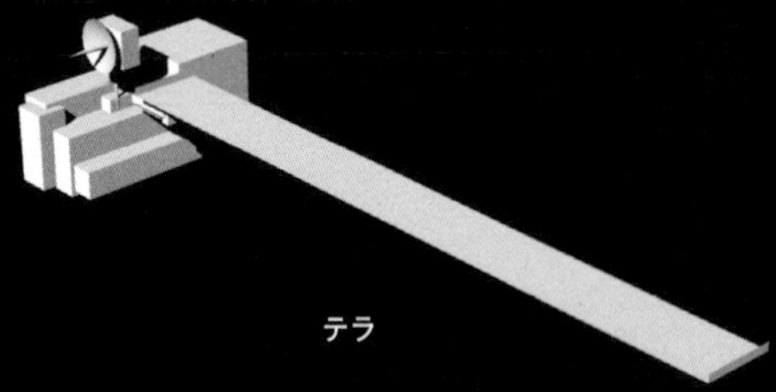

テラ

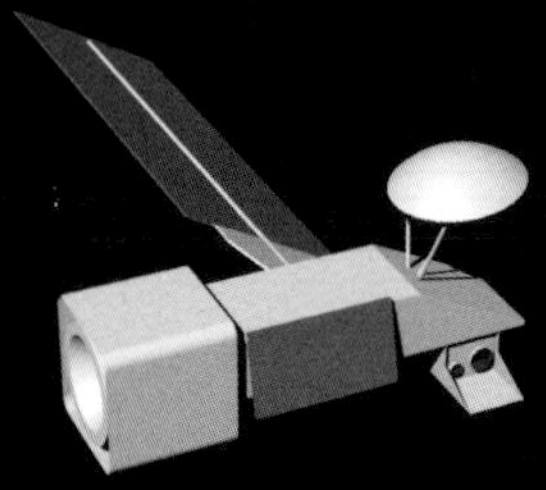

アクア

ルナー・オービター

“それ”）はどんな推理をしただろう。現在の私たちには想像できなくもない。1970年代後半から1980年代後半におよぶ木星探査機ガリレオの計画期間において、数ある問題のなかでも特に深刻だったのは、太陽系最大の惑星まで探査機を送れるほどの力が当時の打ち上げロケットにはなかったという事実であった。すべての準備が整い、あとは出発するばかりの高性能機器が、その原材料である金属鉱石さながら地球にくっついたまま離れられなかったのである。ロジャー・ディールという弾道学の専門家が数週間、この問題に取り組んだ。難問だった。数字は妥協してくれない。とにかく推力が不足していた。だがある晩遅く、ディールはベッドで突然体をこわばらせた。ぼんやりした意識の隙間から答がやってきたのだ。翌朝、彼はその大発見をコンピュータに入力し、既存のロケットでもガリレオを木星に到達させられることを確認した。しかしそれにはまず、地球より内側の軌道を回っている金星に向かわせ、それから一度ならず二度までも地球のそばに戻ってこさせたうえで、巨大な外惑星にたどり着くのに必要な推進力をつけなくてはならなかった。フライト計画は当初たてられたものより３年も長くなり、宇宙船にも金星付近の強い太陽光に耐えられるシールドが必要になった。とはいえ、これで計画は実現可能になった。

ディールのひらめきは、ガリレオの木星探査ミッションを救っただけではない。これによって、地球という太陽から三つめの神秘の天体を、典型的な接近飛行軌道の惑星間宇宙探査機で研究するチャンスが、惑星学者たちに初めてもたらされたのである。また、ディールとは別の科学者——天文学者にして惑星学者、ベストセラー作家でもあるカール・セーガン——の、休むことを知らない頭脳がこのことを知ったとき、当時最先端の宇宙探査機は地球上の生命を発見できるか試してみる価値がある、というアイディアがうまれた。生命を発見できたとして、ならば知的生命体は見つけられるだろうか。これは、“惑星”と呼ばれる動く光の点が、それぞれ地球のようなひとつの世界であると最初に主張した天文学者の名をもつ探査機にふさわしいプロジェクトだといえよう。

この試みの結果はセーガンの著書『惑星へ』に詳しいので、ここでは簡単に述べておこう。ガリレオの地球接近で得られたデータによると、この惑星には“なんらかの”生命体が存在しているが——もちろんそれだけでも素晴らしいことだ——知的生命体がいるという明白な兆候は見られないということだった。この結果には不愉快な真実の響きがあるし、いずれにせよ真剣な論議をする必要はあるが、この調査結果がガリレオにとって最初の惑星接近から得られたものであることも忘れてはならない。これはあまり知られていないことなのだが、ちょうど２年後にめぐってきた二度目の地球接近時、ポール・ガイスラーという（後に本書掲載写真の多くをカラー化することとなる）科学者が西オーストラリアの岩だらけの砂漠に何かとても奇妙で興味深いものを発見した。そこにはくっきりと、定規でひいたようにまっすぐな線が誰の目にもはっきりと見えていたのだ。それは、灌漑によってつくられた緑地と思われる場所とオレンジ色の大地とを隔てる、はっきりとした境界線だった。

結局、太陽系に知的生命体がほぼ確実に存在すること、惑星「地球」の南半球の大陸に、そのわずかな徴しが刻まれていることを発見したのはポール・ガイスラーということになる。

南極大陸、ロス氷棚。
ガリレオ、1990年12月8日

チリとアルゼンチンの南部。
テラ、2002年５月８日

陸から中米・南米をのぞむ。
マルチフレーム合成画像。
テラ、2001年６～９月

左上：アラスカ州、北米最高峰デナリ（マッキンリー山）がはっきり見える。テラ、2001年11月７日
右上：カナダ、ハドソン湾の北、フォックス海盆。テラ、2002年６月26日
左下：北アメリカ、五大湖。オーブビュー２号、1999年12月21日
右下：カナダ、フォックス海盆。テラ、2002年７月29日

左ページ：五大湖を東方にのぞむ。
オーブビュー２号、1999年４月24日

次見開き：カナダ北部と
グリーンランド北部。
オーブビュー２号、1999年７月９日

グリーンランド南東部と
ナダ、バフィン島のあいだの
デーヴィス海峡。
テラ、2002年４月12日

ージ：グリーンランドの夏。
テラ、2002年７月７日

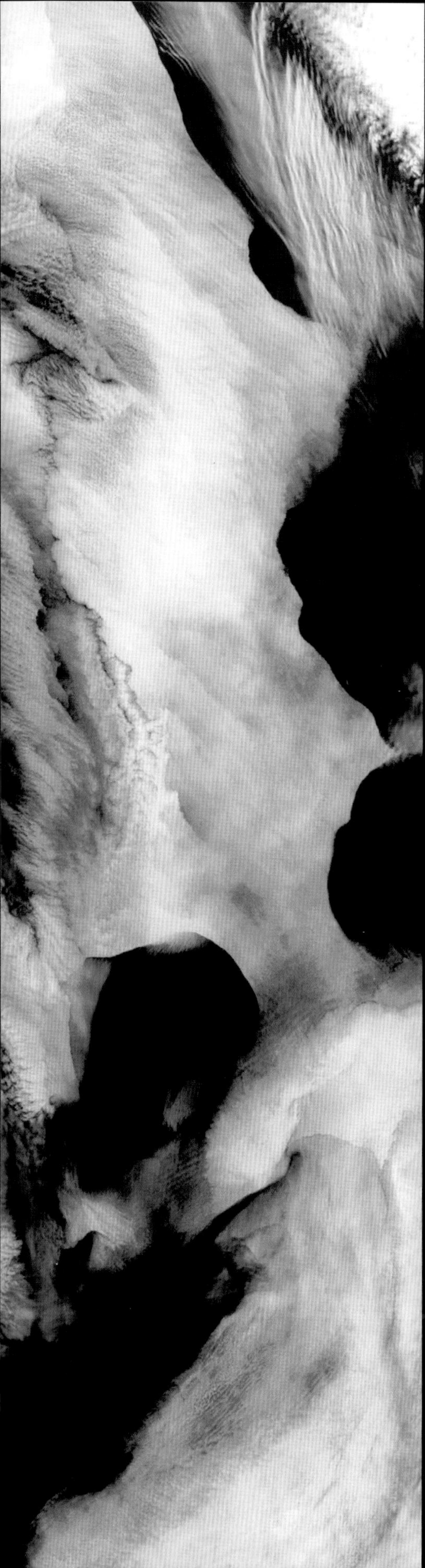

太平洋上の“航跡”。大型船舶から出た硫酸エアロゾルによって形成された雲。
テラ、2002年４月29日

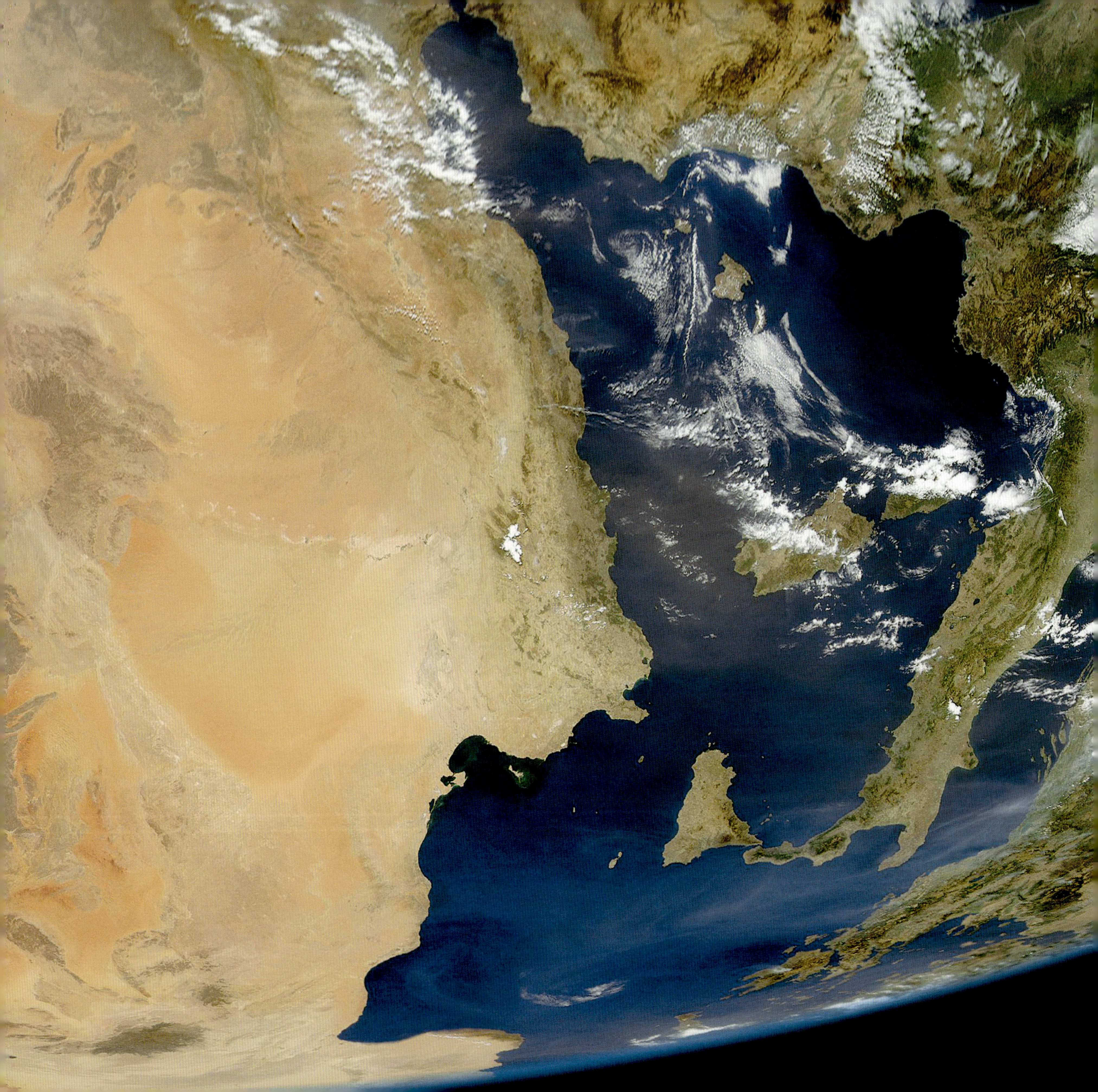

シチリア島、エトナ山の噴火。
アクア、2002年10月30日

右ページ：ギリシア、アルバニア
マケドニア、トルコ。
テラ、2001年６月６日

ヨーロッパ、アフリカ、
中東、インドの一部。
マルチフレーム合成画像。
テラ、2001年6～9月

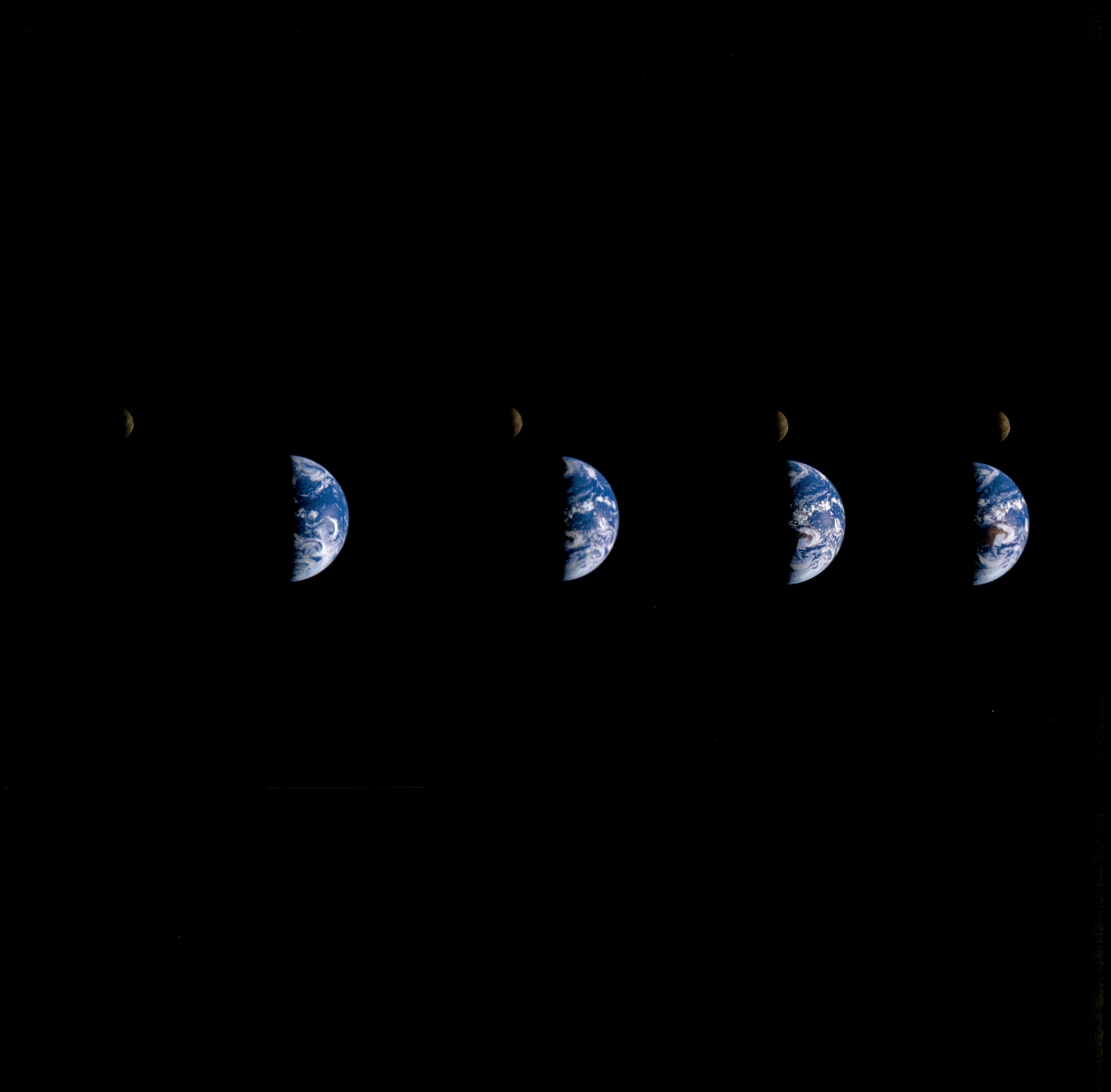

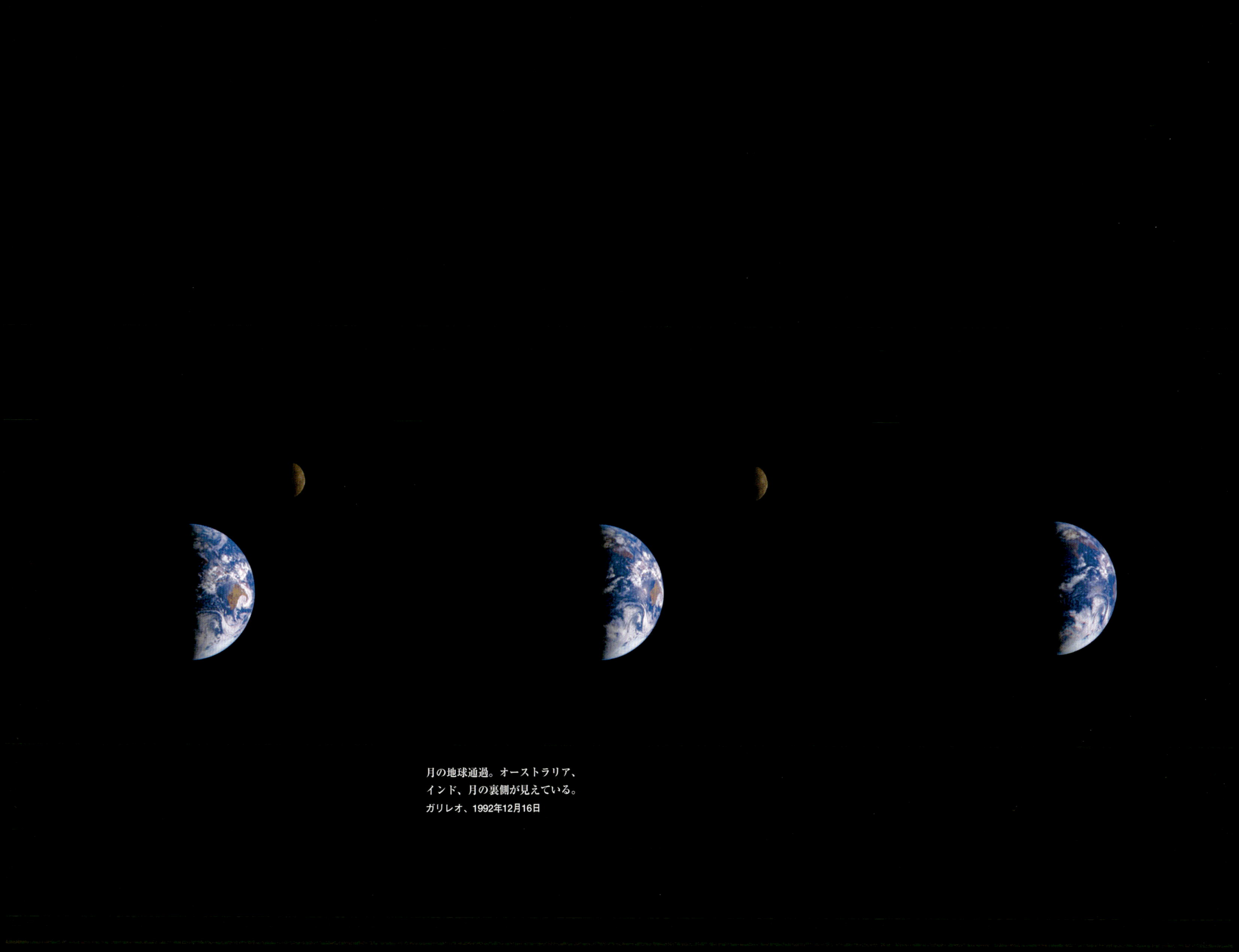

月の地球通過。オーストラリア、
インド、月の裏側が見えている。
ガリレオ、1992年12月16日

月の裏側と、はるかな地球。
ツィオルコフスキー・クレーターが見える。
ルナー・オービター、1967年５月19日

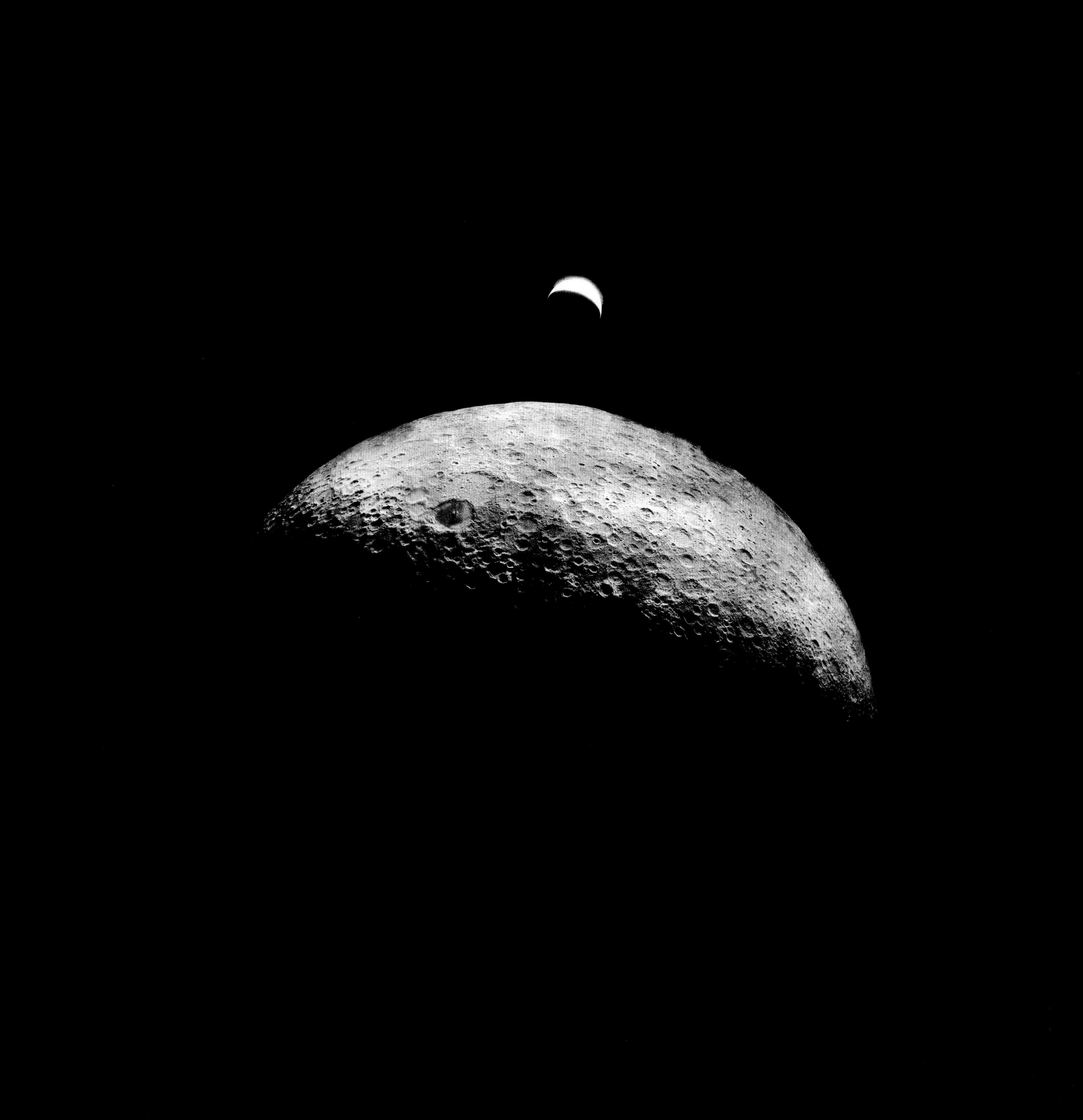

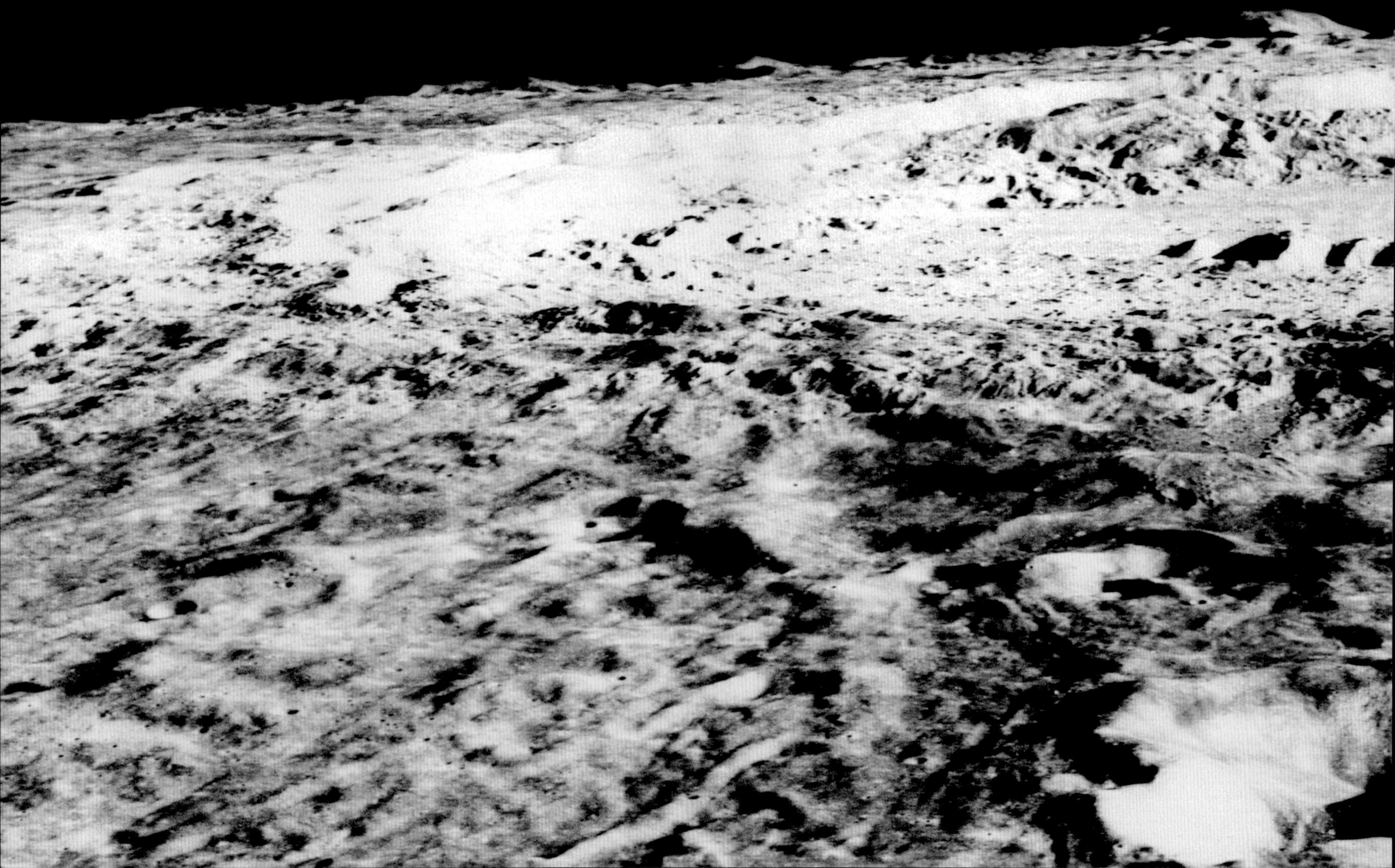

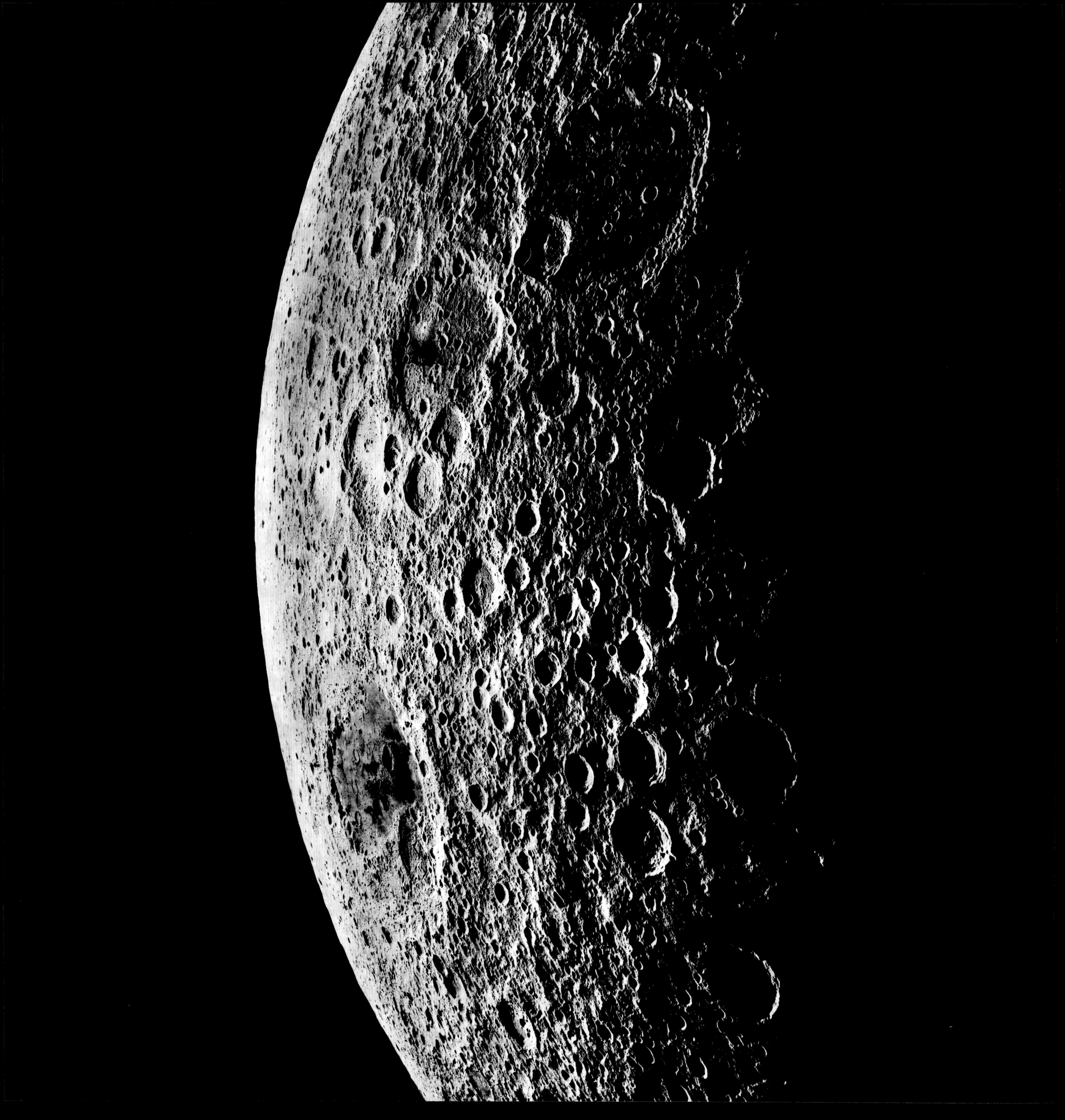

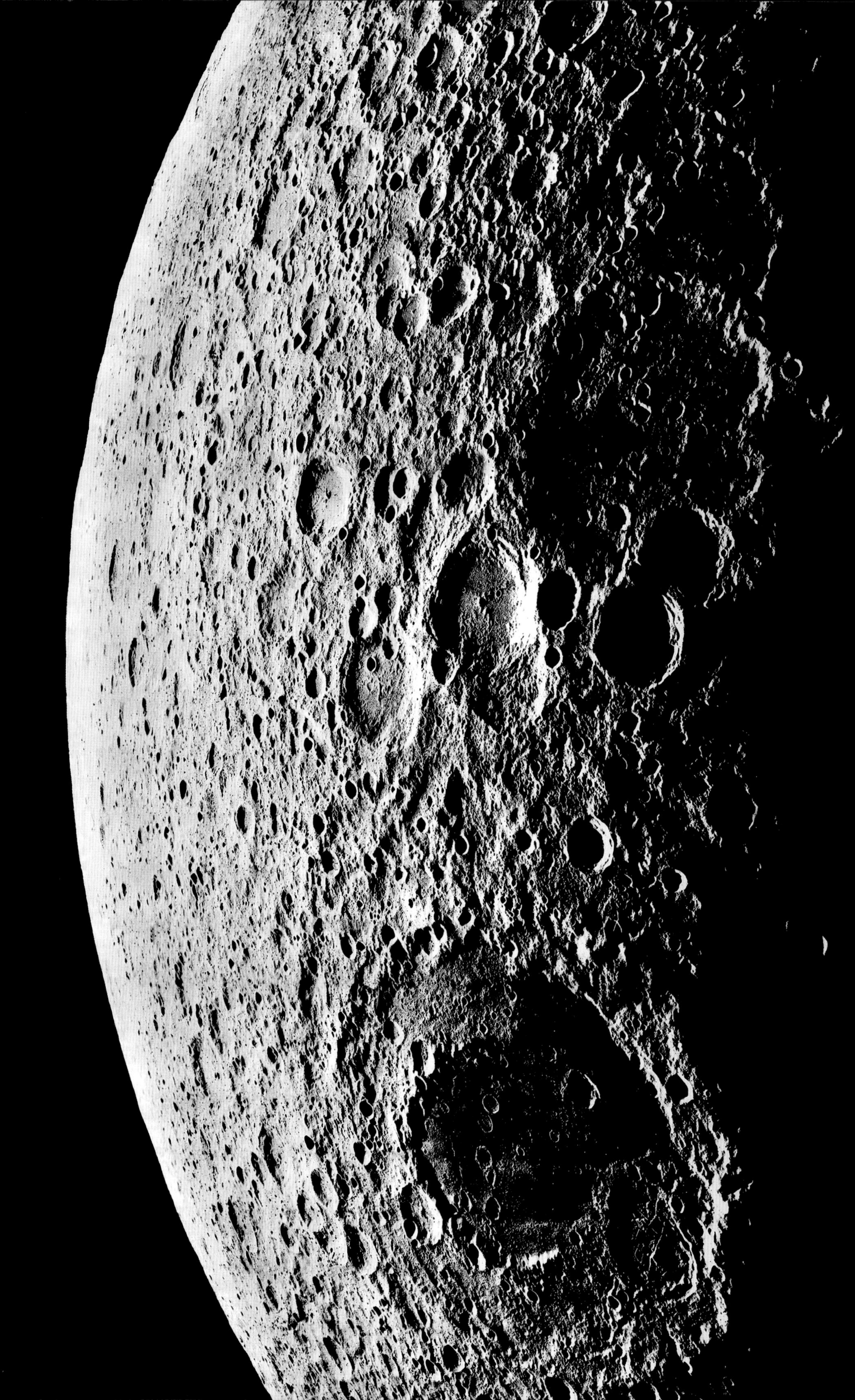

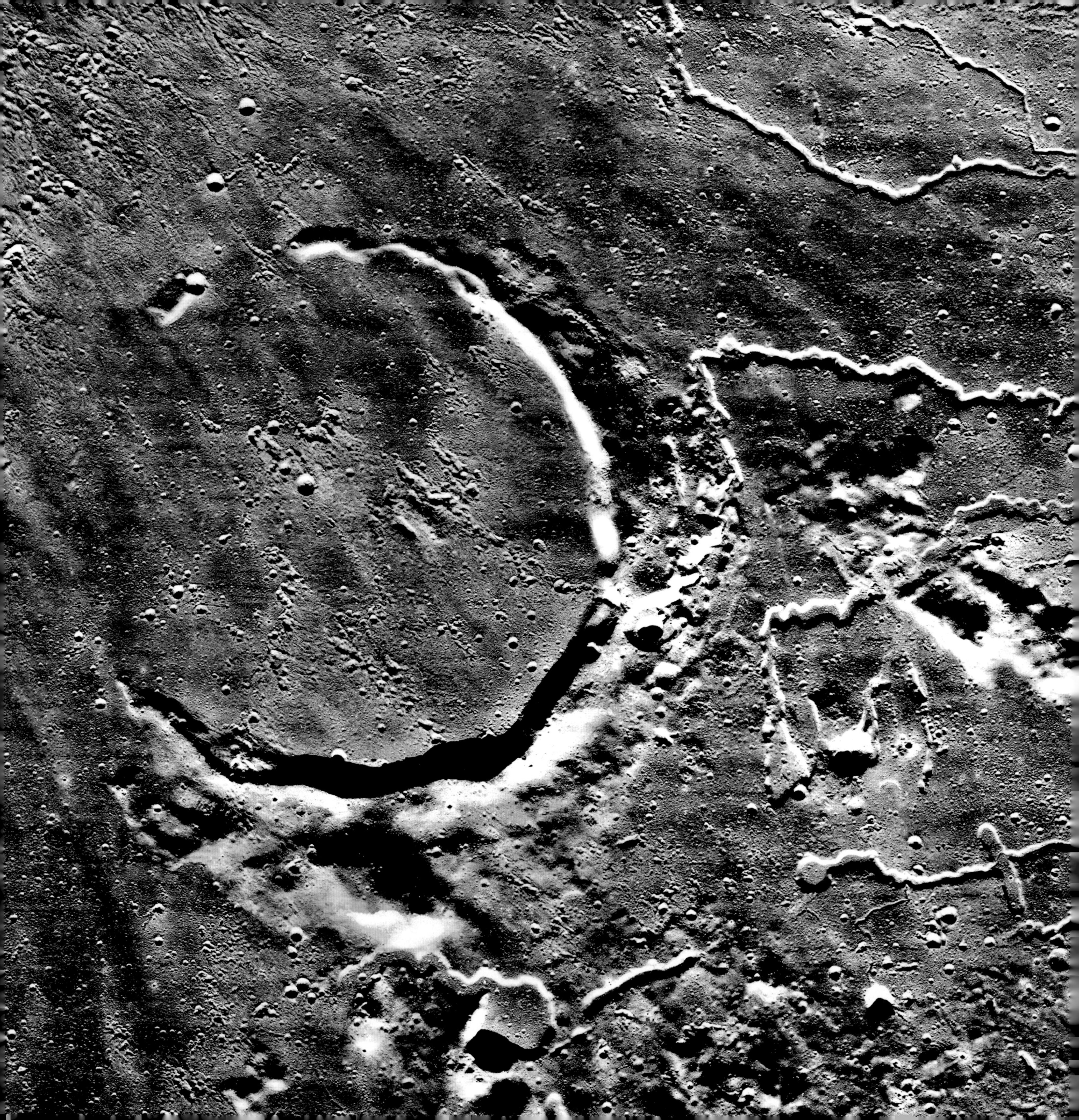

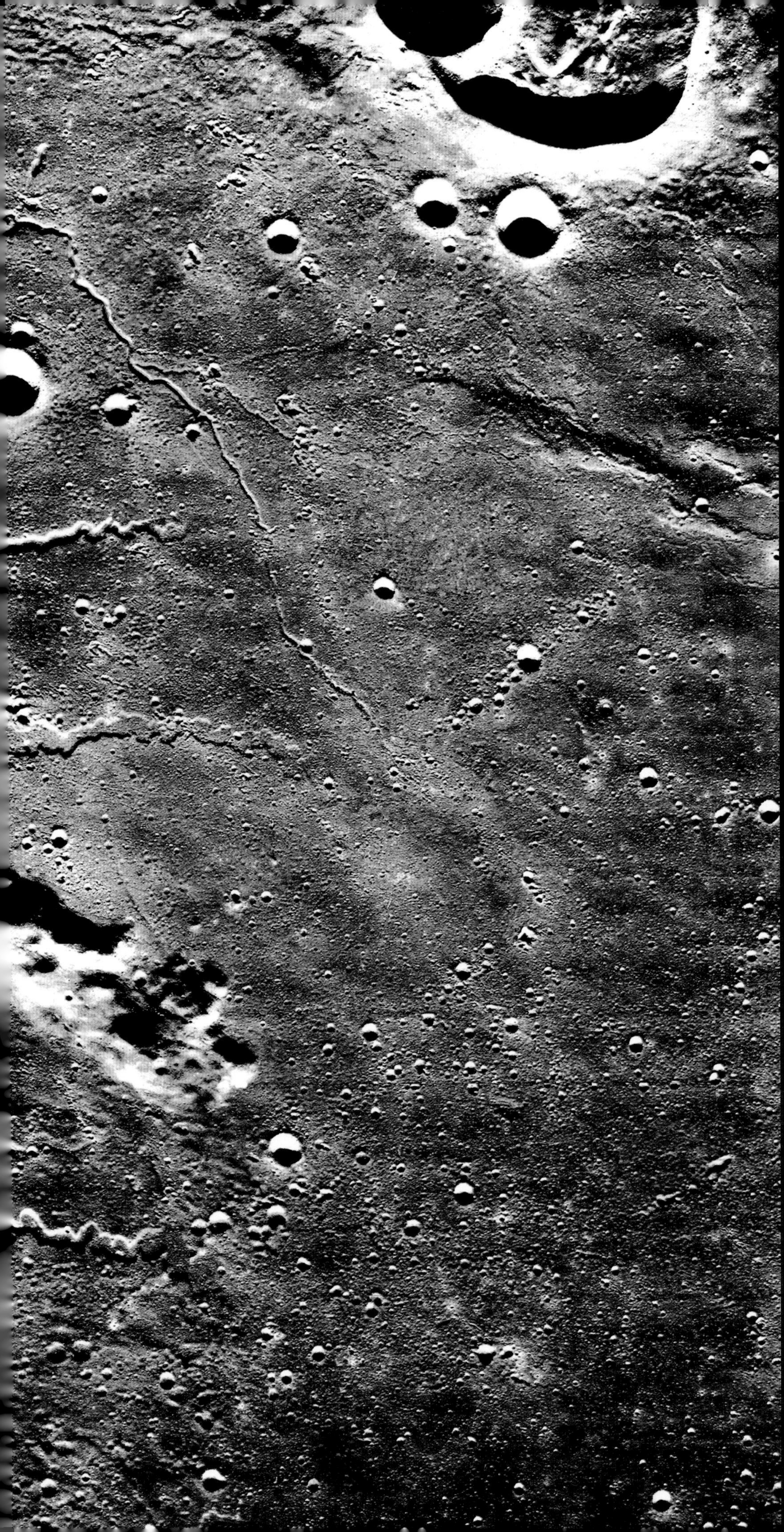

前見開き：月の裏側と、ダグランベール、キャンベルの各クレーター。
写真下方の暗く円い窪地は「モスクワの海」。
ルナー・オービター５号、1967年８月13日

月の表側、「嵐の大洋」のアリスタルコス地域にあるプリンツ・クレーター。
特徴ある裂け目がプリンツ峡谷。
右上方にクレーターのクリーガーとファン・ビースブルックが見える。
ルナー・オービター５号、1967年８月18日

次見開き：月の周縁部とフォン・カルマン、ライプニッツ、
オッペンハイマーの各クレーター。
ルナー・オービター５号、1967年８月11日

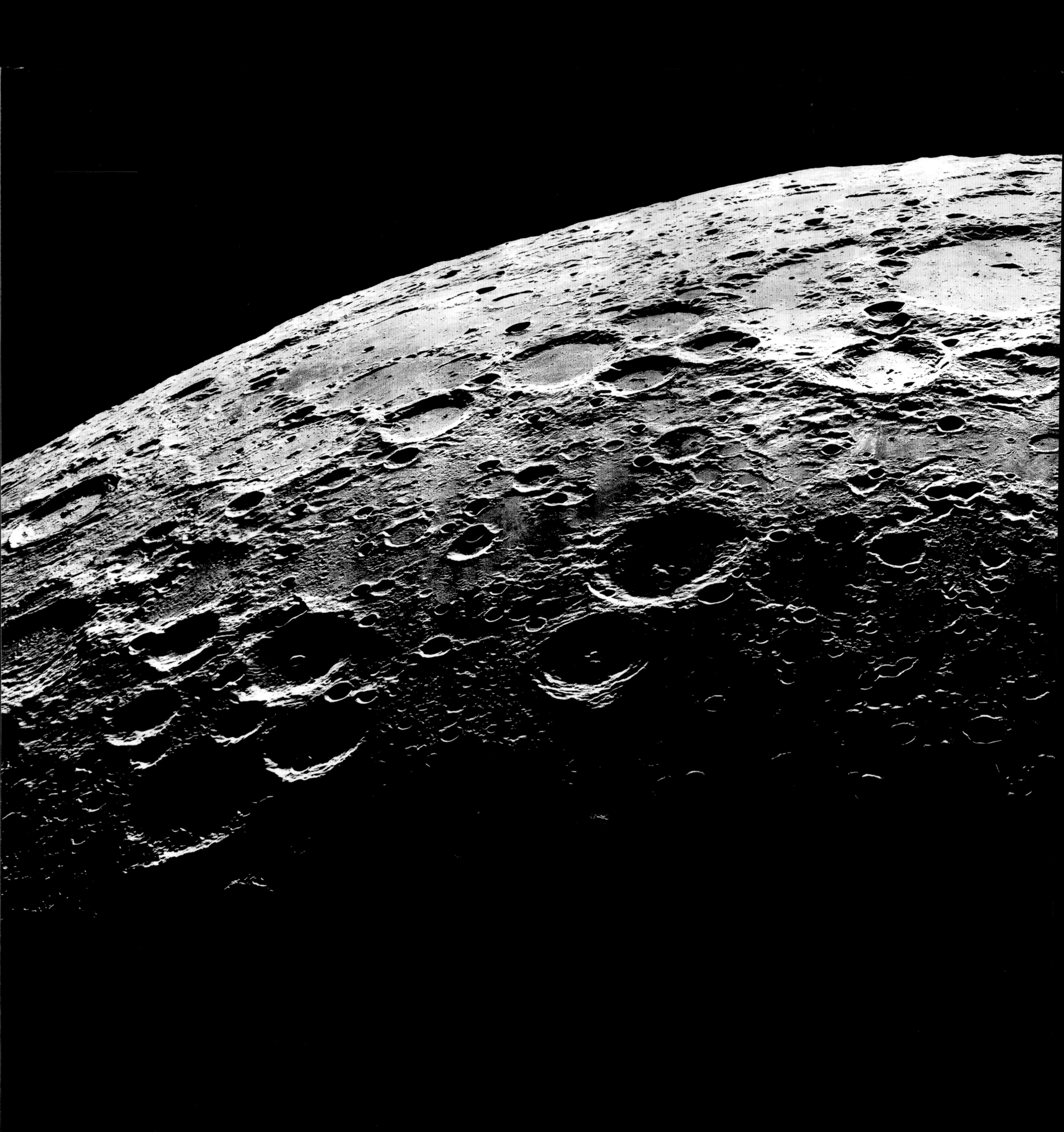

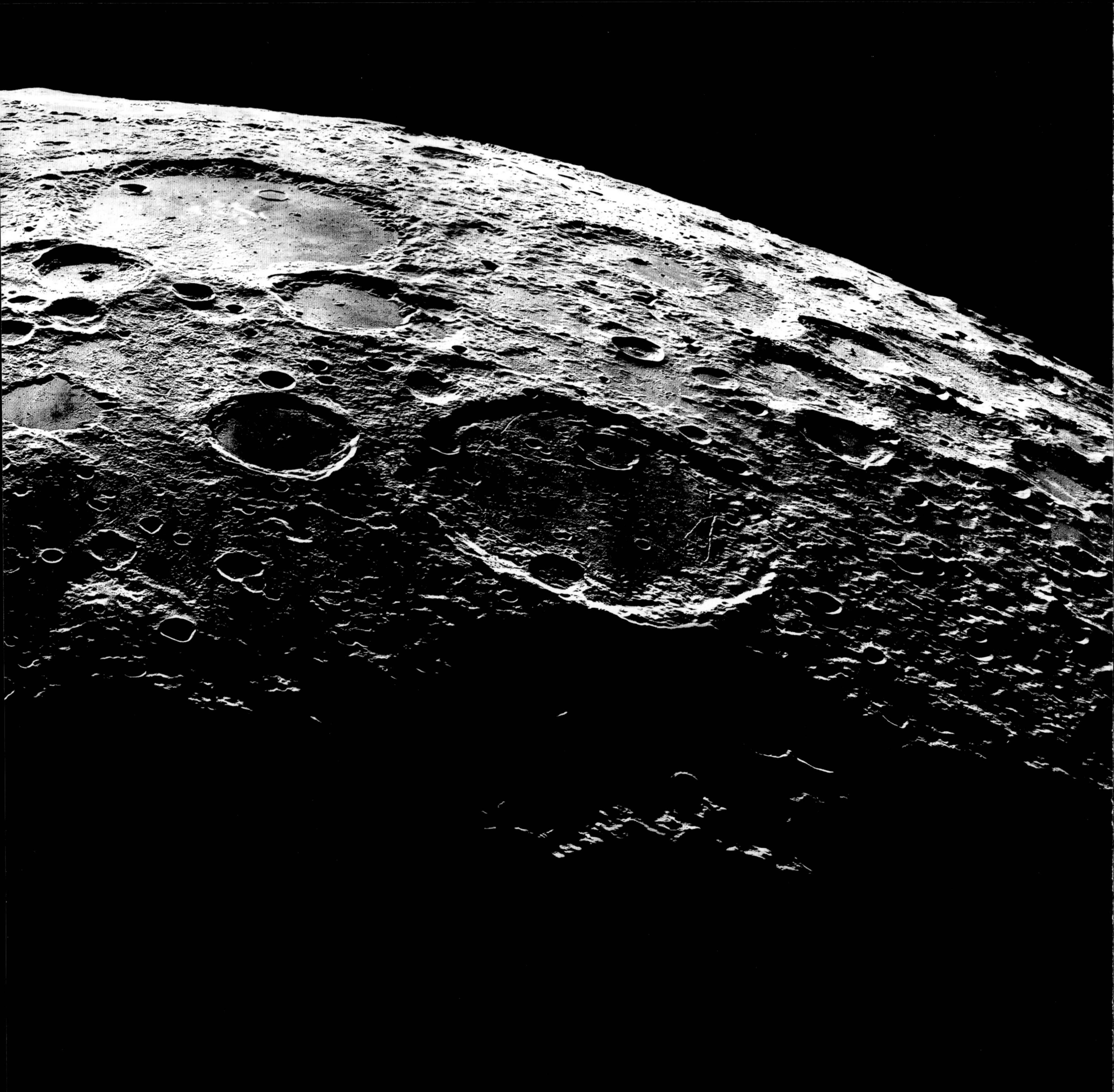

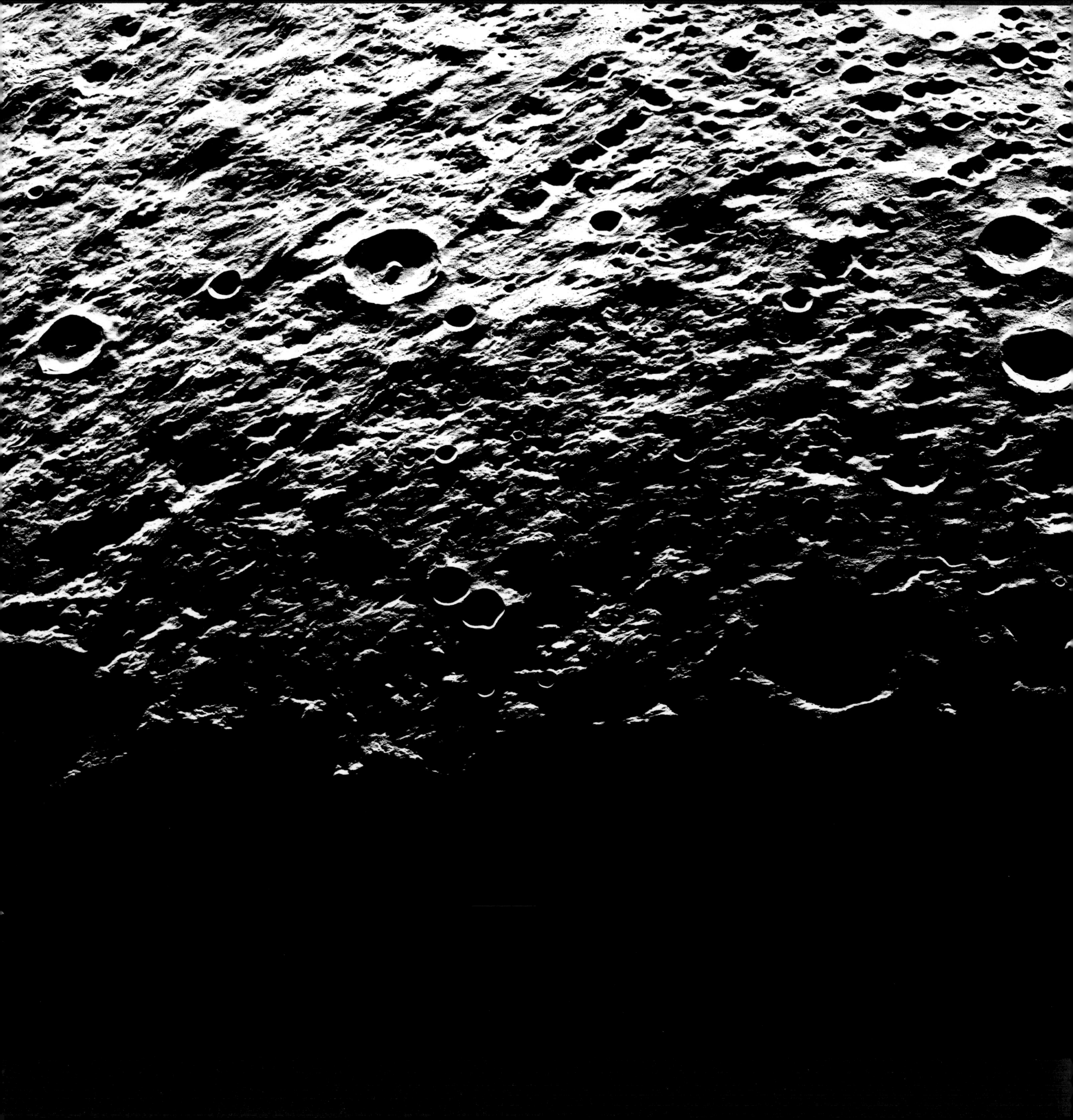

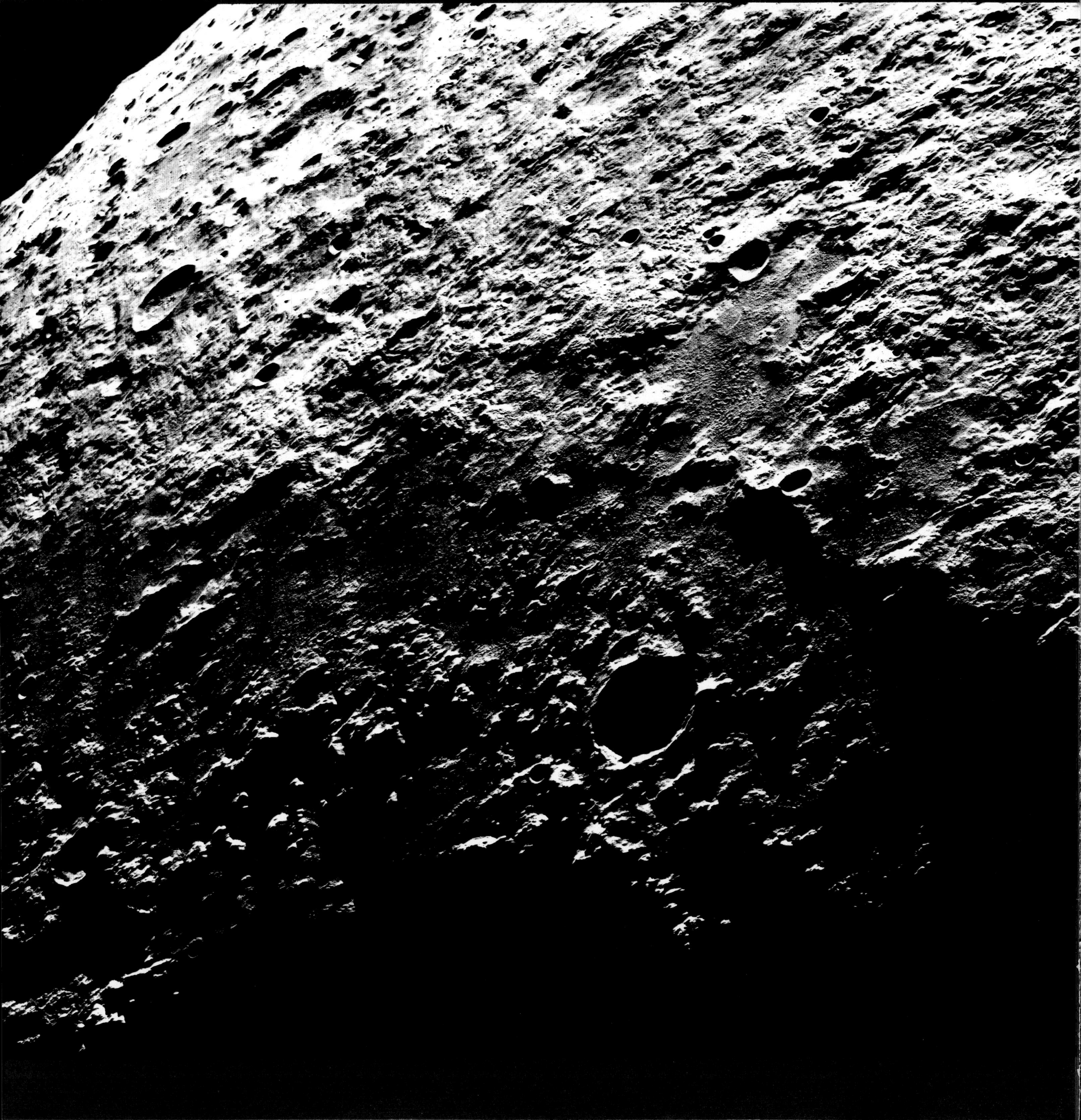

上：「東の海」。直径約320kmの衝突クレーターで、時折、地球からでも月の南西の地平線上に見ることができる。
ルナー・オービター５号、1967年８月18日

*次見開き：*月の裏側、「危難の海」東方の赤道地域。
ルナー・オービター５号、1967年８月８日

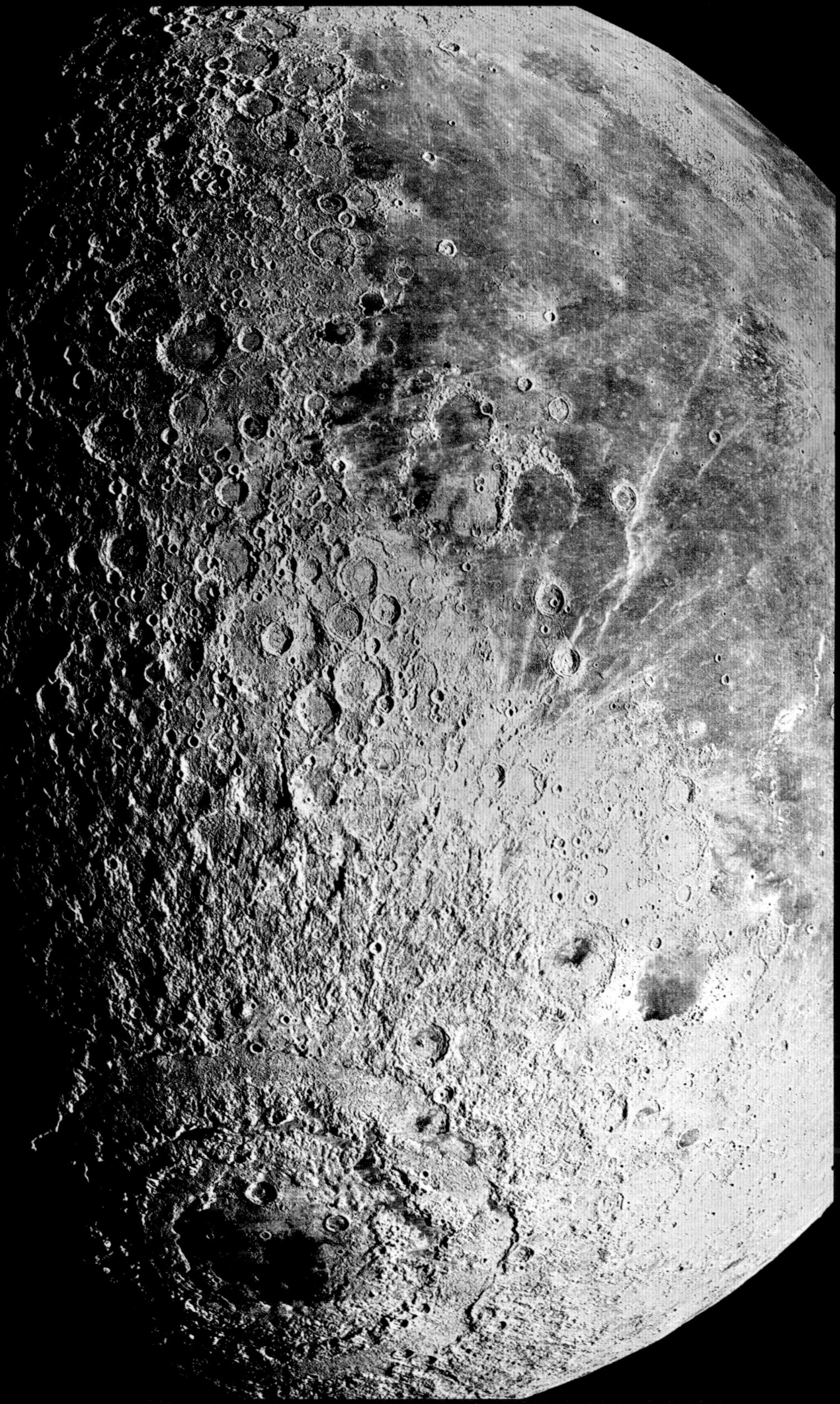

「東の海」を斜めに見る。最も外側の環状地形は
コルディレラ山脈の断崖で、直径は約900㎞。
高さは5500mほどで、月のなかでも高い山々が連なっている。
ルナー・オービター５号、1967年８月18日

次見開き：人類が初めて月に降り立った「静かの海」を縁取る山々。
ルナー・オービター３号、1967年２月20日

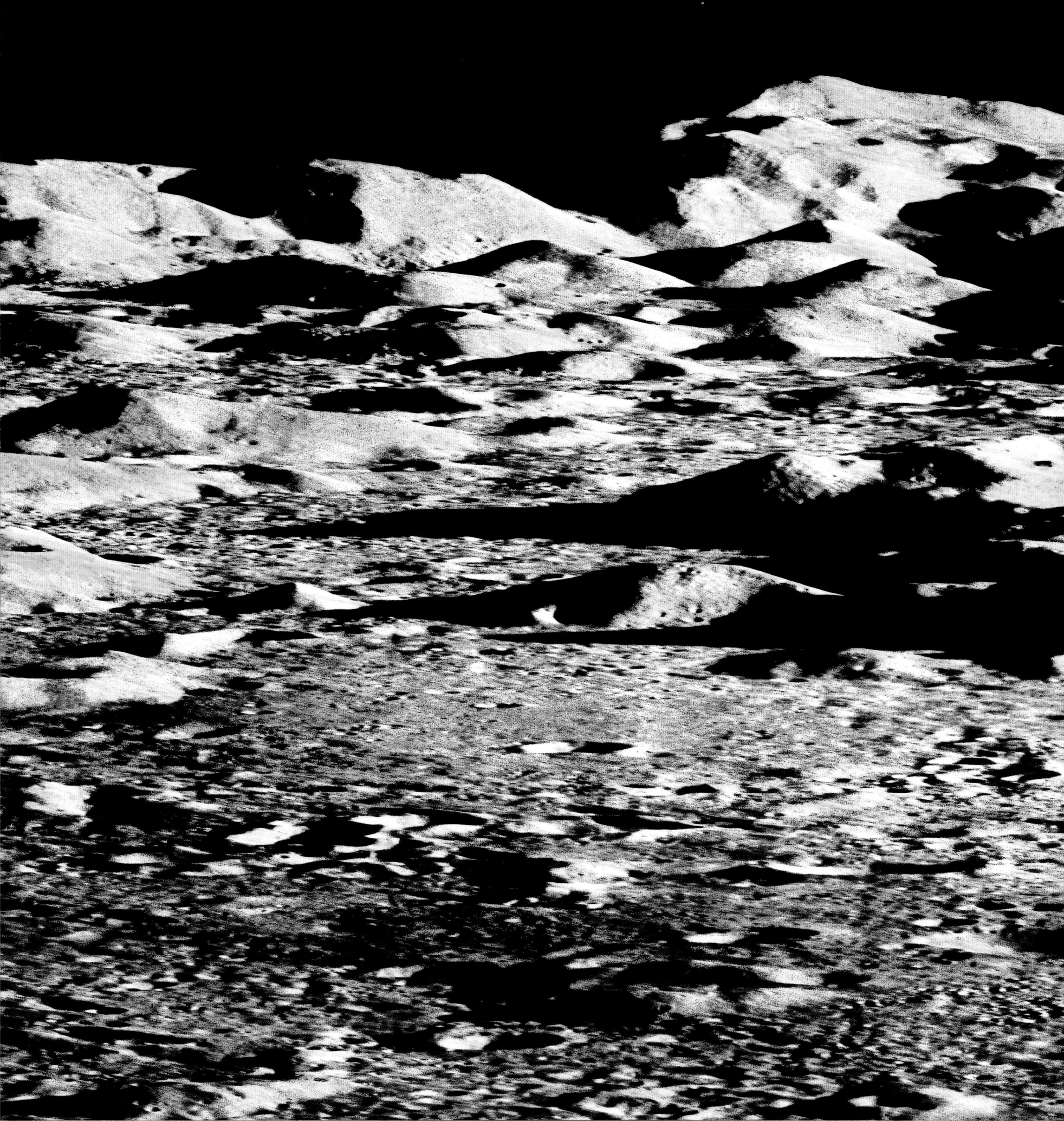

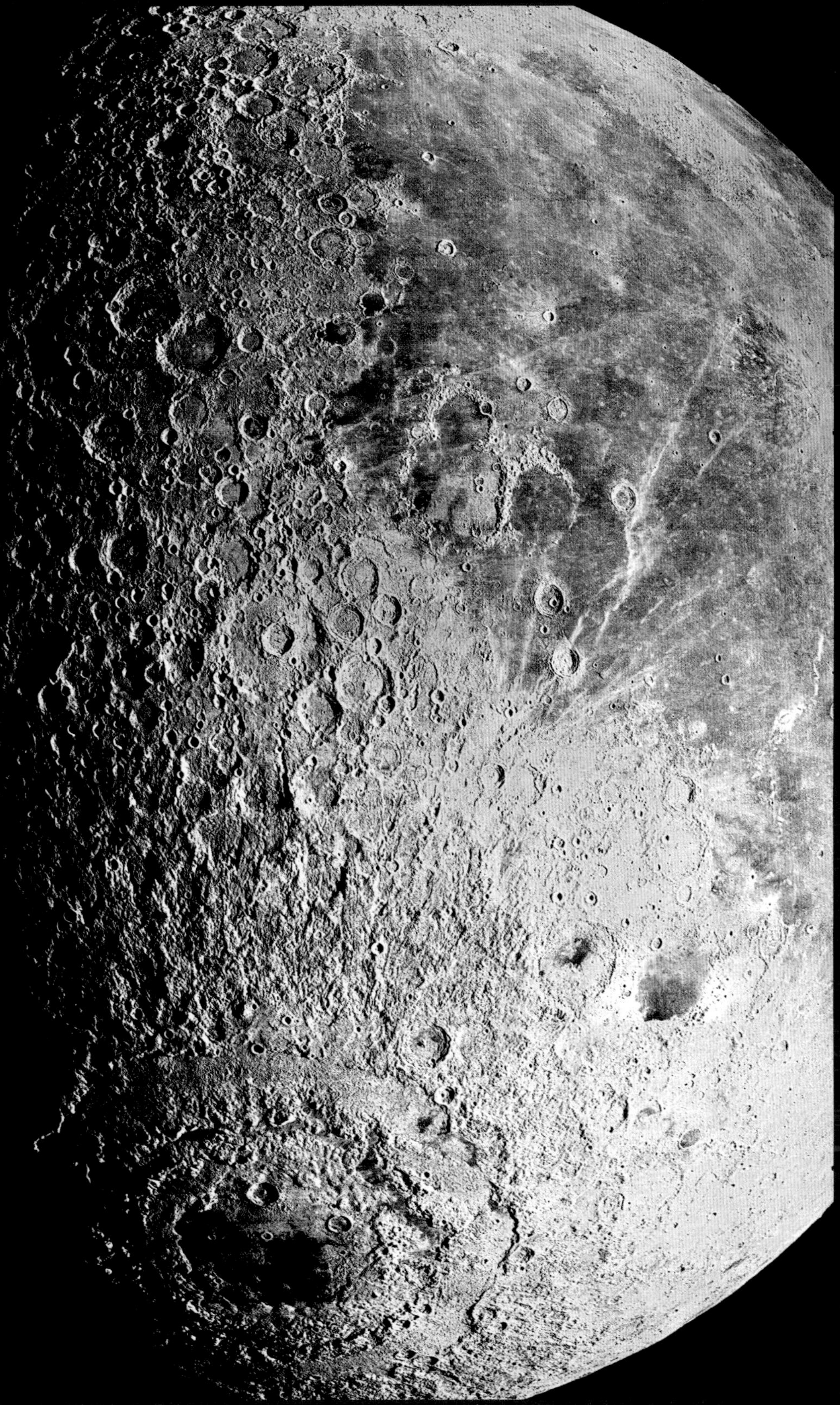

「東の海」を斜めに見る。最も外側の環状地形は
コルディレラ山脈の断崖で、直径は約900km。
高さは5500mほどで、月のなかでも高い山々が連なっている。
ルナー・オービター5号、1967年8月18日

次見開き：人類が初めて月に降り立った「静かの海」を縁取る山々。
ルナー・オービター3号、1967年2月20日

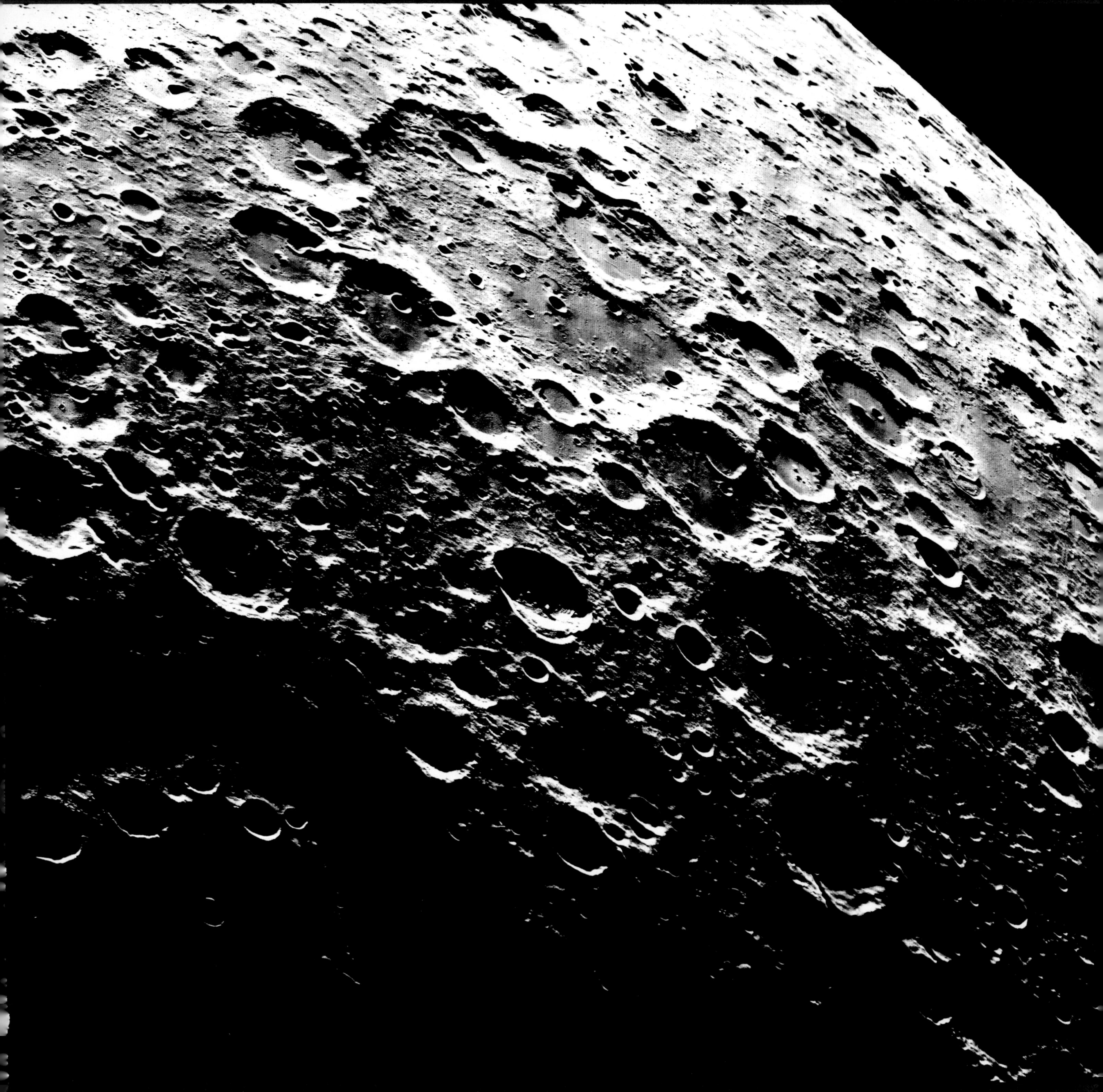

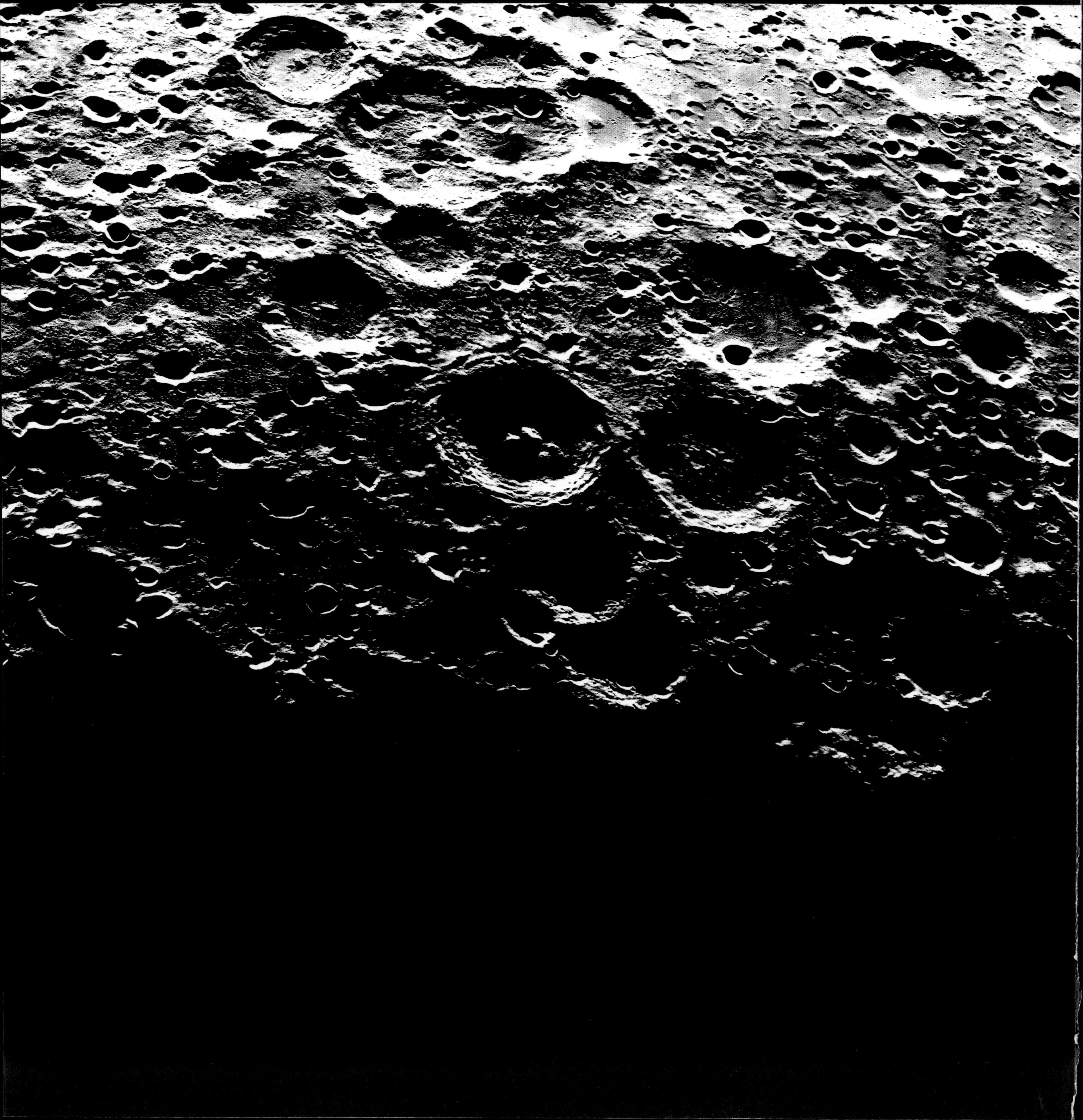

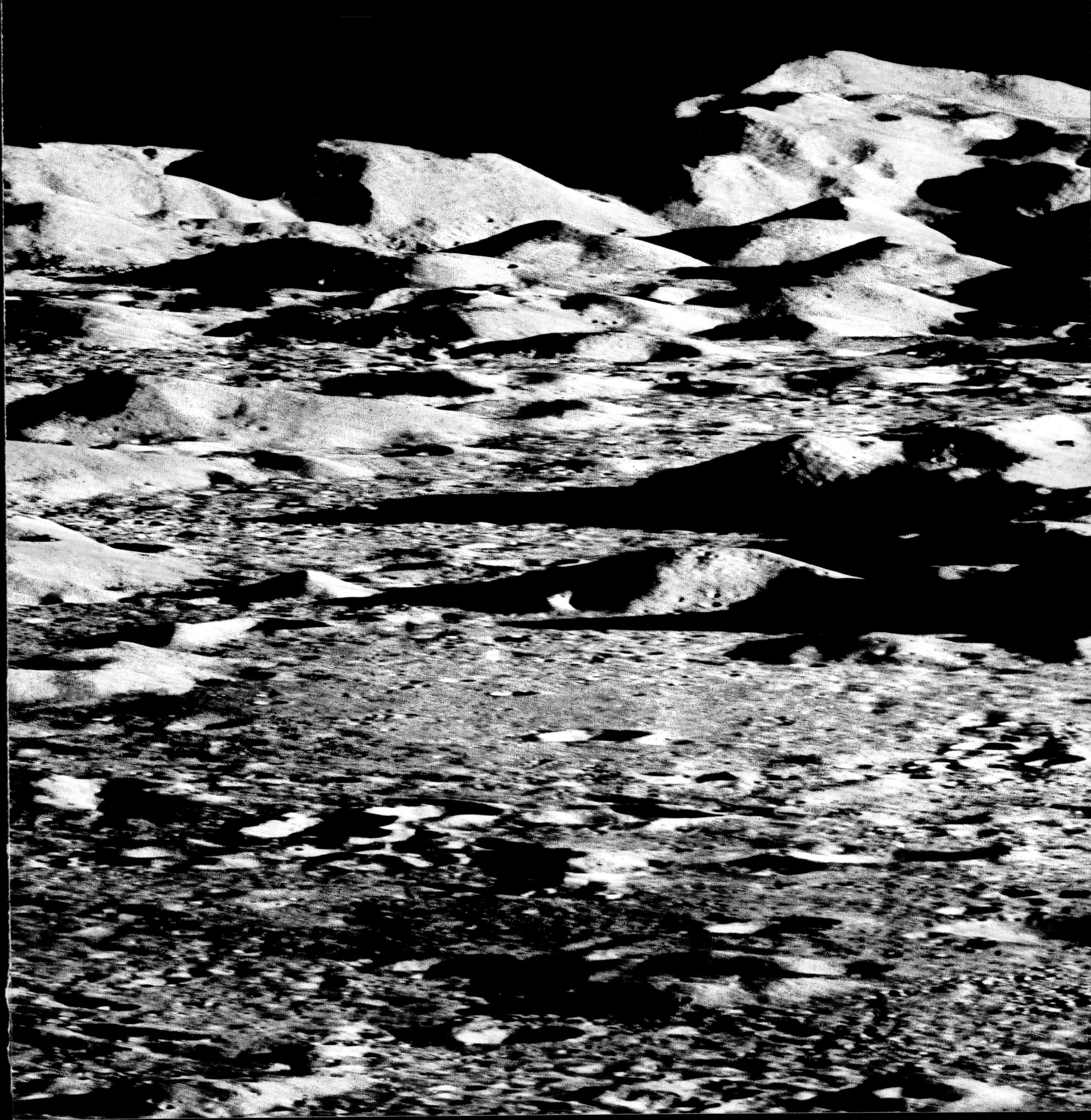

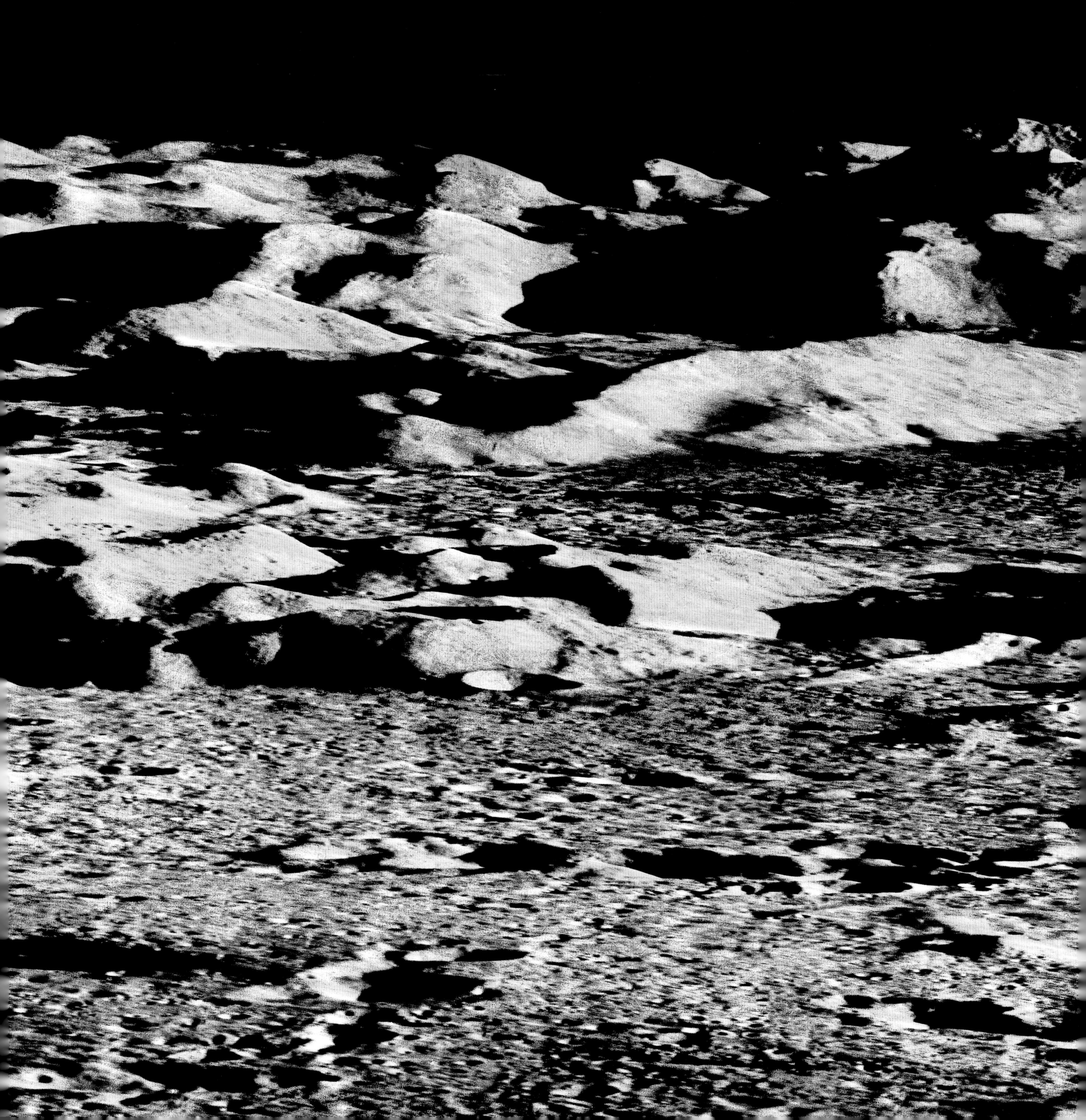

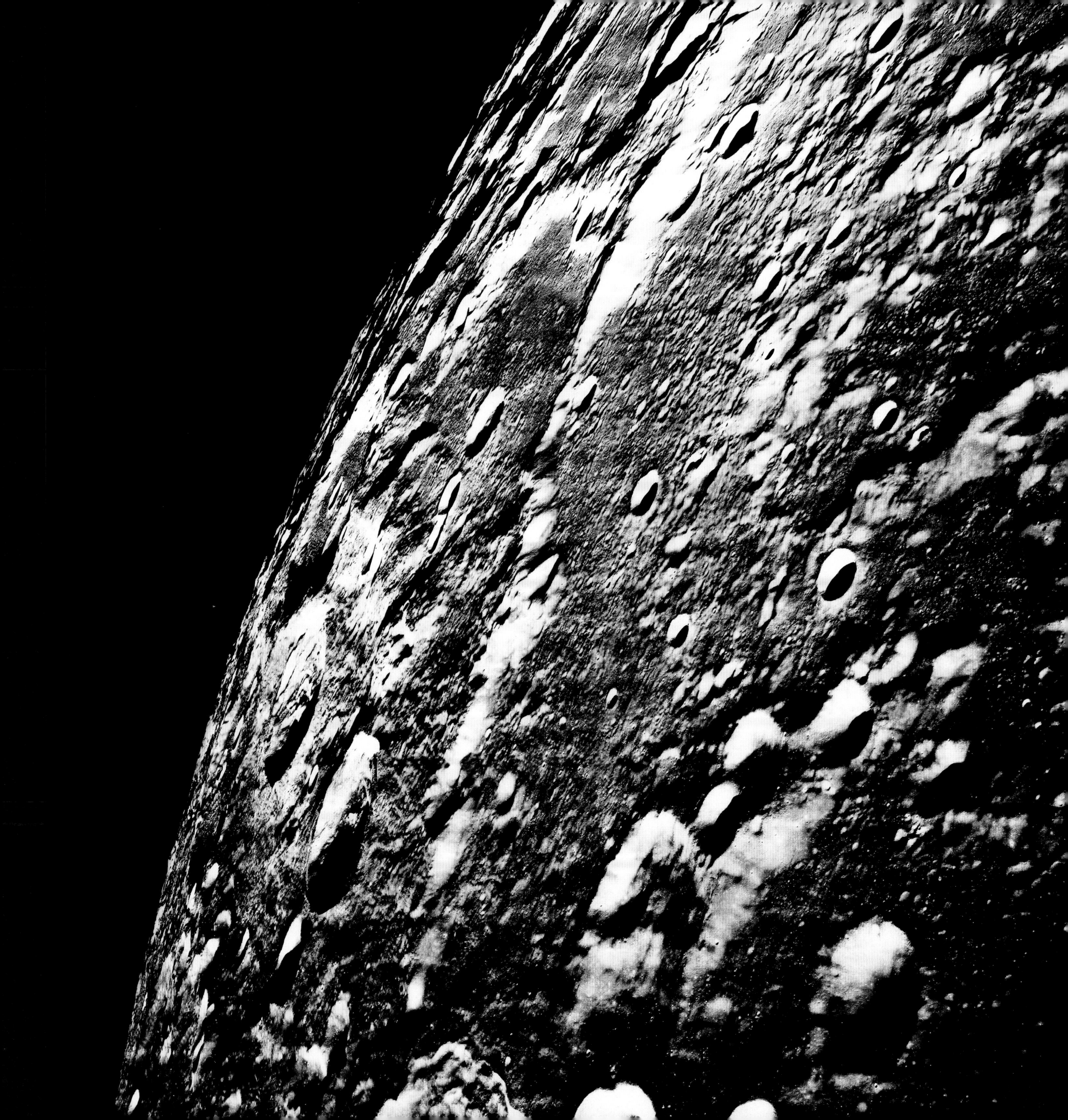

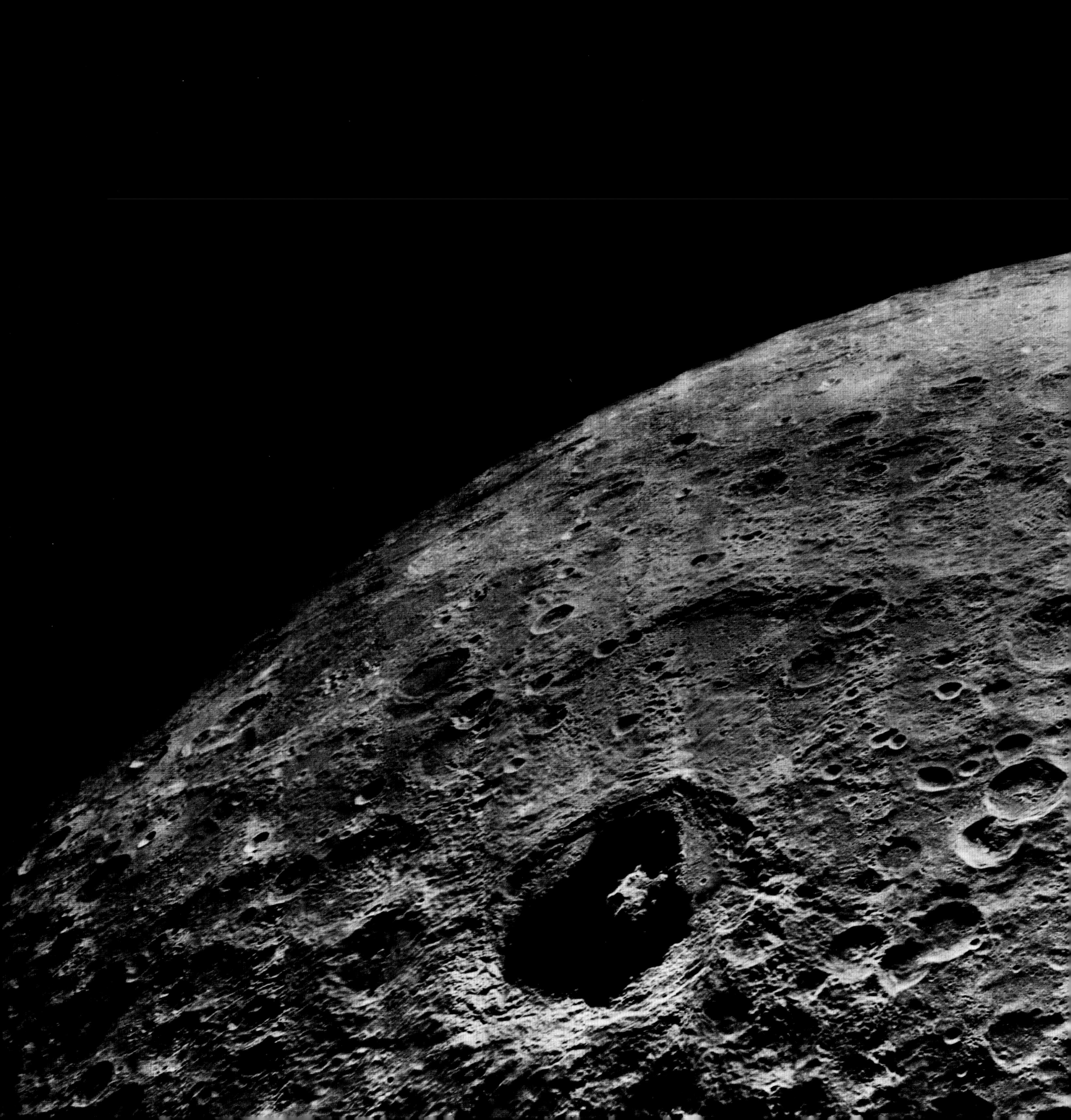

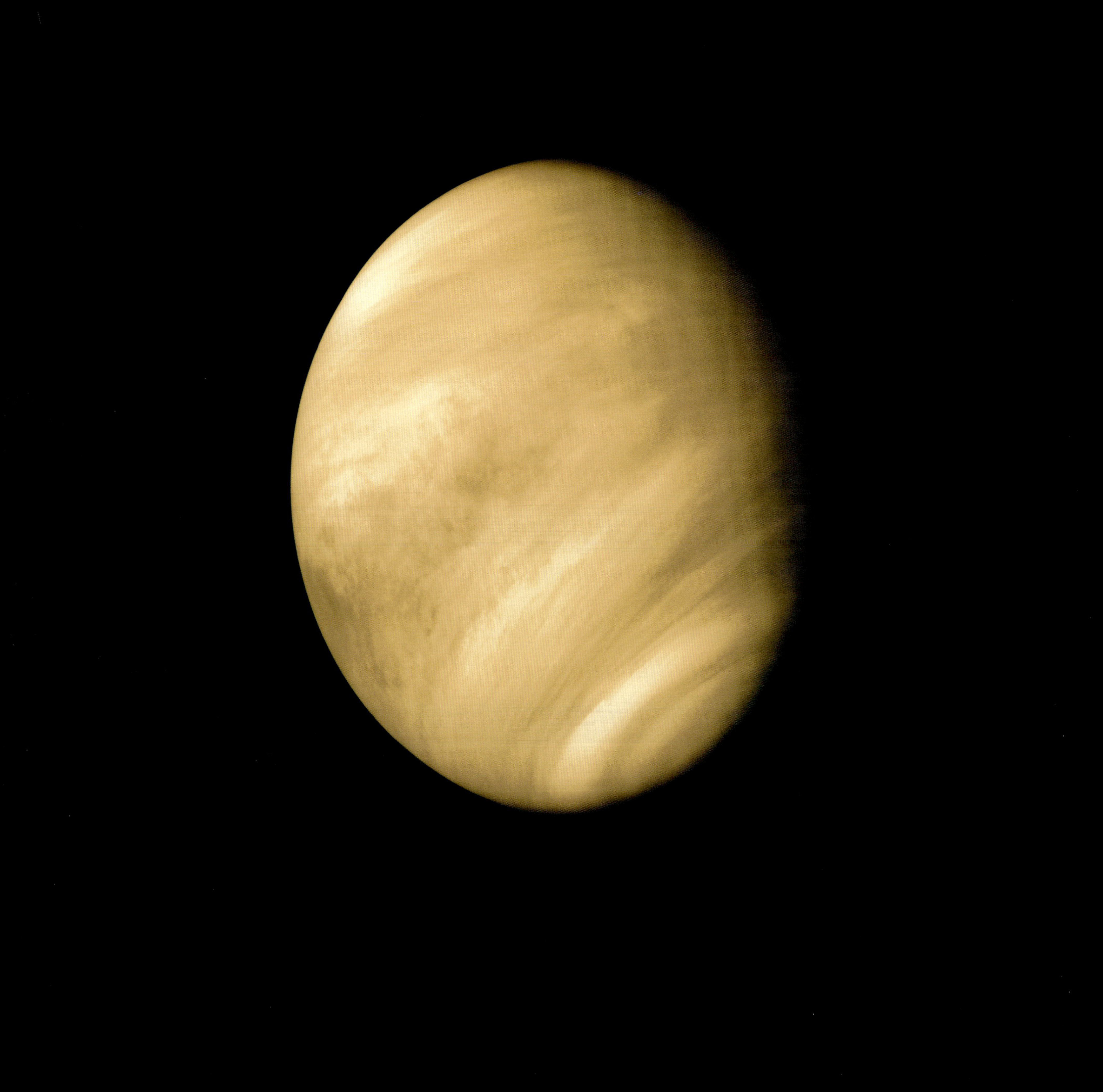

VENUS

金　星

左ページ：金星。赤外線写真。
マリナー10号、1974年2月5日

その名ゆえに「愛の惑星」とされる金星は、実は灼熱地獄であり、地表温度は470℃と水星より高く、バレンタイン・デーの不意打ちさながらに硫酸の小糠雨が降りしきる場所である。このことは1970年代、ソ連とアメリカによって投入された探査機の一団によって突き止められた。だが、そうした事実をしのぐほど興味深いことが明らかになっている。岩が赤く焼けつき、海溝の水圧並みに高い大気圧がかかるこの地獄の表面がほかに例を見ないほど美しいことを、1990年代初頭に到達した探査機マジェランのレーダーの目が捉えたのだ。不安をおぼえるほどの美しさ、いや、恐ろしくなるほどの美しさというべきか、金星はとにかく美しい。

環境は厳しくとも魅力にあふれた金星には、ほかのどの惑星よりも多くの探査機が送り込まれてきた――ソ連18機、アメリカ6機の探査機のなかには、1962年に惑星への初の接近飛行をおこなったアメリカのマリナー２号もあった。1978年12月には、私たちの星からもっとも近い距離にあるこの惑星の地表、あるいは周回軌道上で、米ソあわせて10をくだらない探査機が同時に調査をおこなっていた。1970年末には、ソ連のベネラ７号が地球以外の惑星への軟着陸を初めて実現し、いくつかのソ連の探査機が金星の地表から写真を送ってくることに成功した。しかし、火山の多いこの惑星の全体像および細部を把握する唯一の手段がレーダーであることにかわりはない。金星は常に厚い雲におおわれているからだ。

ユークリッドは、人間の眼が光線を放ち、その光線が戻ってきて見たものの像をつくりだすのだと信じていた。この理論はきちんと検証すればもちろん崩れてしまうが、現在私たちが入手しているなかでもっとも精密な惑星の地表記録（地球も含まれる。海底の広い範囲にわたって十分な地図は作られていないのだ）をマジェランのレーダーが地球へ送り返してきた仕組みはユークリッドの考え方と同じなのである。マジェランが送ってきた膨大な地形のデジタル・データは、ほかの探査機によって得られた成果すべてをあわせたよりもはるかに多い。マジェランのアンテナは、金星にレーダー波を送る一方で、そうして集めたデータを極軌道の向点にさしかかる度に地球へ送るという、二役をつとめていた。マジェランは金星を経線方向にめぐりながら、この同じプロセスを繰り返し繰り返し２年間もつづけたのだった。

マジェランから送られてきた画像は、可視光線で写す普通の写真と同じように読むわ

右ページ：金星南半球のアルテミス・コロナと
アルテミス・カズマ［急峻な谷］、
ダイアナ・カズマ、セレス・コロナ。正射投影。
マジェラン、1990年9月15日〜1992年9月14日

けにはいかない。暗い部分はレーダー波を吸収してしまうかざらざらした物質から成っており、明るく輝く部分はレーダーをよく反射するところなのだ。

こうしてみるとひとつの疑問が浮かび上がる。ユークリッドは本当に間違っていたのだろうか。私たちは、自らが映し出したものを見てしまいがちである。それはたとえば、天文学者パーシヴァル・ローウェルのエピソードからも明らかだ。彼は水のとぼしい砂漠で生まれた火星文明が赤い惑星に巨大な運河網をはりめぐらしたという説を広めただけでなく、金星にもその想像力と望遠鏡を向けていた。彼が金星に見たのは、運河ではなく、一点を中心にスポークが放射状にのびた、車輪のような構造だった。ところが、これを見た天文学者は彼のほかにはひとりもおらず、謎が解きあかされるには、2002年夏、「スカイ＆テレスコープ」誌の記事まで100年も待たねばならなかった。それによると、金星の雲があまりにも明るく輝いていたため、ローウェルは望遠鏡の口径を小さく絞らざるをえず、その結果、検眼鏡（眼球内部に光を当てて検査する器具）と同じ仕組みのものができてしまったのだという。記事を書いたビル・シーハンとトム・ドビンズの説が正しければ、ローウェルが見たのは、雲におおわれた白い金星にぼんやりと重なるようにして浮かび上がった、自らの網膜を走る血管ということになる。ユークリッドの復活である。

さて、ローウェルとは異なるテクノロジーを用いてマジェランは、不透明な大気を透過し、山地、火山、高地、糸のように細い溝、無数の隆起線、レーダー波を反射する噴出物に囲まれた不気味に美しいクレーター、ミッション・サイエンティストたちによって「クモ」、「ダニ」、「コロナ」などと名付けられることになる多種多様の変わった模様など、金星の真の姿を明らかにした。こうした地形のほとんどは、地下で煮えたぎるマグマの上昇流によってつくられた。また、同じ原因で、金星は赤道地帯のかなりの部分が——雲の上までというわけではないが、周囲の土地から——突き出ている。こうした変則的な赤道高地のひとつが、幅1万kmを越えるサソリ型をした「アフロディーテ」と呼ばれる大陸である。このほかに高地としては、北部のイシュタル大陸と呼ばれる地帯や、急斜面に囲まれたラクシュミ高原などがある。

広く知られているように、惑星表面の地形の名前は、国際天文学連合（IAU）特別委員会が管轄している。金星については、すべての地形に有名な女性にちなんだ名前をつけることという、もっともな決定を下していた。ところが、マジェランのレーダーから送られてくる情報はあまりに多く、太陽系のどの天体よりもはるかに多くの地形に名前をつけなければならなくなった。このことがたいへんな事態を引き起こしたのである。これは、つまらない問題などではない。作家ヘンリー・S・F・クーパーによれば、惑星学者たちが金星について議論するには、互いにわかりあえる地名がただちに必要だったのだ——実在したかどうかなど関係なく探しても、名前を使える有名な女性の数がどうも足りなかったようだ。そこでIAU特別委員会は、名前を広く一般から募集する緊急アピールを出した。このときのことについて、クーパーの著書『Evening Star（宵の明星）』には次のような一節がある。

> 女性の惑星に命名する名前を選ぶ委員会は9人で構成されていたが、そこにはひとりとして女性の委員がいなかったということを、私は後に知った。それぱかりか、その委員会は、九賢人（9人の知恵ある男）の会として知られていたのだった。

金星は心ならずも男性名がついた探査機にその秘密をかなりの部分まで明かしてしまったが、愛の星は愛の星なりの逆転勝利法をもっている。成人後の人生の大半を金星研究に捧げてきた惑星地質学者R・スティーヴン・ソーンダーズが、マッピング初日にマジェランが交信を絶った（あとになって一時的なものと判明したが）と聞いたときの感想をクーパーが書き留めている。

> 「1761年に金星の太陽面通過を見ようと、インドまで旅したイギリスの天文学者とまったく同じ心境だったよ。インドは曇っていて、彼は太陽面通過を見られなかったんだ。帰り道で船が難破。ようやく家にたどりついたら、妻はほかの男と結婚していて、彼の持ち物はすべて売り払われていた。ヴィーナスは残酷な恋人なのさ」

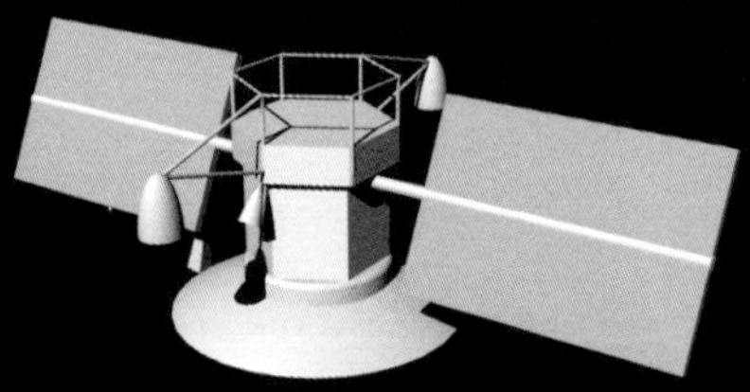

マジェラン

マリナー10号

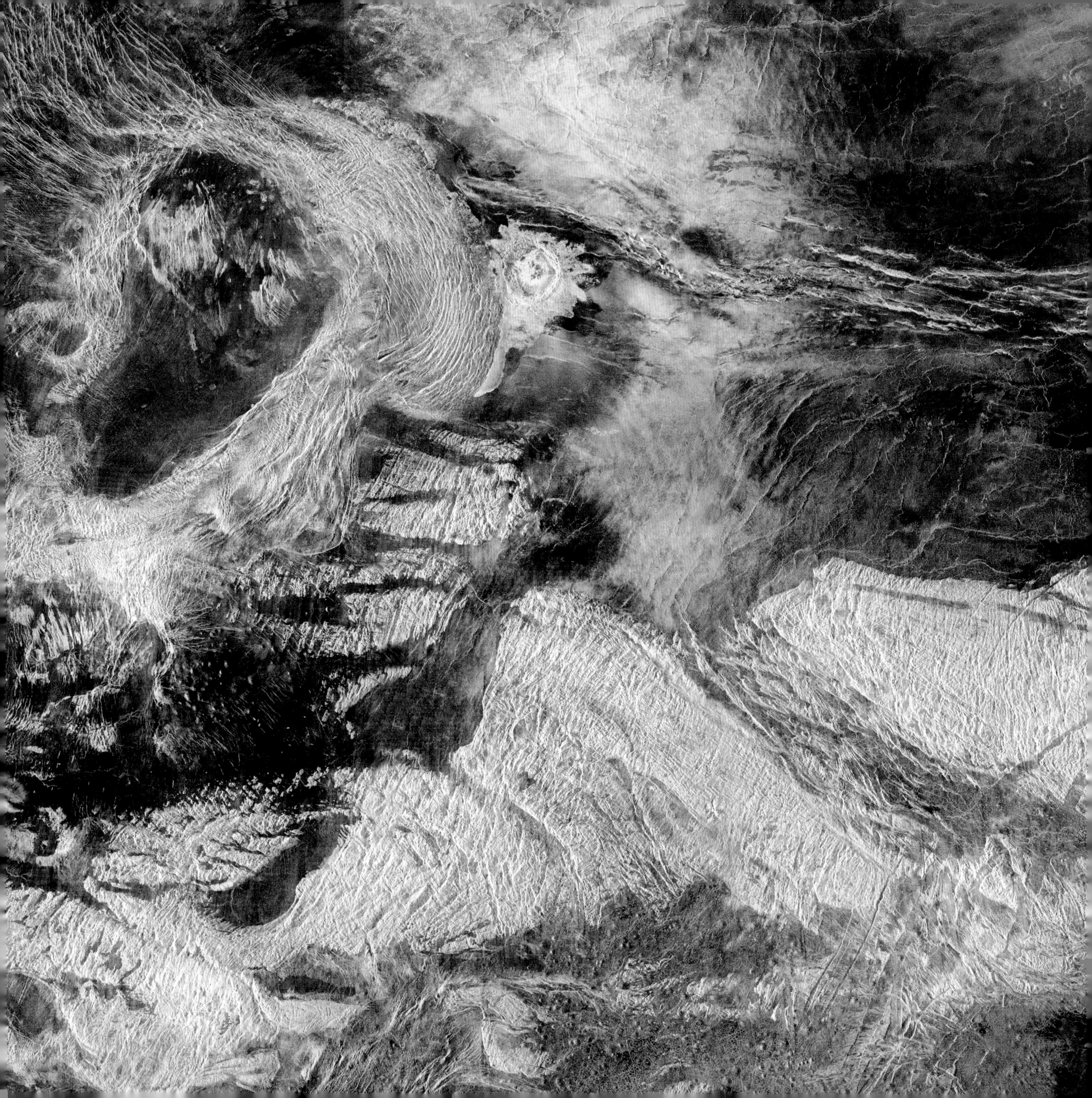

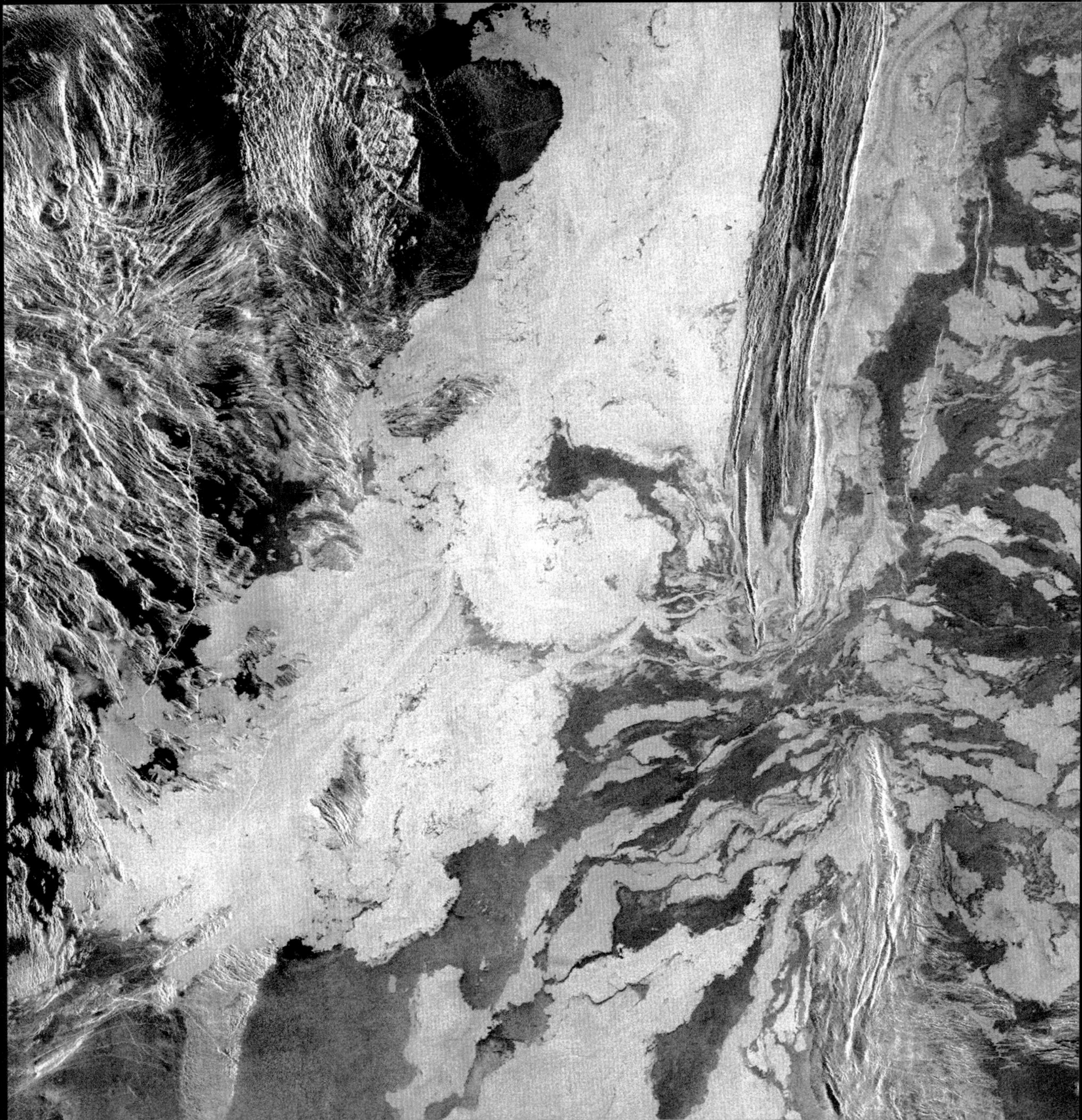

地域の溶岩流、溶岩だまり、隆起線。
ラン、1990年９月15日～1992年９月14日

タル大陸東方のトゥショリ・コロナ、
エット・クレーター、テテュス地域。
ラン、1990年９月15日～1992年９月14日

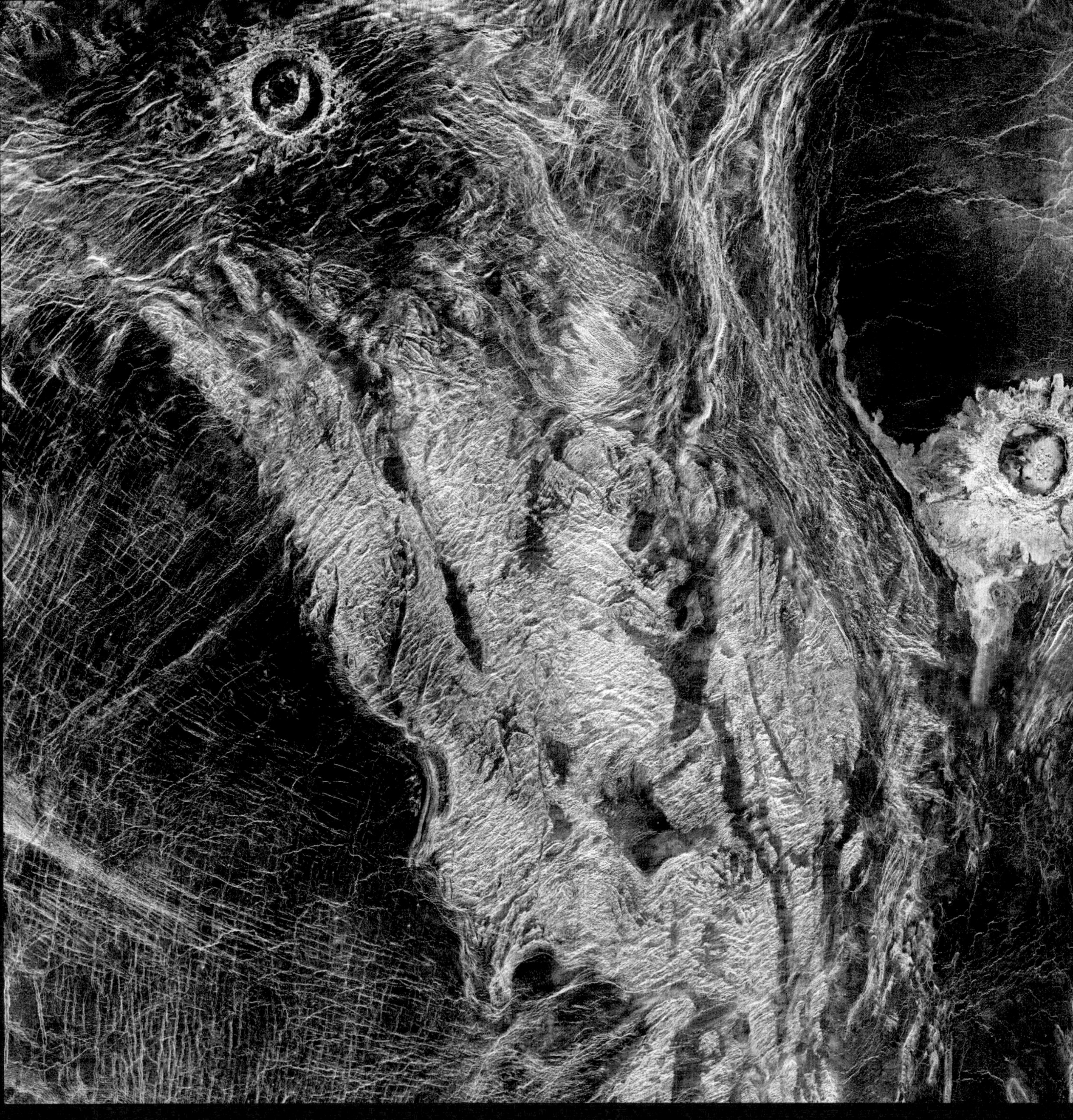

イシュタル大陸南東のウォートン・クレーター、デクラ・テッサラ、フェドレツ・クレーター。

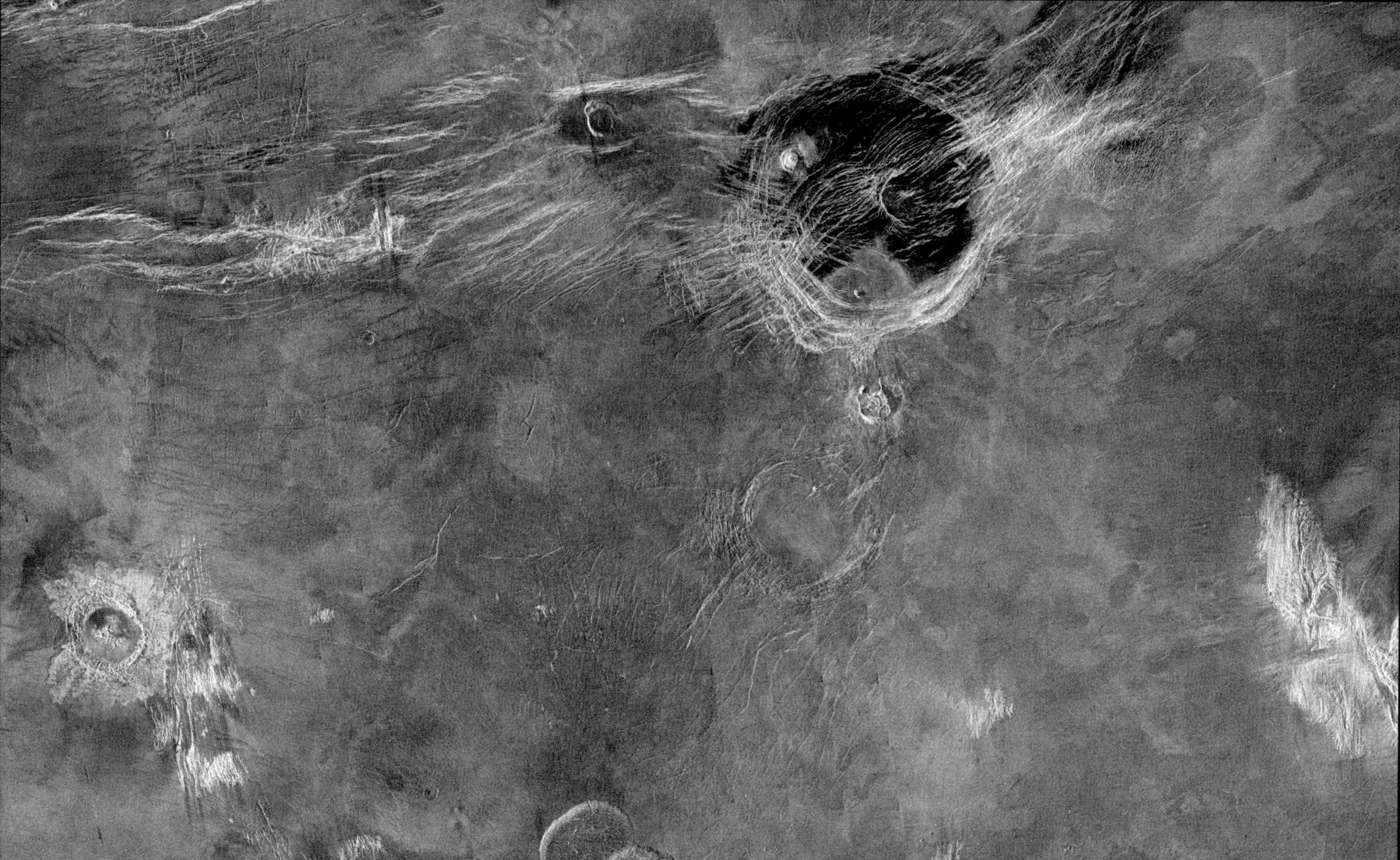

次見開き：グンダ平原に近い火山、ウレツェテ山とスパンダルマート山。
マジェラン、1990年9月15日〜1992年9月14日

66〜67ページ：グィネヴィア平原北部のモンテッソーリ・クレーターとカーチャ・クレーター。
マジェラン、1990年9月15日〜1992年9月14日

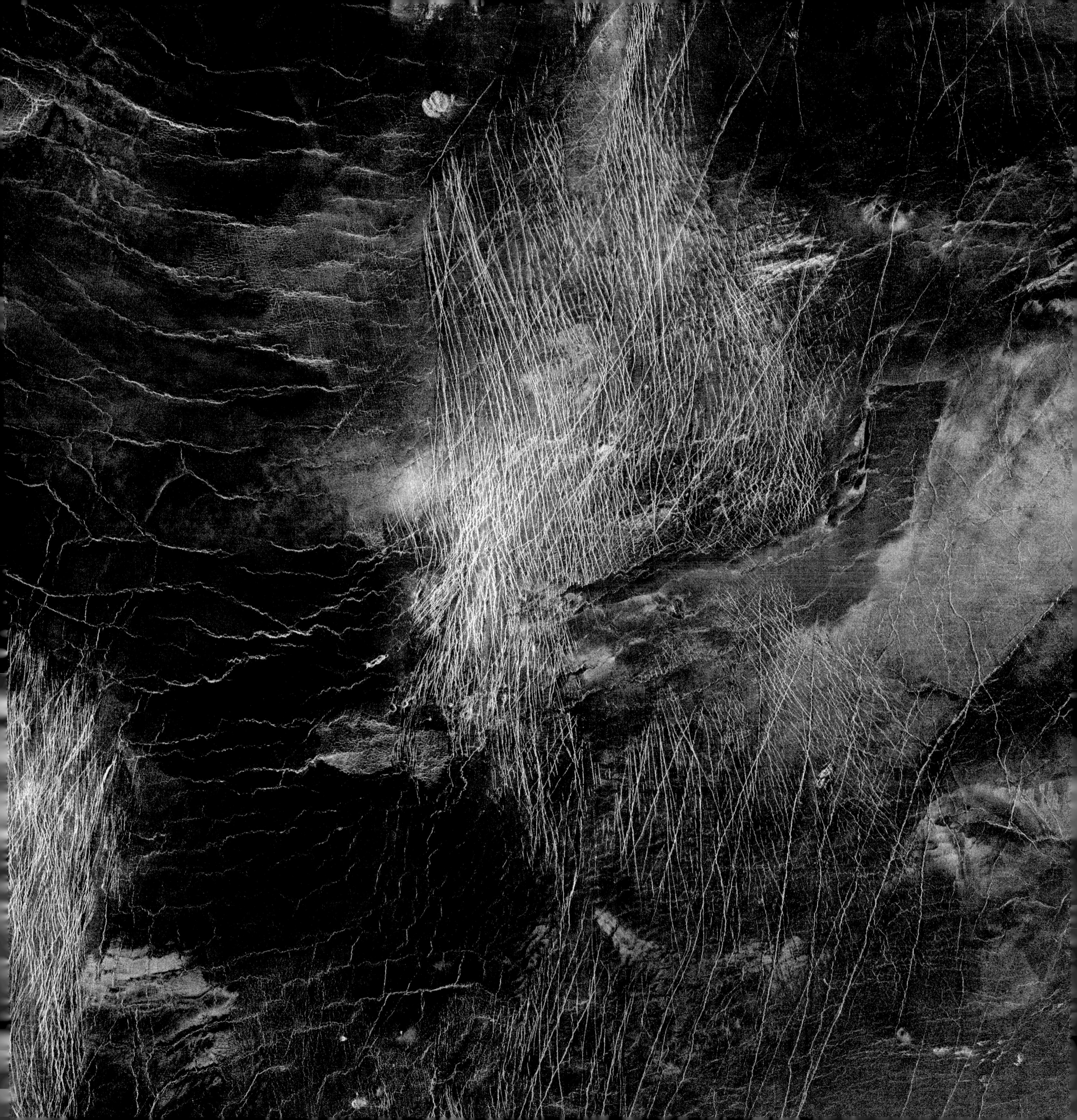

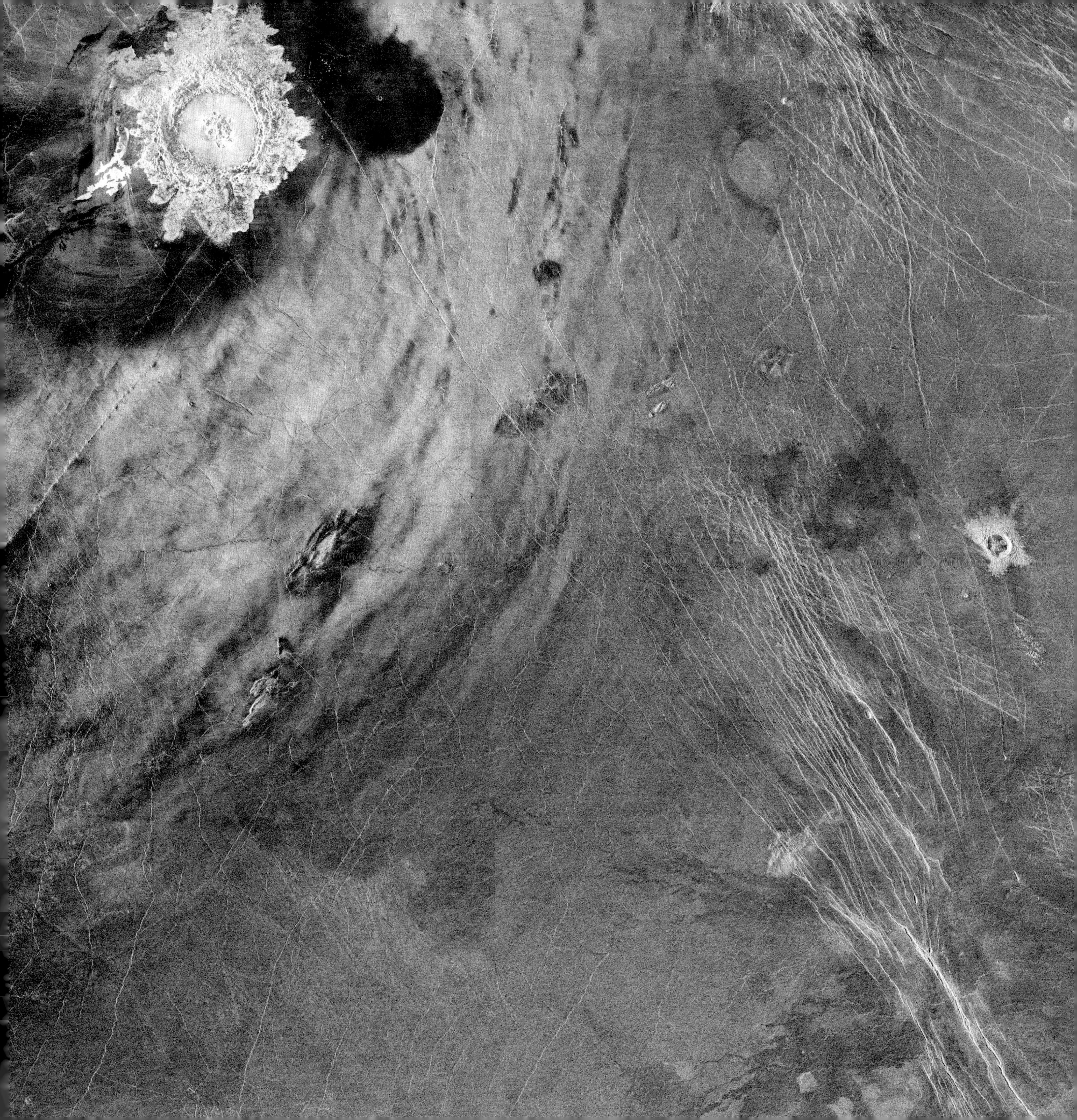

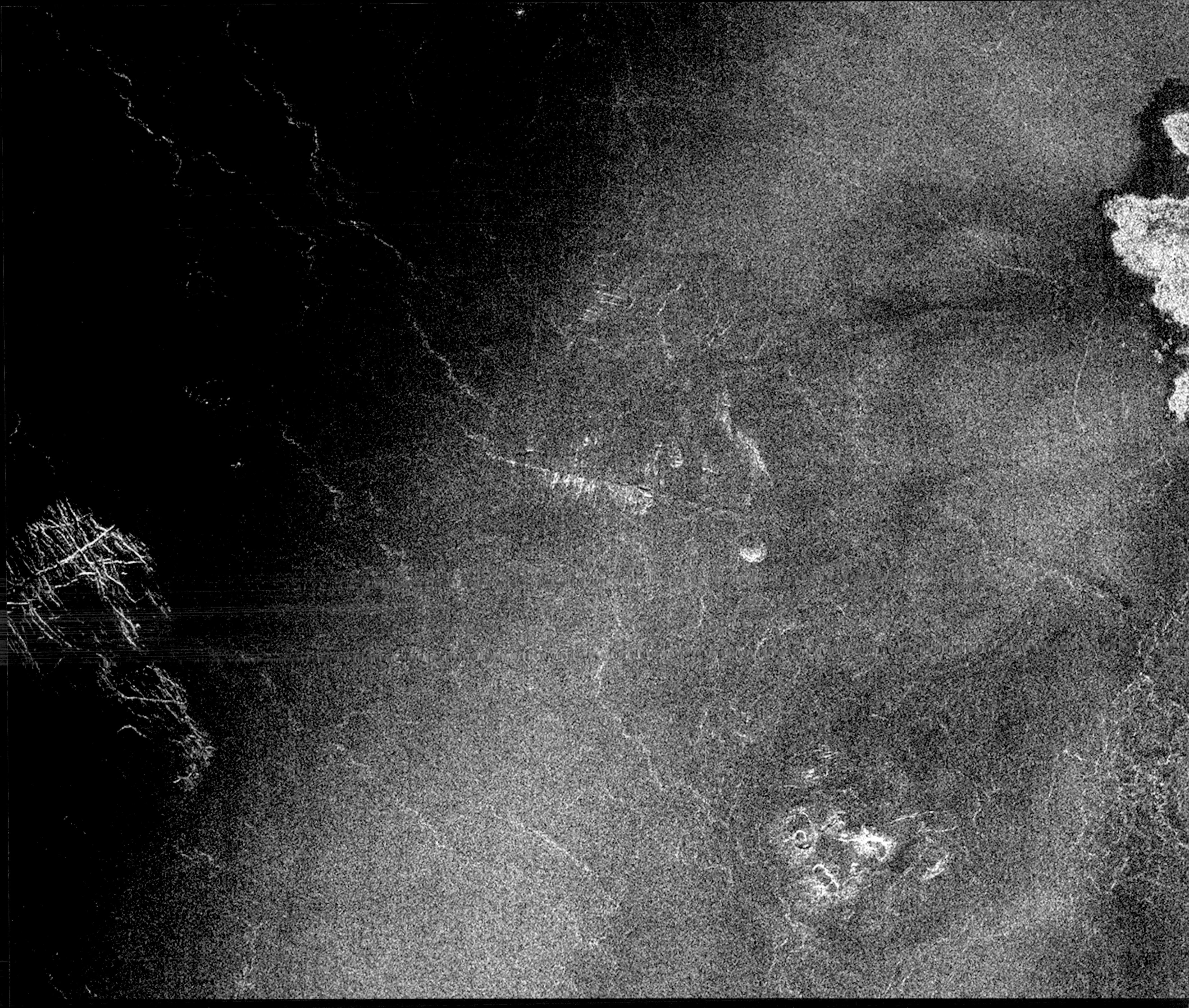

アフロディーテ高地西部の北方にあるアドゥヴァル・クレーター。
マジェラン、1990年９月15日〜1992年９月14日

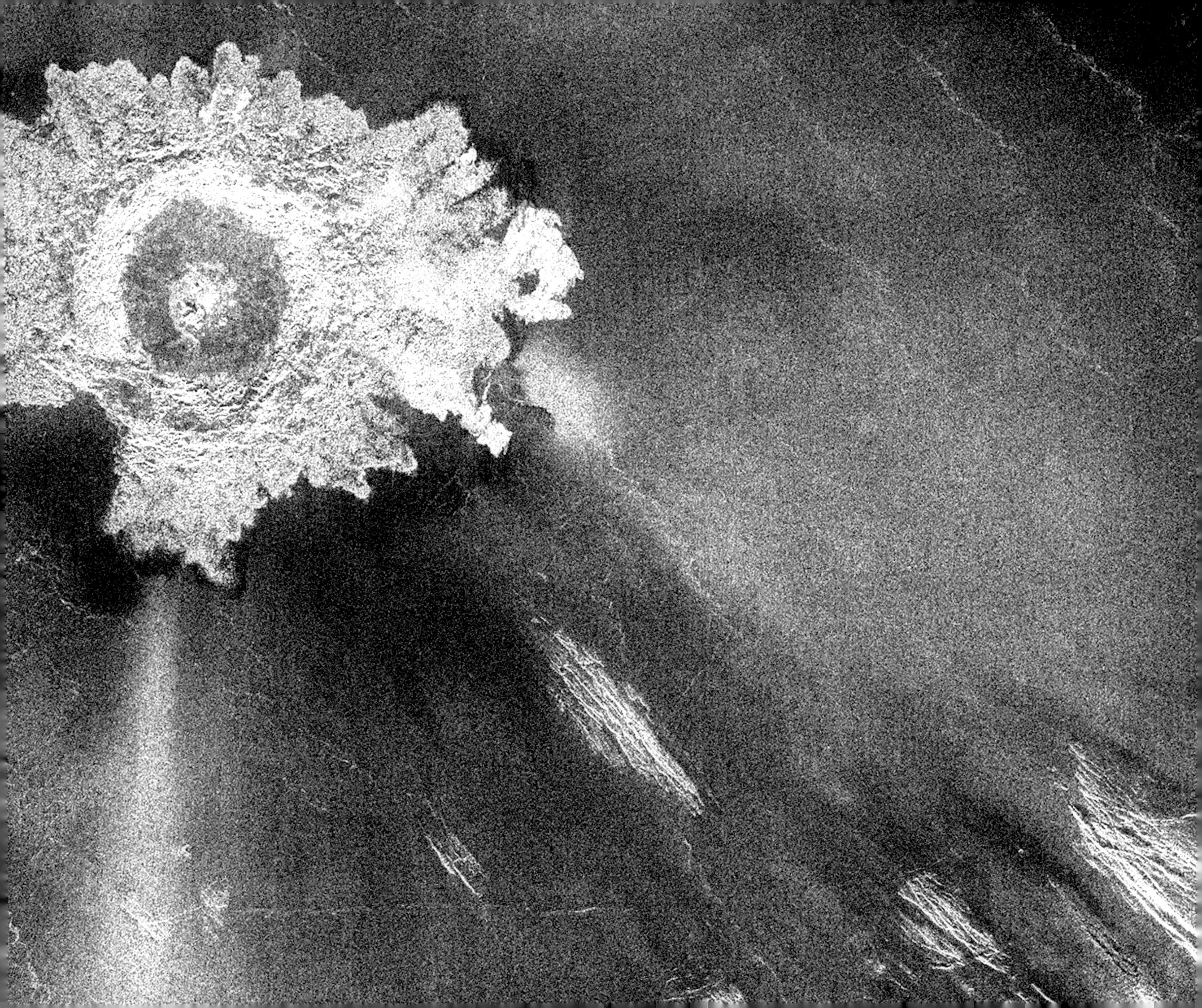

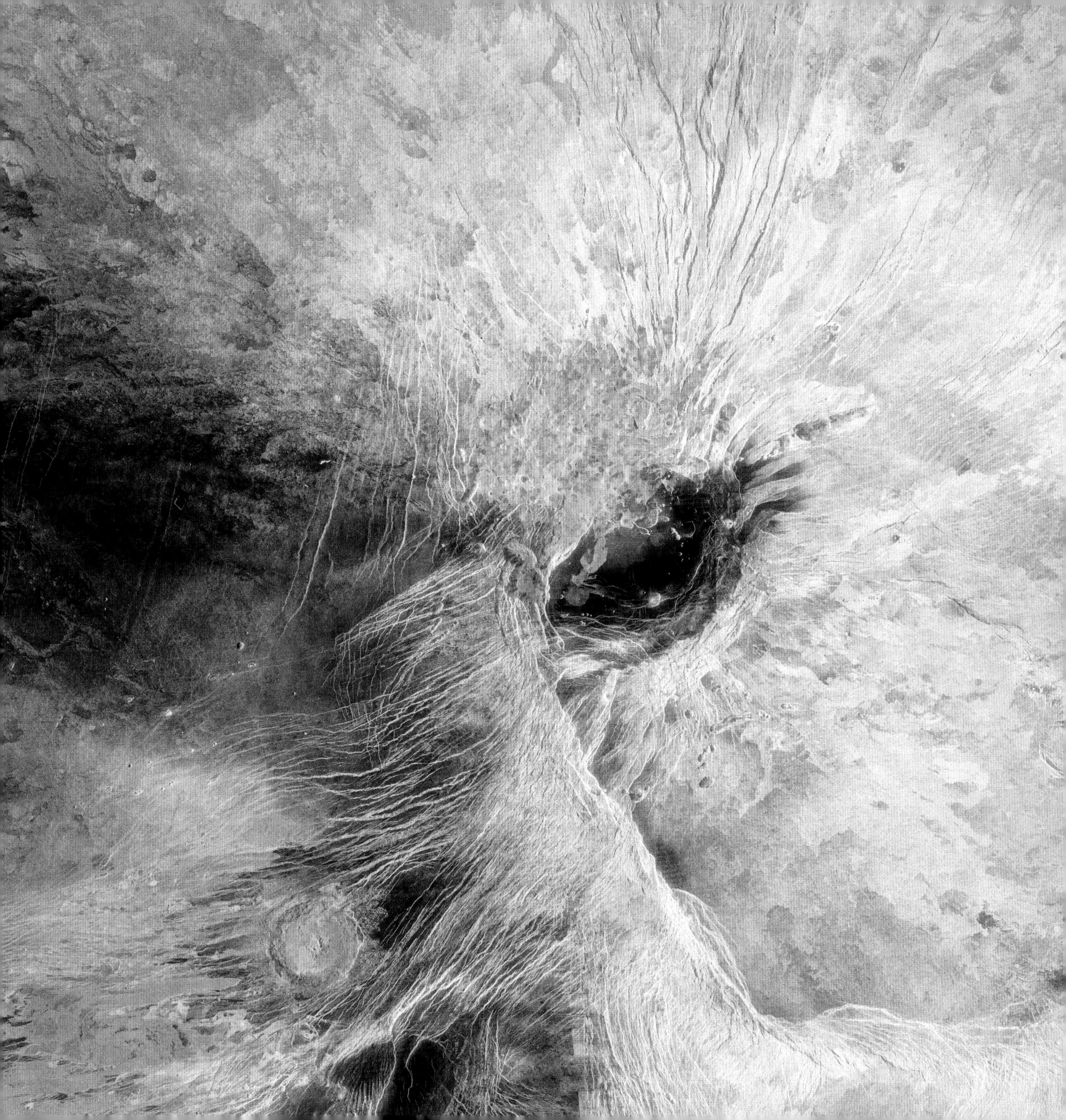

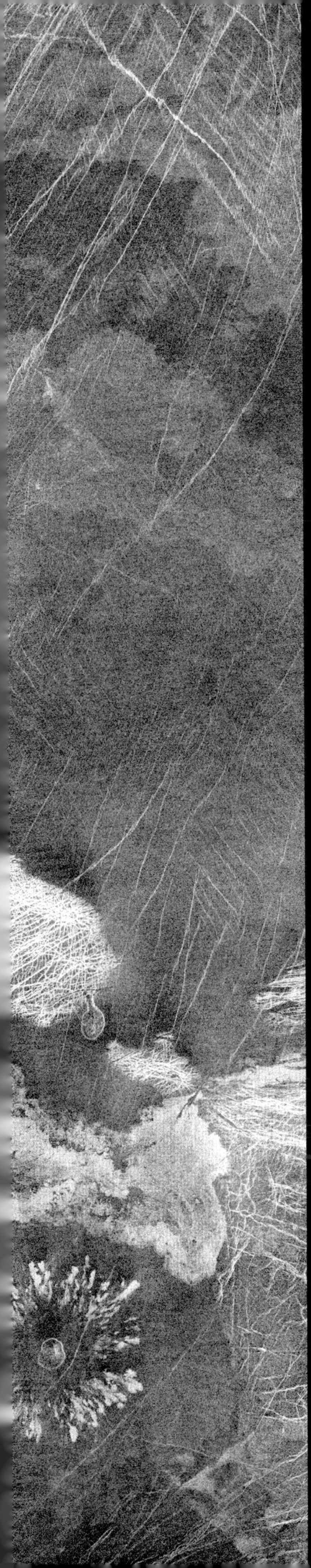

アトラ地域の火山性地形と地表の亀裂。
マジェラン、1990年９月15日～1992年９月14日

次見開き：デヴァナ・カズマの大地溝とソマーヴィル・クレーター、ベータ地域の火山レア。
マジェラン、1990年９月15日～1992年９月14日

*76*ページ：ベータ地域、レア山とテイア山のあいだを走る地溝にある“ハーフ・クレーター”。
マジェラン、1990年９月15日～1992年９月14日

*77～80*ページ：ベータ地域、デヴァナ・カズマ北部の溶岩流を切り裂く断層。
マジェラン、1990年９月15日～1992年９月14日

*81～83*ページ：クナピピ山からタン＝ヨンドーゾ谷に広がった溶岩流。
マジェラン、1990年９月15日～1992年９月14日

*84～85*ページ：イシュタル大陸のマックスウェル山。
マジェラン、1990年９月15日～1992年９月14日

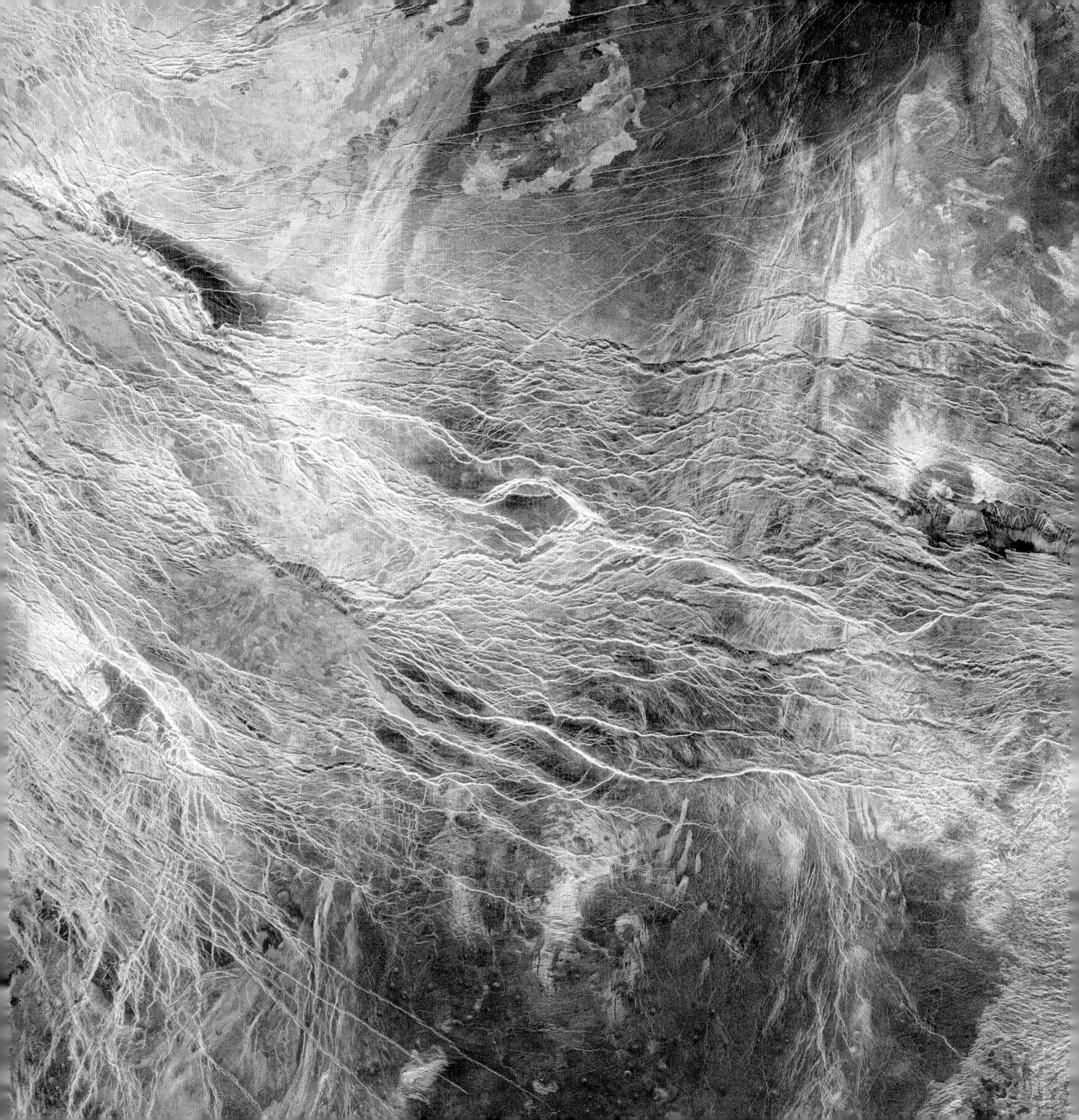

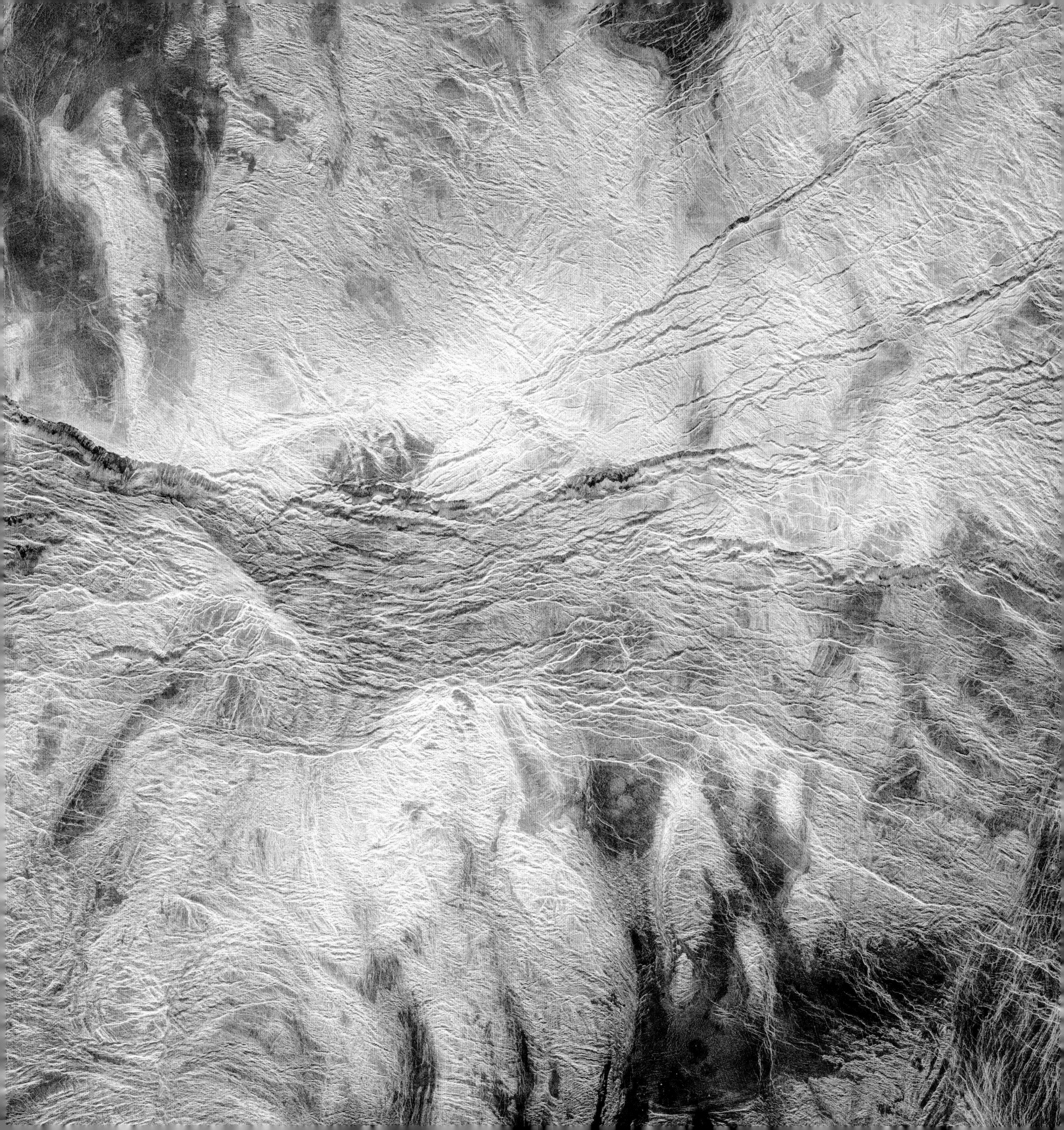

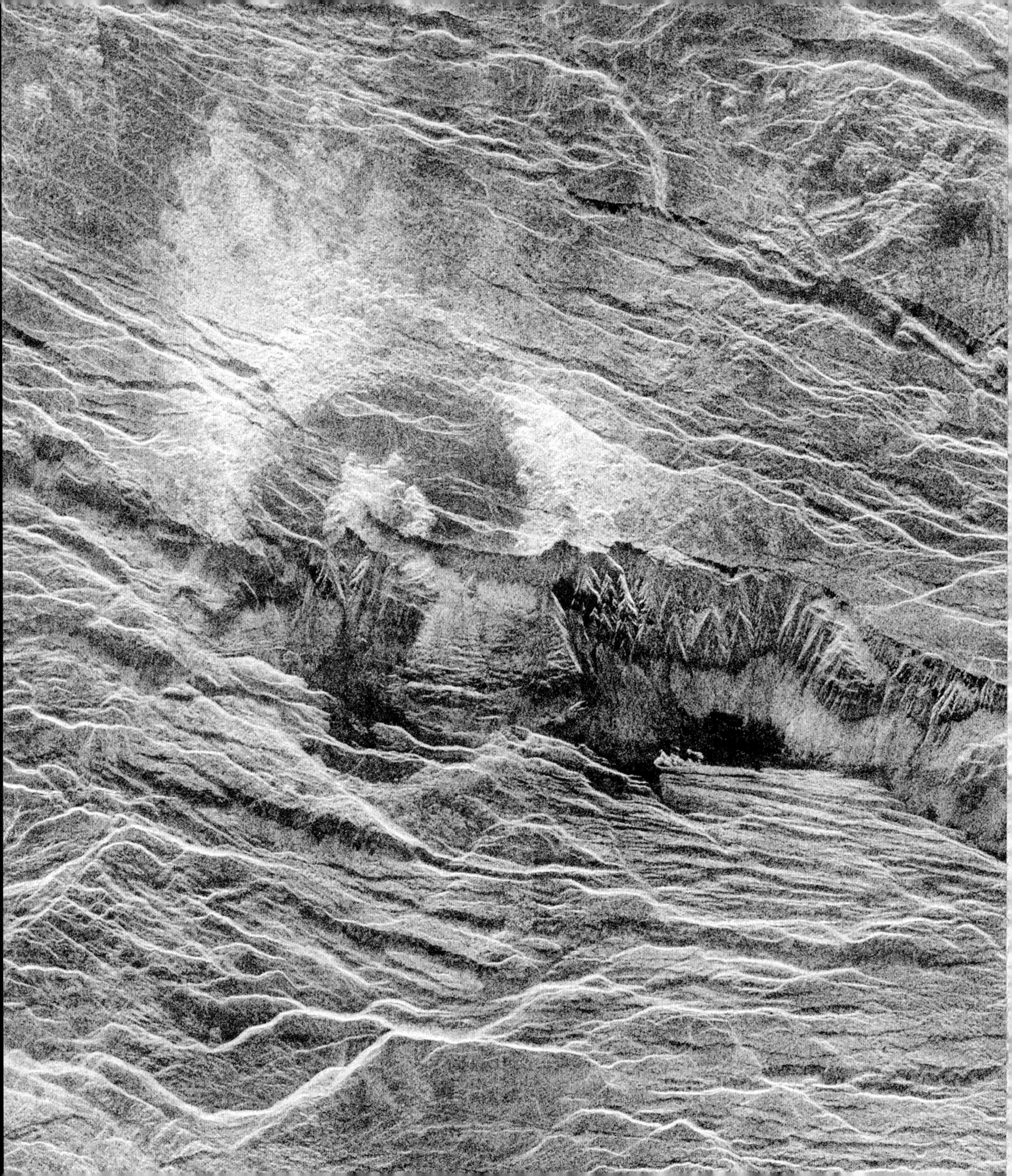

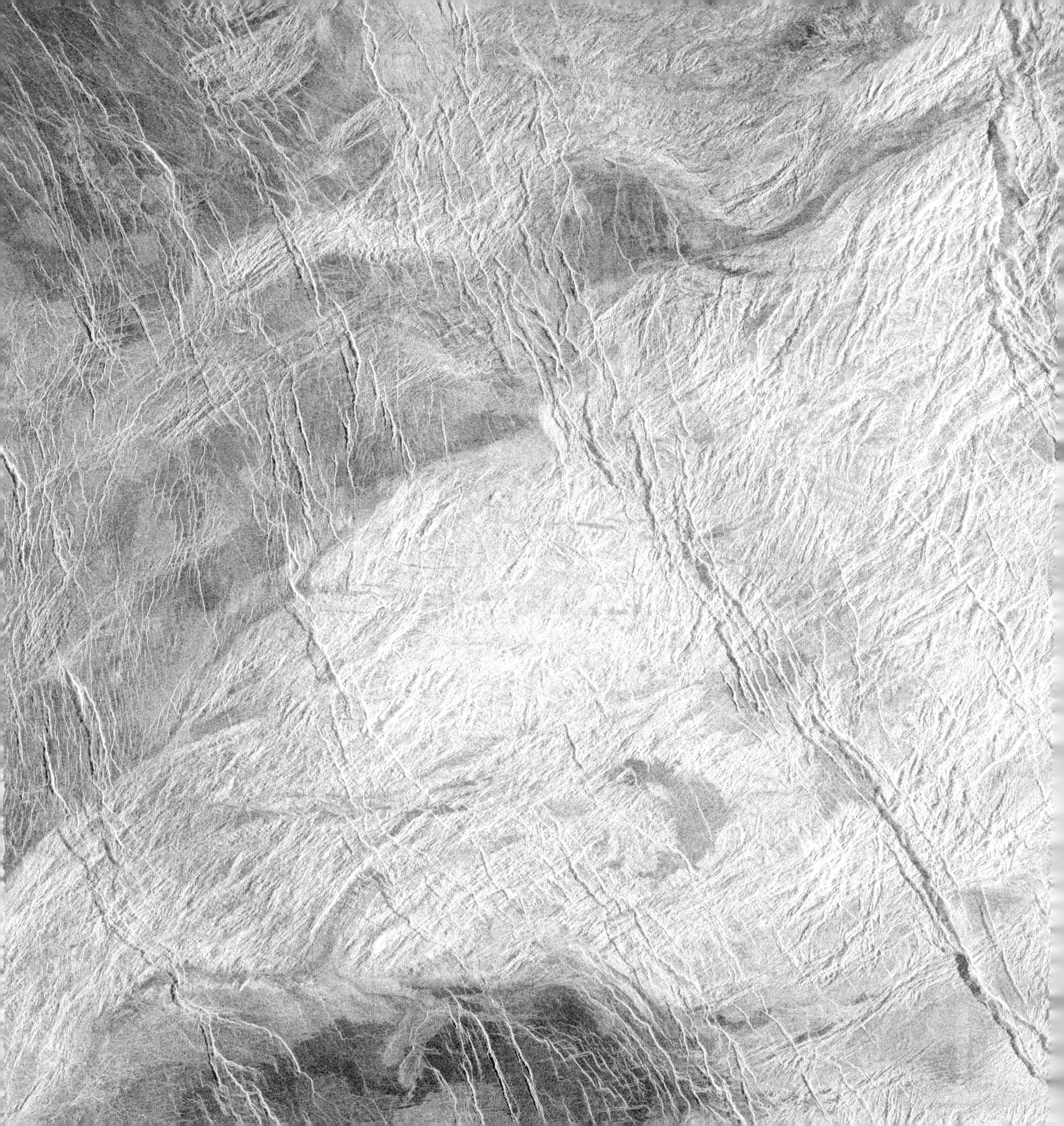

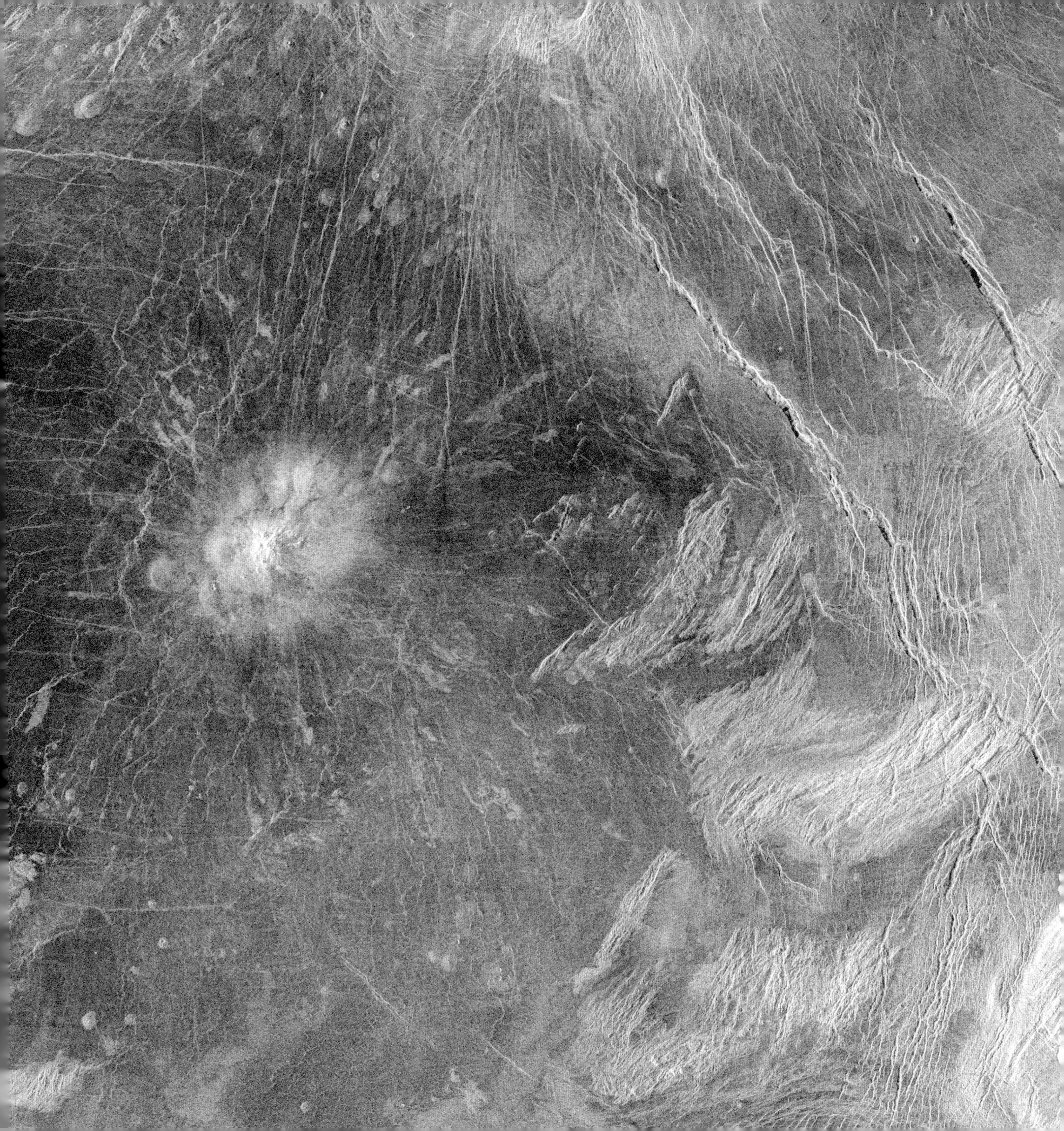

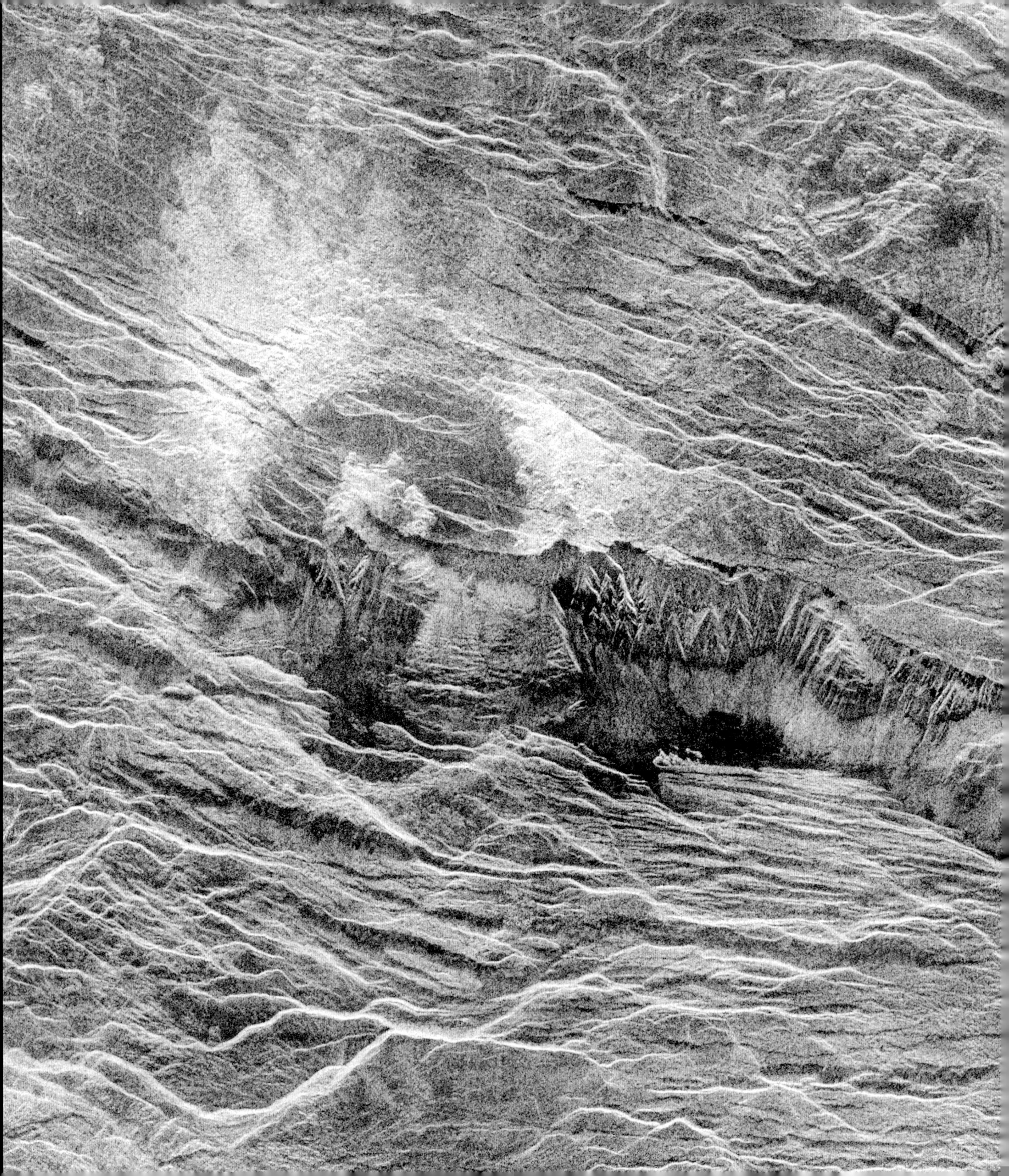

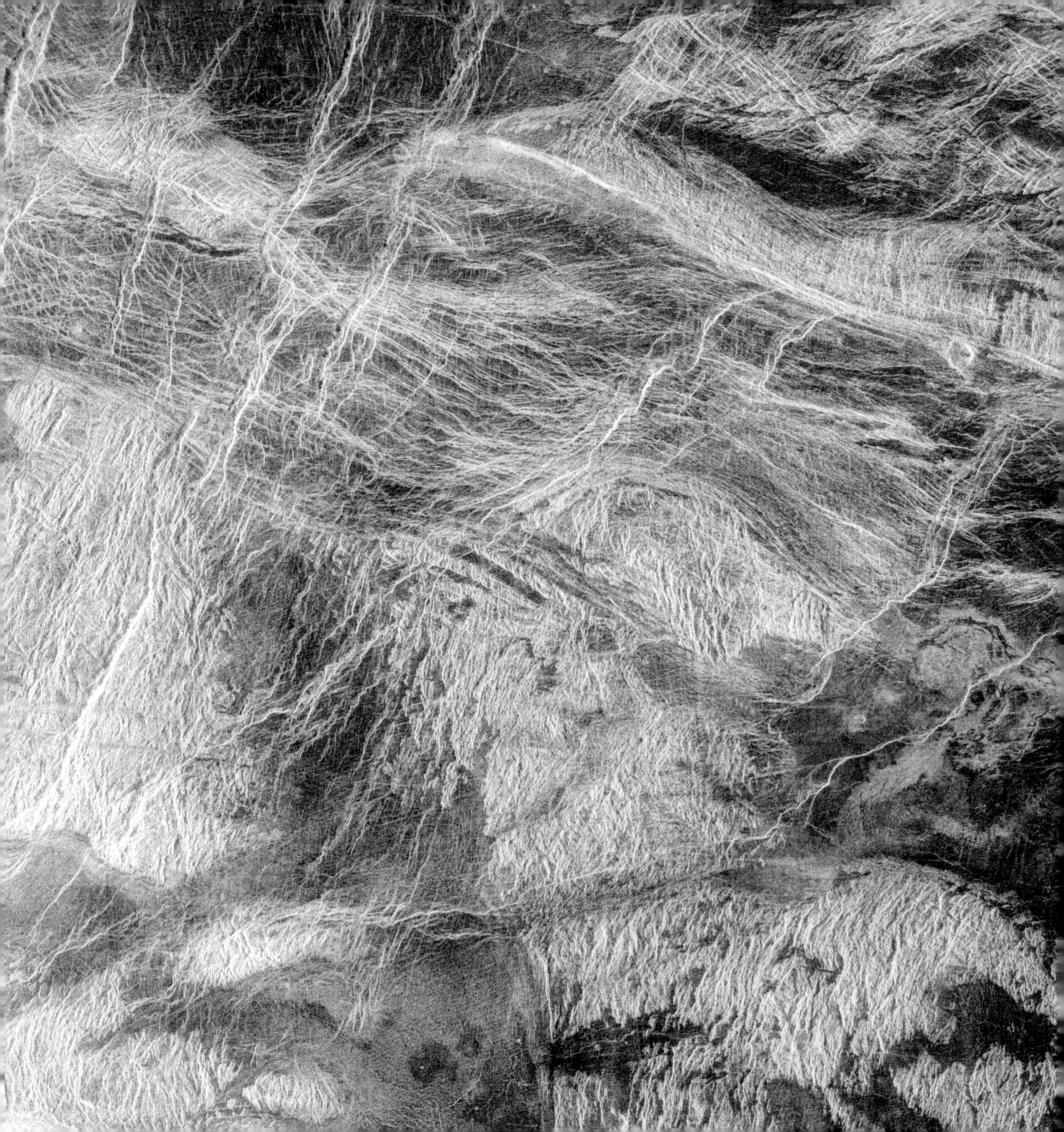

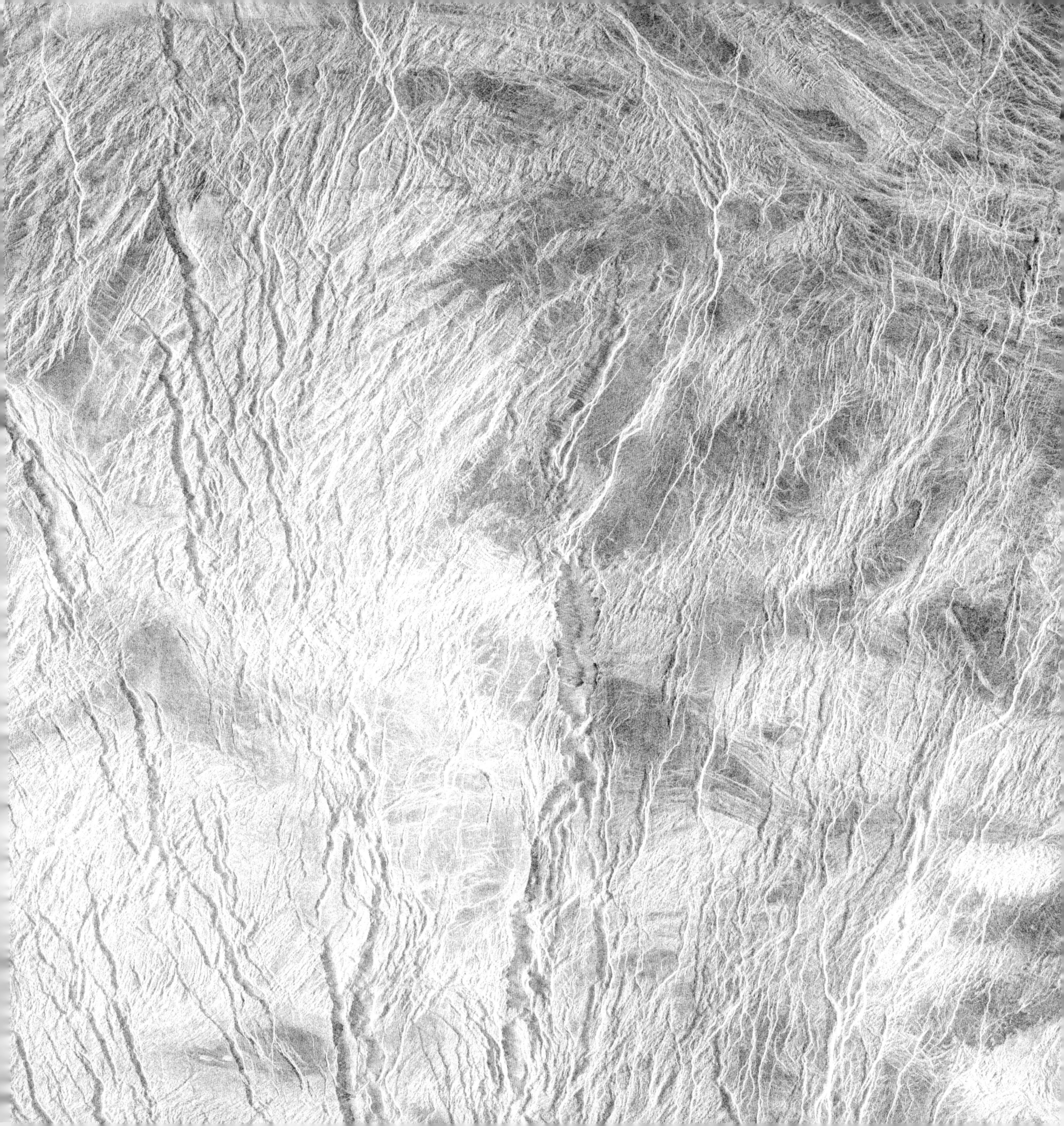

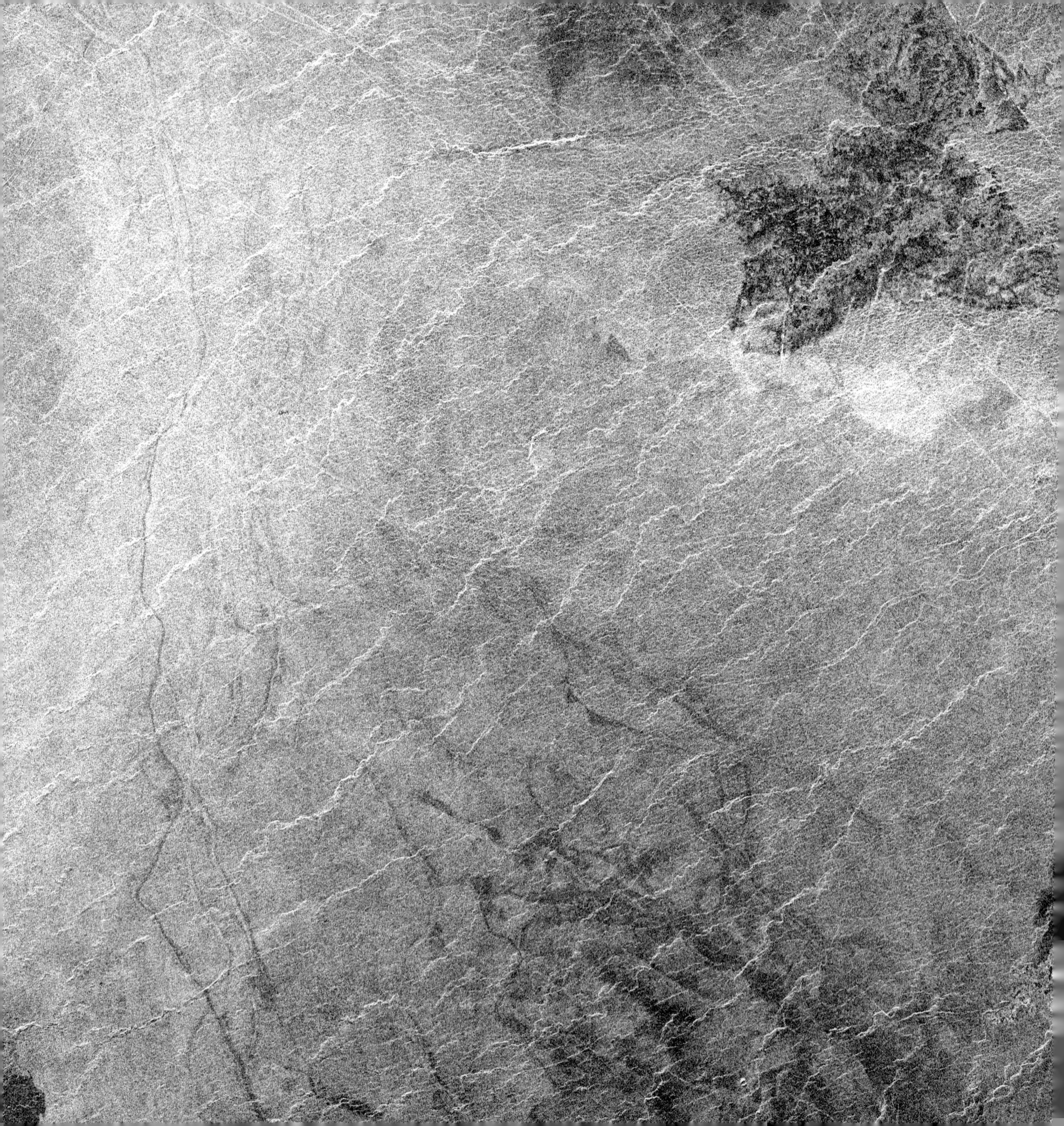

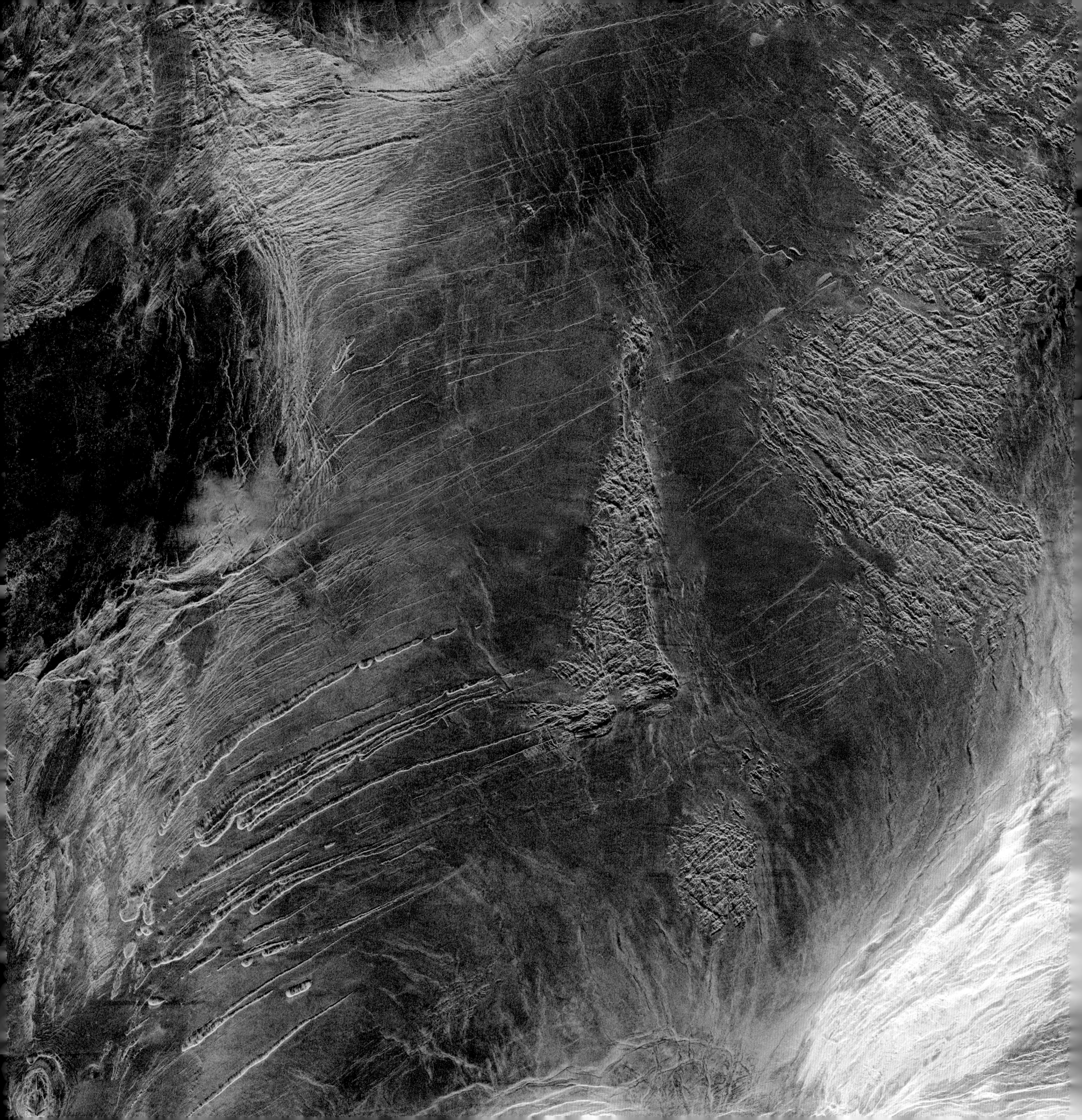

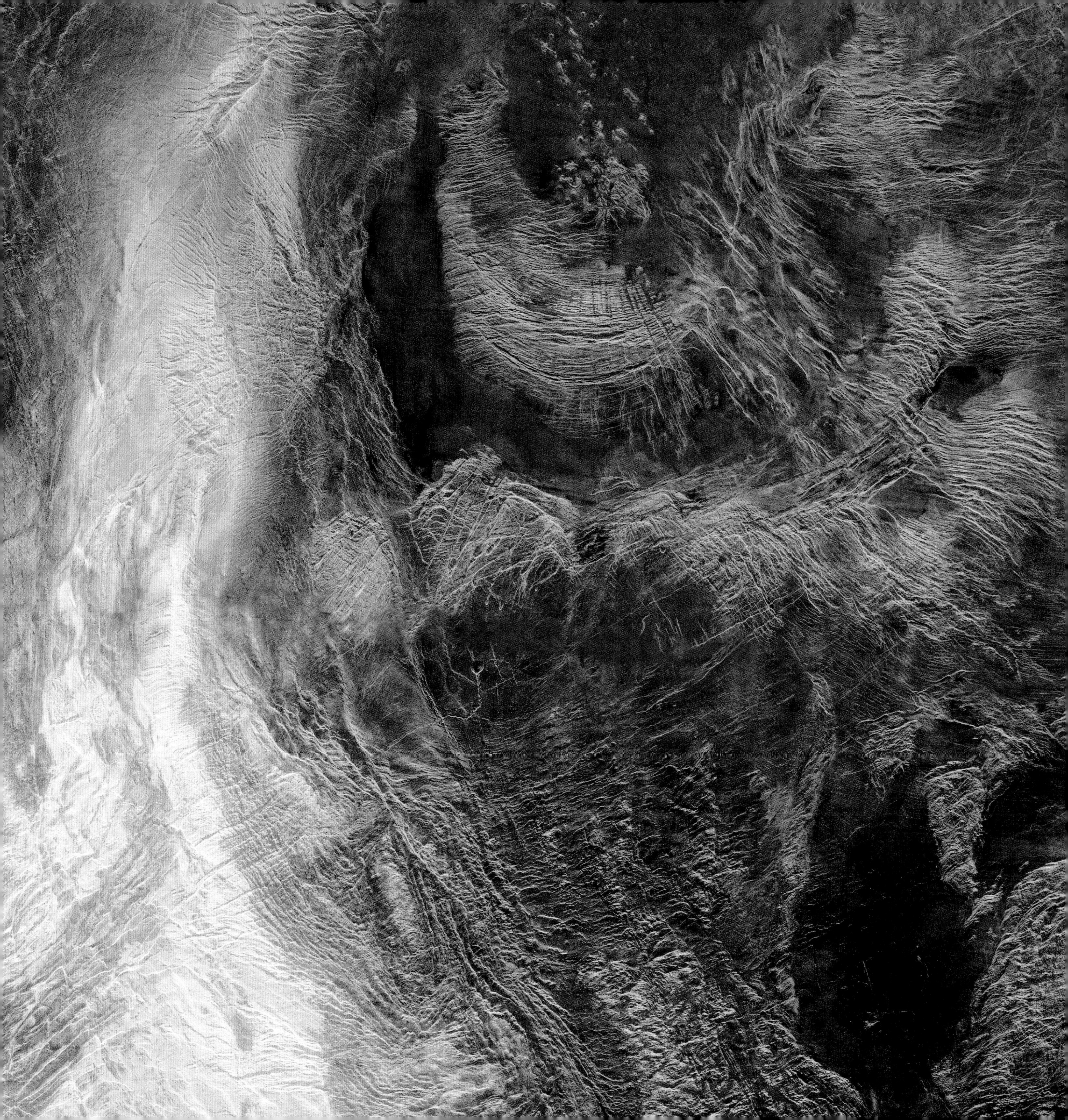

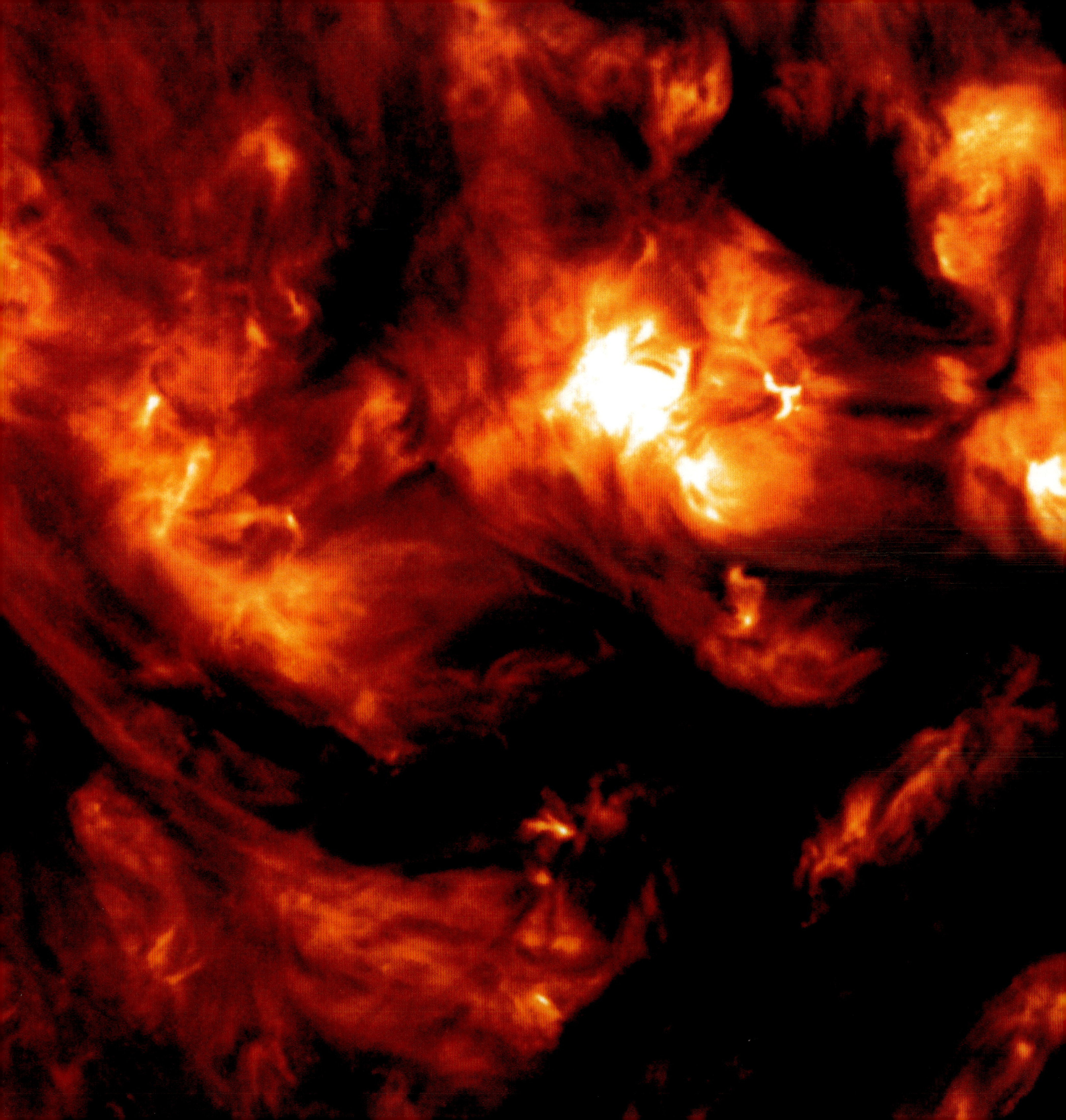

THE SUN

太　陽

左ページ：「静かな太陽」のコロナ。
TRACE（トレース）、1998年6月10日

太陽には影がない。完璧な沈黙の炎のなかでは、むきだしの力が生む耳を聾さんばかりの轟きが絶え間なく荒れ狂っている。そこには何かが焼け焦げるパチパチという音も、大きな炎をあげさせる酸素の流れもない。ただ、熱とエネルギーの凄まじい爆風が、時を超越した無の空間へと噴きだしていくばかりだ。だが、私たちが昼間、地球から見ることのできる46億歳のエネルギーの塊は、放射能ガスをまき散らす棺ではなく、ひとつの星である。だからこそ、私たちも煙や氷と化すことなく、歩き回ったり、汗ばんだ頭を掻いたりしていられる。それも、つづけざまに起きる核融合が外へと向ける爆発的攻撃を、太陽自身の大きな重力が抑えつけてくれているからなのだ。抗しがたい大きな力が、その力をもってしても動かせないものと、太陽という場で遭遇したのである。そしてそれは大きさにかかわらず、渦巻く銀河の長い腕の内外、そして間を漂う光の点すべてに共通することなのだ。

影はひとつもないが、気象現象はある。太陽に吹き荒れる嵐は、太陽系のほかのどこで観察されるものよりも激しい。幼稚園でくりひろげられるぬいぐるみの奪い合いとヒロシマを比べるようなもので、比較するのが馬鹿馬鹿しくなるほどだ。太陽系最大の惑星である木星の嵐の前では、地球最大の台風もティーポットのなかの渦ほどでしかないが、地球ふたつ分の大きさをもつハリケーンである木星の大赤斑でさえ、太陽から噴出する炎の一番小さなものと比べれば、本の小さな注のようなものにすぎない。(一方、大赤斑が少なくともあと300年は荒れ狂いつづけると思われるのに対し、太陽ではこれほど息の長い現象は、今のところ発見されていない。)

宇宙基準で考えれば中くらいの、非常にありふれた星ではあるが、こうした力（および重力場）を考えれば、太陽がエジプトやアステカ、ロサンジェルスなど各地で崇拝されていたのもうなずけよう。長老のような時空創造者が登場するおとぎ話の場合と違って、太陽を信仰する人々は、生命を支え、風を起こし、地球上のすみずみまで照らしてくれるエネルギーの源がどこにあるのかを見極めるのになんの苦労もなかった。また、そのパワーに貢ぎ物を捧げるのは当然だと思ったのである。

太陽の表面温度はおよそ6000℃である。中心核は1600万℃と、あまりに桁が大きく、めまいを起こさせるような数字で、理解不可能なほどだ。私たちが暮らしている無数の21世紀都市の明かりはすべて、間接的にこの太陽をエネルギー源としている。化石燃料には、遠い昔の森林に蓄えられたエネルギーが含まれているからだ。中東の砂漠や北

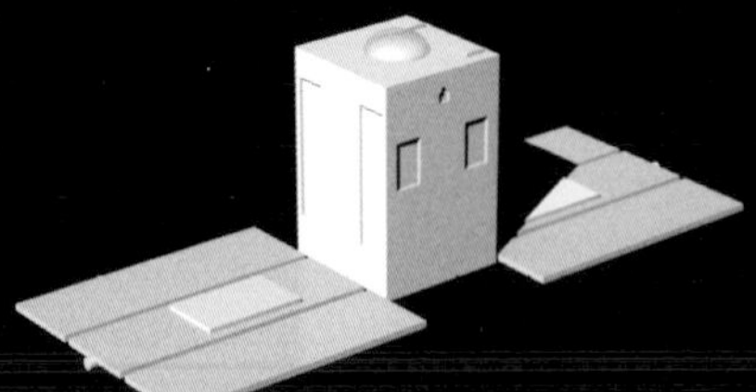

ようこう

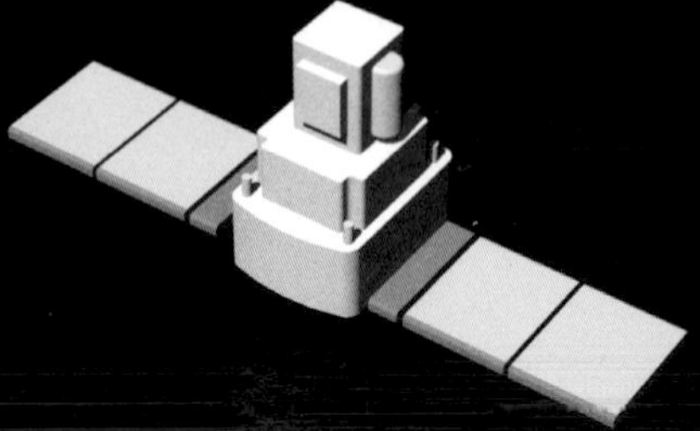

SOHO（ソーホー）

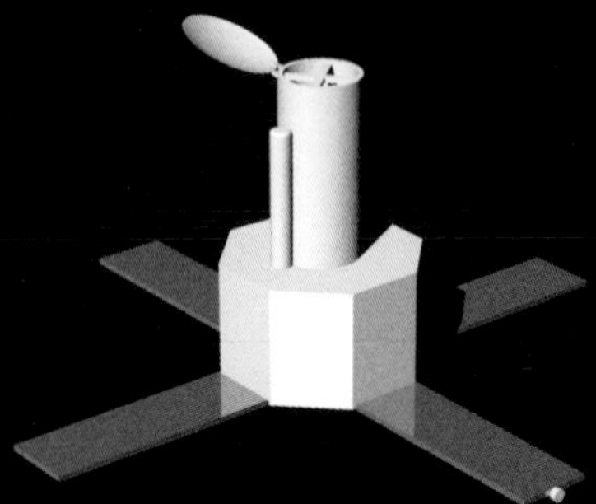

TRACE（トレース）

海の海流の下に眠る化石化した黒い液体は、まるで巨大なバッテリーのように何千年もの間、太陽エネルギーを蓄えてきた。極冠や夜のインド洋の波頭にきらめく月光も、間接的な太陽光だ。また季節の移り変わりも、地球の自転にともなって、太陽に面する半球が変化することによって起こる。

私たちと太陽との関係を、エジプト人やアステカ人にも勝るほど深く理解していたと思われるひとりの大才がいた。カール・セーガンによれば、惑星配列図の中心にあるのが地球ではなく太陽だと最初に主張したのは、アリスタルコスというギリシアの忘れられた学者である。紀元前300年頃、地動説の人として一般に知られるコペルニクスが登場する実に2000年近く前のことだ。セーガンによると、月食のとき月に映った地球の影の大きさから、アリスタルコスは太陽が地球よりもはるかに大きく、またはるか遠くにあると推測した。「そこで彼は、太陽のように大きな天体が、地球のように小さな天体のまわりを回っているというのは不合理だと考えたのかもしれない」と、セーガンは著書『COSMOS』で述べている。「彼は太陽を中心におき、地球は日に一度自転しながら、太陽のまわりを１年かけてめぐっていると考えた」。コペルニクスはアリスタルコスのことを書物で知り、同じアイディアを得たのかもしれない、とセーガンはいう。

> 近年発見された古典文献は、コペルニクスが留学していた当時、イタリアの大学で大きな興奮を呼び起こしていたものだった。コペルニクスは、著書の手書き原稿ではアリスタルコスの方が先を越していたことにふれているが、印刷される前にその部分を削っている。彼は教皇パウロ３世に宛てた手紙で次のように述べている。「キケロによれば、ニケータスは地球が動いていると考えていたそうです……。（アリスタルコスの説を論じた）プルタルコスによれば……ほかにも数名、同じ意見をもっていたといいます。このことから私は、それが可能であるかを考えるようになりました。そして私自身も、地球は動くものではないかということについて深く考えはじめました」。

コペルニクスもアリスタルコスも気づかなかったが、太陽ももちろん動いている。銀河系の中心を２億2600万年かけてまわっているのだ。ラスコーの壁画からローマの水道橋を経て、前世紀の月到達までを含む、人類の歴史すべてに相当する時間も、その周期から見ればほんの一瞬の出来事だ。言い換えれば、太陽が銀河系を１周する時間を１銀河年とすると、私たち人間はほんの数日、ここ最近の数日を生きているにすぎないのだ。

太陽は、それを見る私たち人間がいなくなっても、もちろん燃えつづけるだろう。ちょうど、いま私たちの車やトラックを間接的に動かしている先史時代の木々が、人類はその場にいなかったにもかかわらず音を立てて倒れたのと同じように。だが、太陽エネルギーのほんのわずかな一端が現に私たちの思考——太陽を理解しようとする思考も含めて——をまるで燃料を供給するように刺激しているということが、そもそも太陽という驚異的な存在に匹敵する奇跡なのだ。もし人類に太陽の荘厳で圧倒的な美をなにがしかでもわかる能力がそなわっているとしたら、銀河系の一角にあるこのささやかな星は、その重要な孵卵器であり煽動役であったことになる。地球という惑星の住人のなかには、太陽から豊かに流れてくる絶え間ないエネルギー波を今でも崇拝している者がいる。そして私たち人間がそうであるように、私たちが作った道具もまた同じことをしている。日々瞬きもせず太陽を見つめている探査機は、すべて太陽から動力を得ているのだから。

噴きあがるプロミネンス。
SOHO（ソーホー）、2001年5月15日

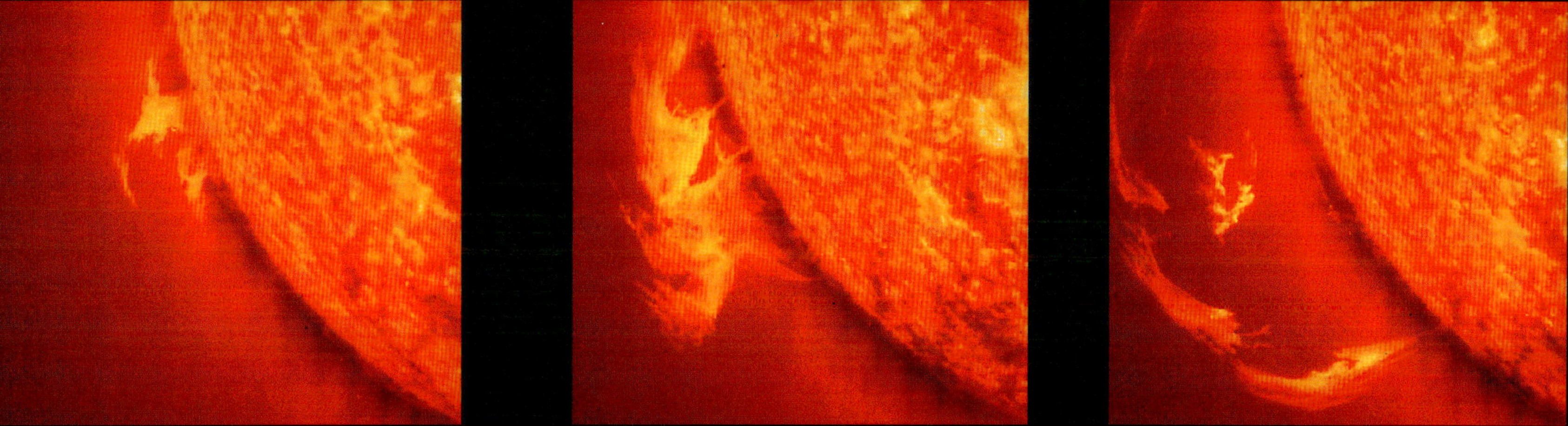

プロミネンスの変化。
SOHO、2000年５月19日

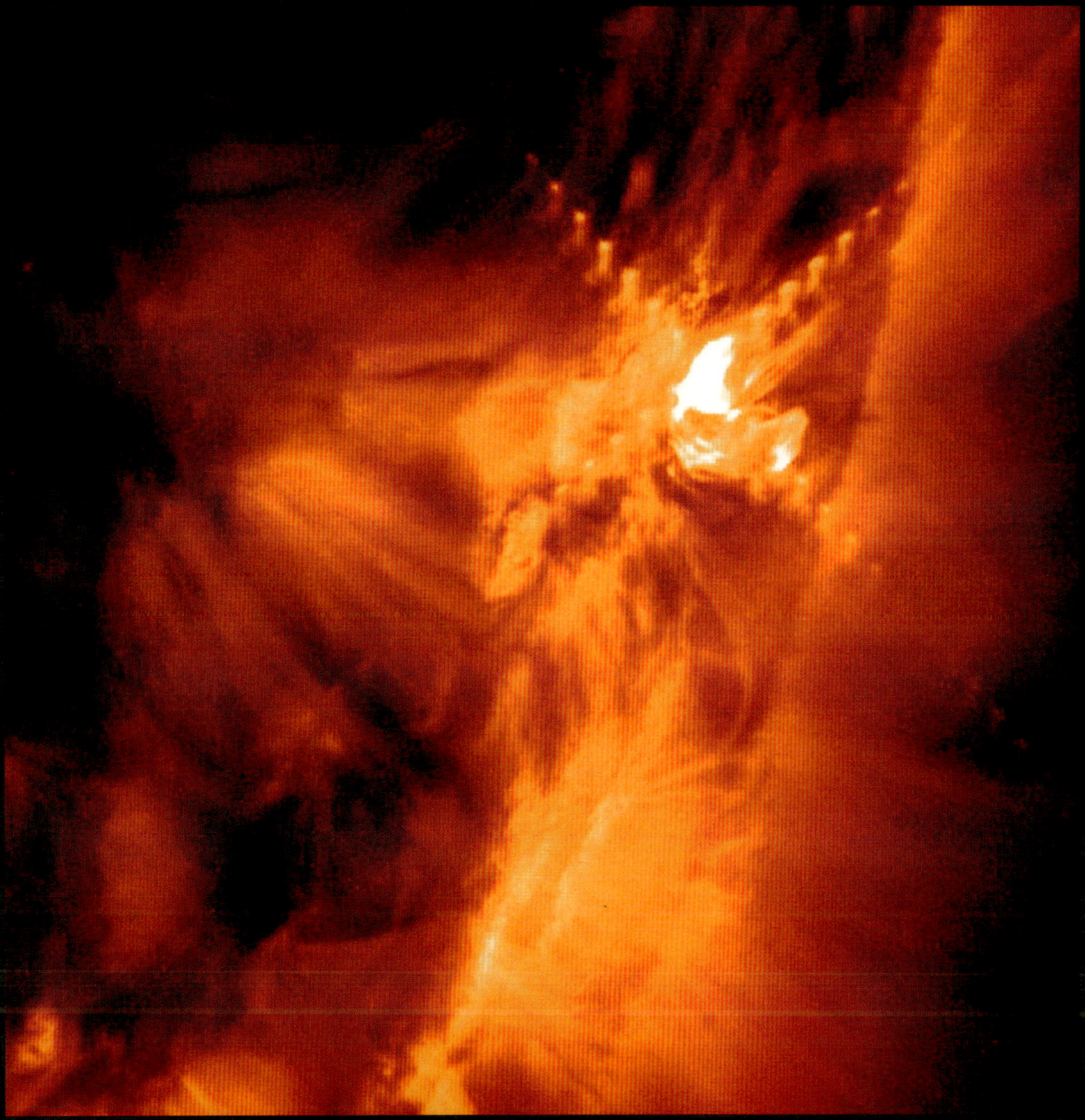

急速に冷えてアーチを描くループ。
TRACE、2000年6月25日

下：極端紫外線望遠鏡でとらえたプロミネンス。
SOHO、2002年7月1日

左ページ：コロナ。
SOHO、1998年5月2日

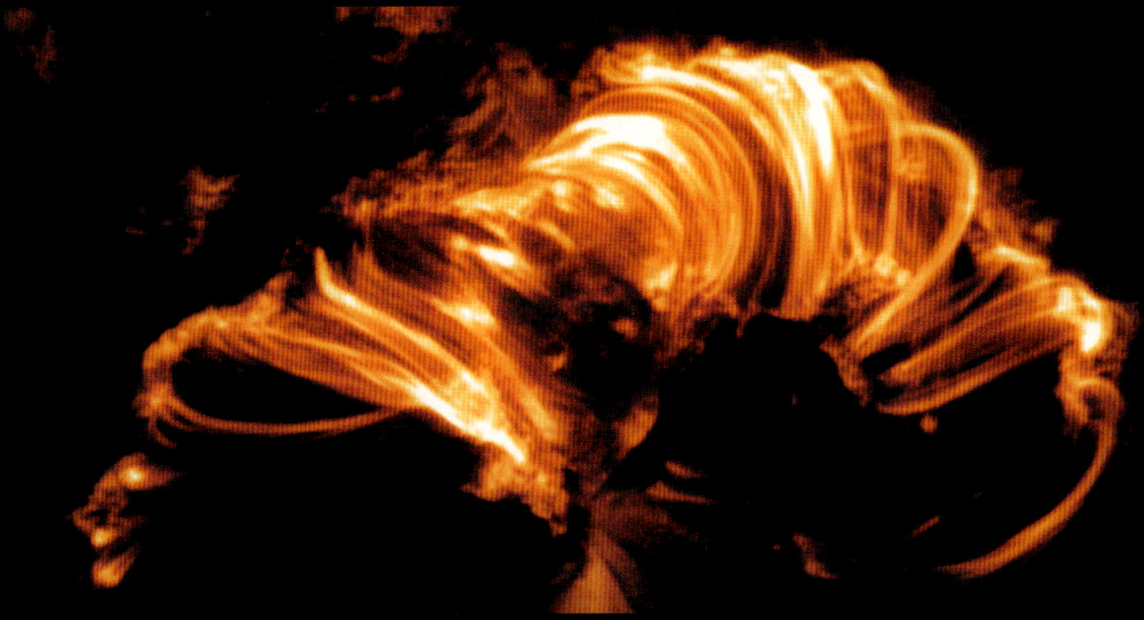

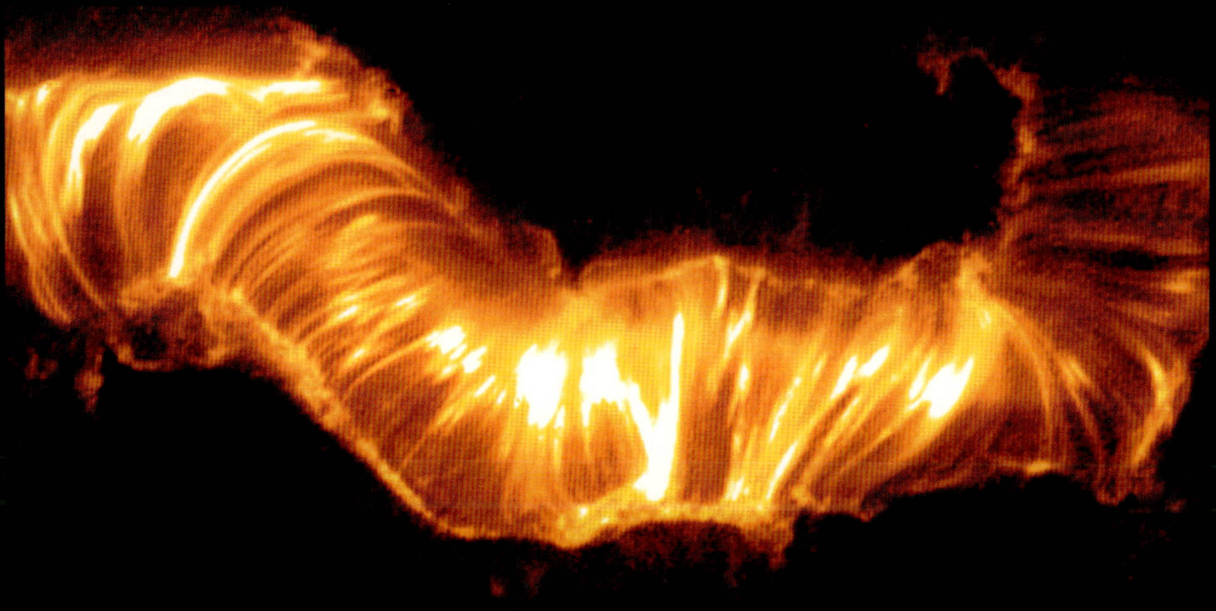

上：冷えて弱っていくループがつくる、
ポストフレアのアーチ。
TRACE、2001年4月10日

下：ポストフレアの冷えていくループ。
TRACE、2000年7月14日

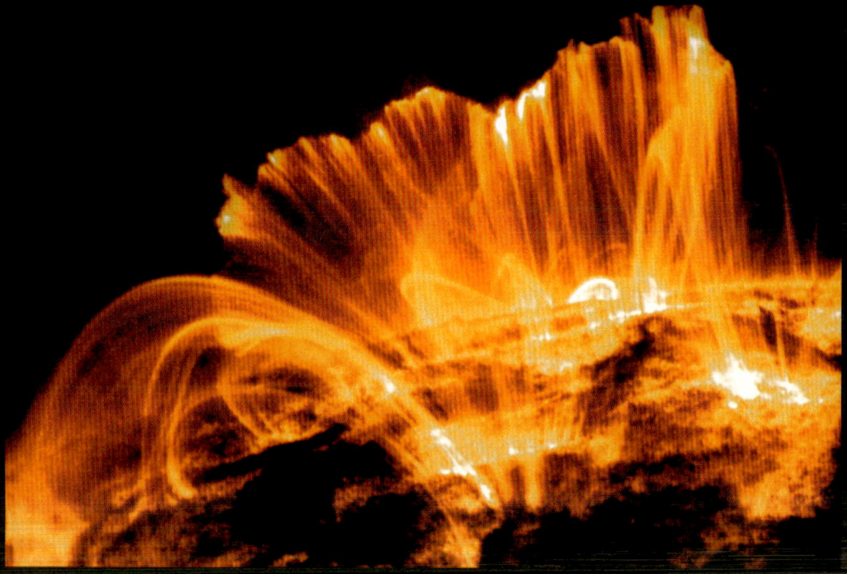

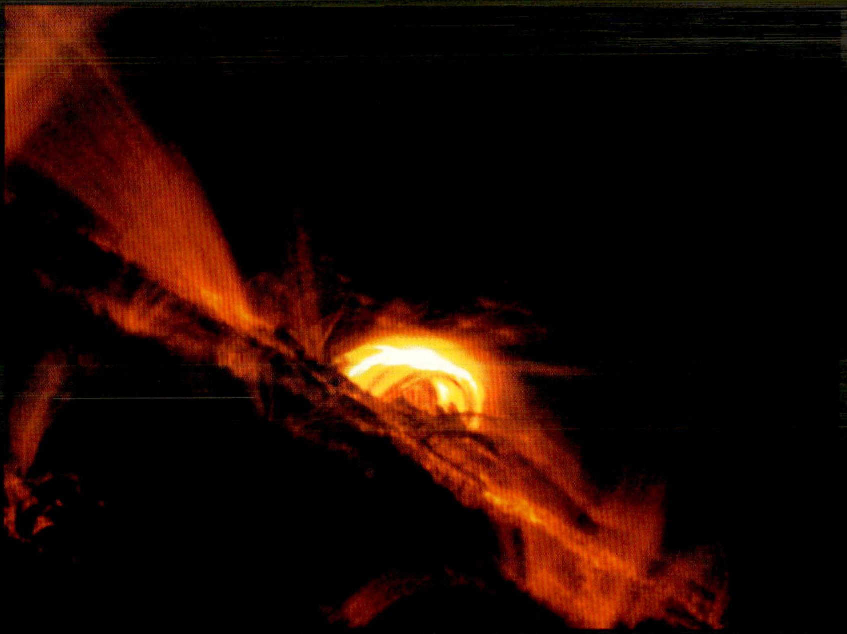

上：ポストフレア・ループ。
TRACE、2000年11月8日

下：ポストフレアのループ下降。
TRACE、1998年11月22日

X線で撮影した太陽。
ようこう、1992年2月1日

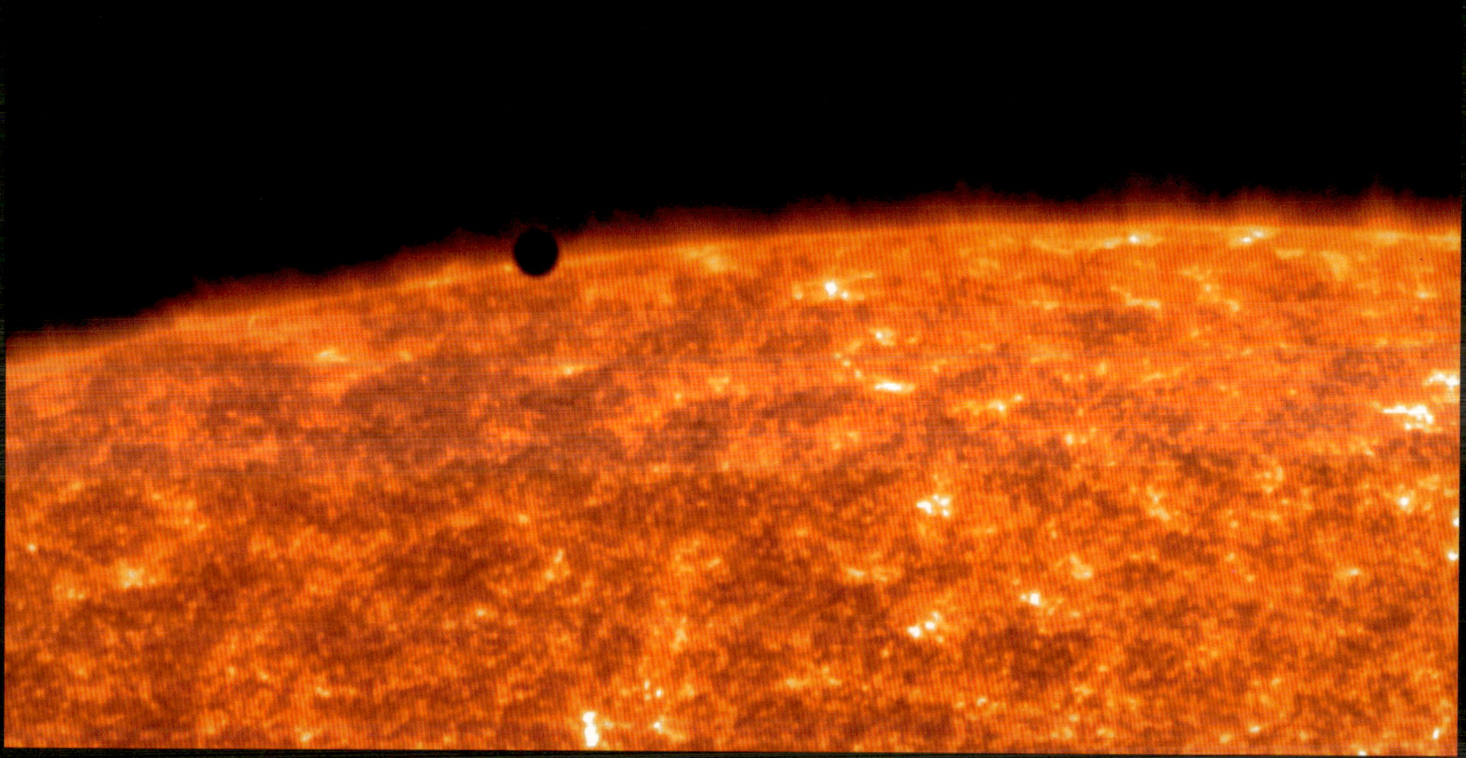

MERCURY

水　星

左ページ：水星の太陽面通過
（太陽の周縁部に見える黒い点が水星）。
TRACE、1999年11月15日

最前線というものがあり、灼熱の大惨事にいまにも見舞われそうな天体があるとするなら、それは太陽にもっとも近く、９ある惑星のなかで２番目に小さな、荒涼とした水星のことだろう。ローマ神話の神々の使者であり、死者の魂を地獄へと案内する役目ももつメルクリウスにちなんで名づけられた水星は、冥王星をのぞけば（太陽系最小で、通常は太陽から一番遠い惑星であり、探査機がまだひとつも訪れていない）、調査のもっとも遅れた惑星である。

1974年３月末、水星を訪れた唯一の探査機が、３回予定された接近飛行の第１回目をおこなった。金星を通過後、水星に接近したこのマリナー10号の調査によって、地球の月によく似た景観をもつことが明らかになった。だが、水星は月より40％大きく、はるかに高密度である。昼間の表面温度は、鉛が溶けてしまうほど高くなる。直径約1300kmという巨大なカロリス盆地（「カロリス」はラテン語で“熱い”の意）は、月の「東の海」によく似ており、どちらも同じ原因、つまり大きな小惑星との衝突によって出来たことは間違いない。1990年代初頭、科学者たちが地球から電波をぶつけてみたところ、水星の北極からくっきりとした反射波が返ってくることが判明した。これによって、その領域の、常に日陰になっている部分に、厚い氷の層がある可能性がでてきたのである。月の場合と同様、太陽にさらされたこの惑星にも、長年にわたる小天体の衝突によって水が存在するようになったと思われる。

マリナー10号が目にしたのは、クレーターにおおわれ、ところどころになめらかな平原と、ねじ曲がった断崖がある、無秩序に乱れた地形であった。太陽の脅威にさらされながらも、急速に冷えたものと思われる。また水星には、驚いたことに磁場が存在していた。これは液体コアの存在を示している。地球を別にすれば、水星は固有磁場をもつ唯一の“地球型”（つまり、固い陸の表面をもつ）惑星なのである。非常に薄いガスにおおわれているだけで大気はほとんどなく、地質活動がつづいている痕跡も認められない。水星は死の世界といった趣を呈している。

面白いことに水星には、“秘密の共有者”冥王星とのもうひとつの共通点がある。それは、楕円軌道だ。太陽にもっとも近づく近日点では4600万km、もっとも離れる遠日点では7000万kmの距離になる。平均すると、水星は地球軌道の３分の２の距離で太陽のまわりをまわっている計算だ。自転のスピードが非常に遅い——二度公転するあいだに自転はわずか３回——ので、水星からは少々不思議な現象が見られるようだ。惑星関連のウェブサイトをもつビル・アーネットは次のように書いている。

右ページ：水星。マルチフレーム合成画像。
マリナー10号、1974年３月29日

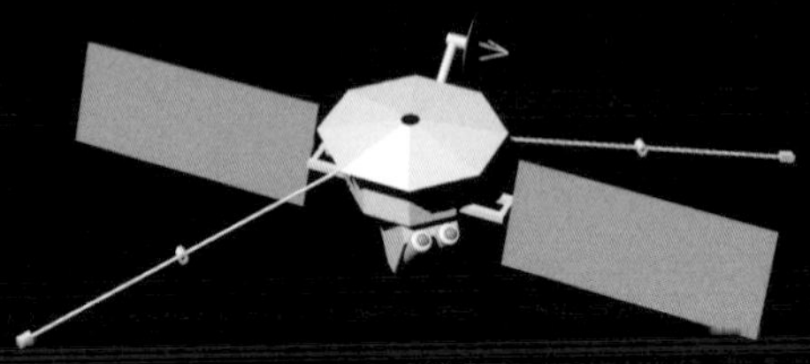
マリナー10号

TRACE（トレース）

見る者が立つ経度によっては、地平線に昇った太陽が、天頂へと動くにつれ段々大きく見えるようになる。天頂にさしかかると太陽はとまり、少し後戻りをして、ふたたび動きをとめたあと、今度は段々小さくなりながら地平線へと沈んでいく。しかもその間、空には太陽の３倍のスピードで空を横切っていく星々が見えるのだ。ほかの地点に立っても、同じくらい奇妙な動きを見ることができる。

金星の場合と同様に、水星の地形にもそれぞれ決まったテーマにそった名前がつけられている。クレーターは有名な芸術家、作家、音楽家、その他の地形には学術調査隊や発見をなしとげた船の名前だ。かくして、この荒々しい傷跡を残す不毛の世界のクレーターは、シェイクスピアやベートーヴェン、バッハ、トルストイ、ミケランジェロといった輝かしい名前をもつに至ったのである。

マリナー10号が撮影したのは水星表面の半分に過ぎないが、それでも写真の数は約1000点に及ぶ。またこの探査機は、金星、水星、太陽の位置関係によって複雑に変化する引力の間を８回もコース修正するという、それまでになく難しい軌道が必要な３回の接近飛行をおこなったのだ。さらに、ミッション中いくつかの技術的危機にも見舞われた。水星への最初のアプローチでは出力が急上昇して、機器のパッケージが過熱状態になり、危うくミッションは失敗しかけたが、カリフォルニアにあるジェット推進研究所からの遠隔操作でうまく切り抜けることができた。きわめて複雑なコースと、探査機に起きた問題をうまく処理できたこと、ふたつの惑星での４回の接近飛行が、マリナー10号を初期のロボット・ミッションのなかでも重要な役割を果たしたものとして位置づけているのである。これはその後遂げられる、さらなる偉業の先駆けであった。

2004年春、メッセンジャーという名の低予算探査機が、この太陽にもっとも近い惑星を目指す５年間の旅に出る予定だ。計画では二度接近し、マリナー10号がとらえられなかった地域をマッピングしたあと、2011年３月、水星の周回軌道上に投入されることになっている［メッセンジャーは2004年８月３日、打ち上げられた］。７種類の小型機器を搭載したこの小さなロボットは、水星の楕円軌道をそのひしゃげた楕円軌道で真似ることだろう。南半球上空１万5000kmを飛んだあと、北の巨大なカロリス盆地に、うるさい羽虫よろしく200kmまで迫りながら。

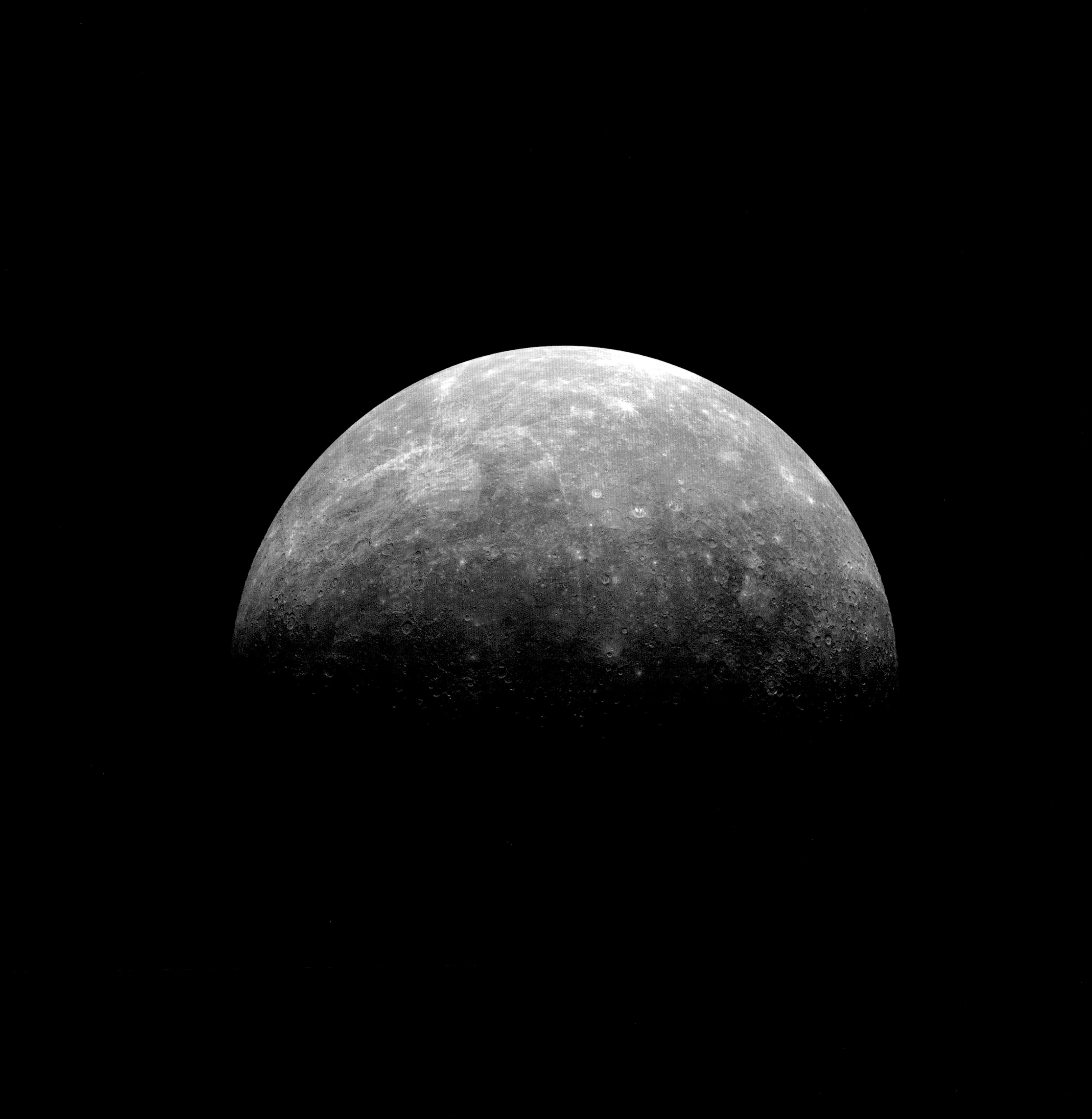

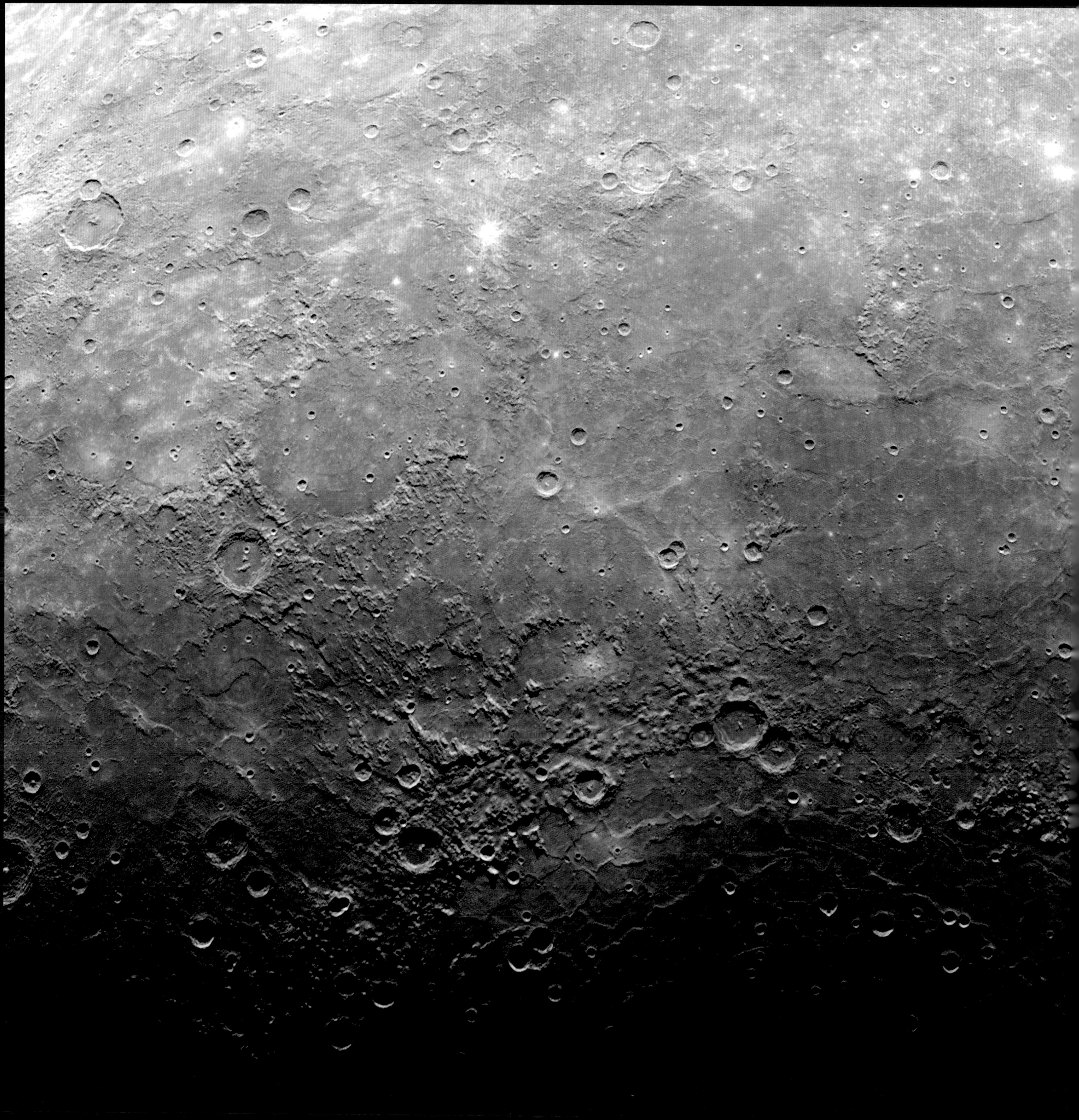

カロリス盆地。幅が1300km以上もあり、衝突によってできた地形としては、太陽系のなかでも最大級。マルチフレーム合成画像。
マリナー10号、1974年３月29日

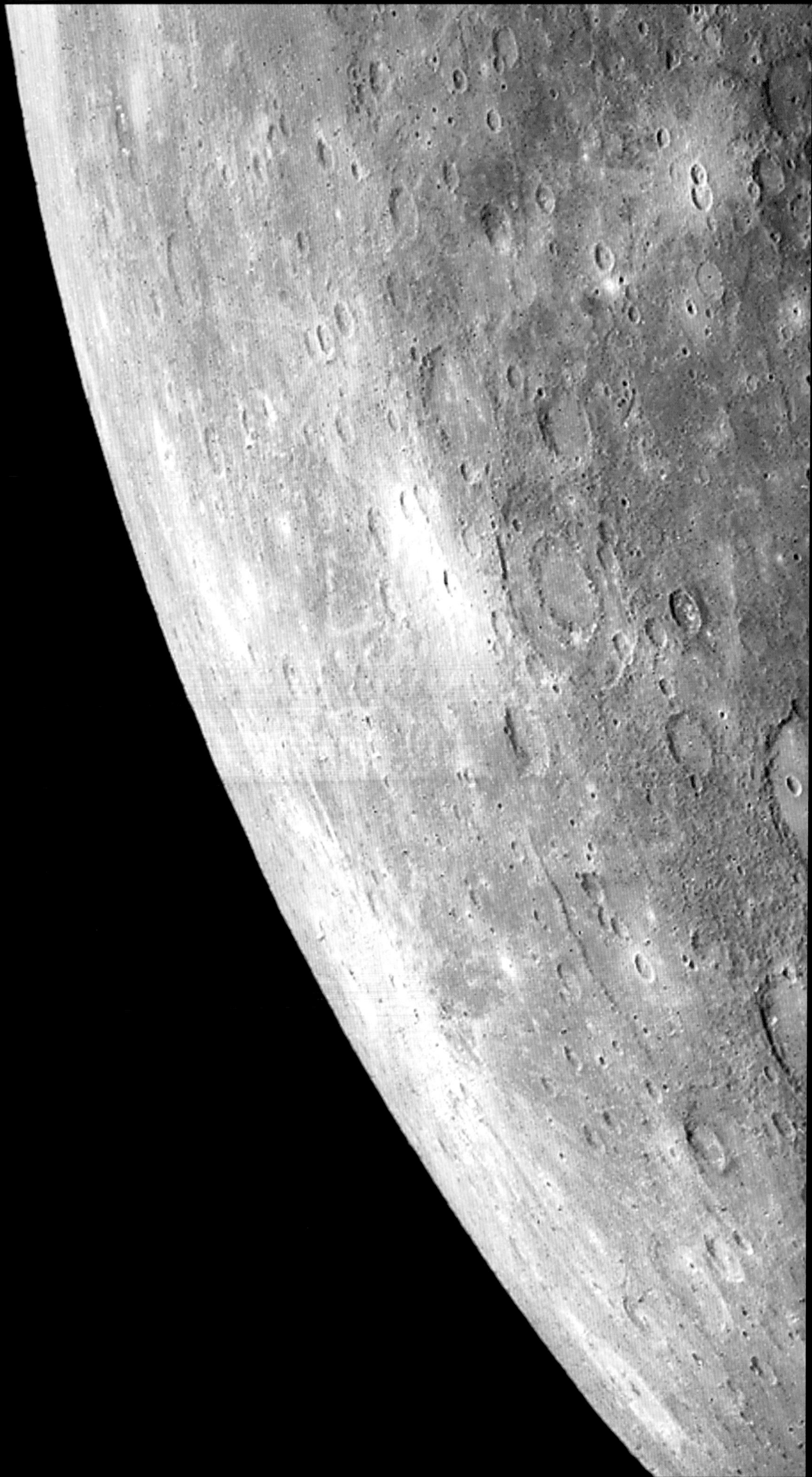

水星の南西四半球の一部。
マルチフレーム合成画像。
マリナー10号、1974年

次見開き：水星。
マルチフレーム合成画像。
マリナー10号、1974年3月29日

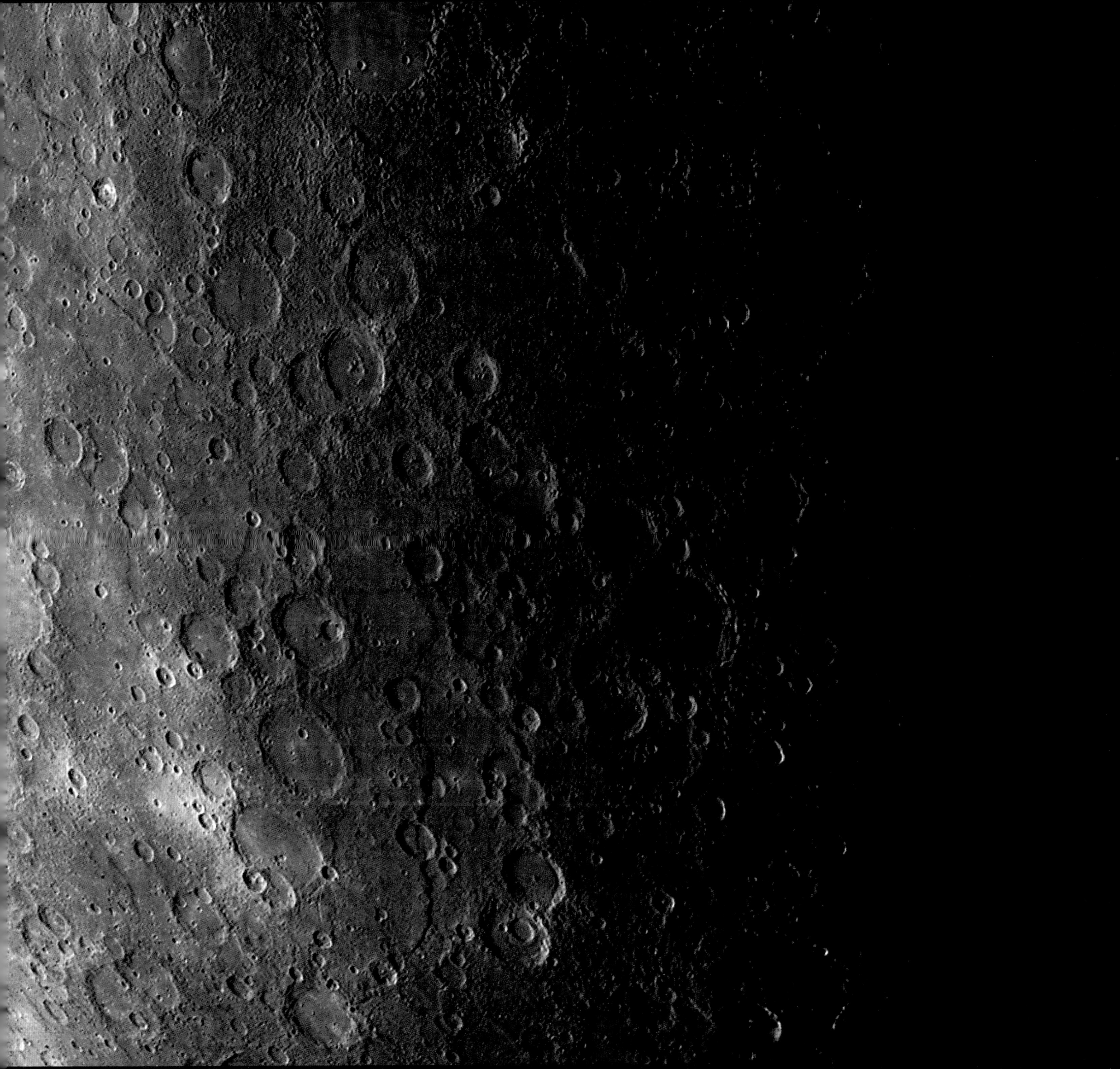

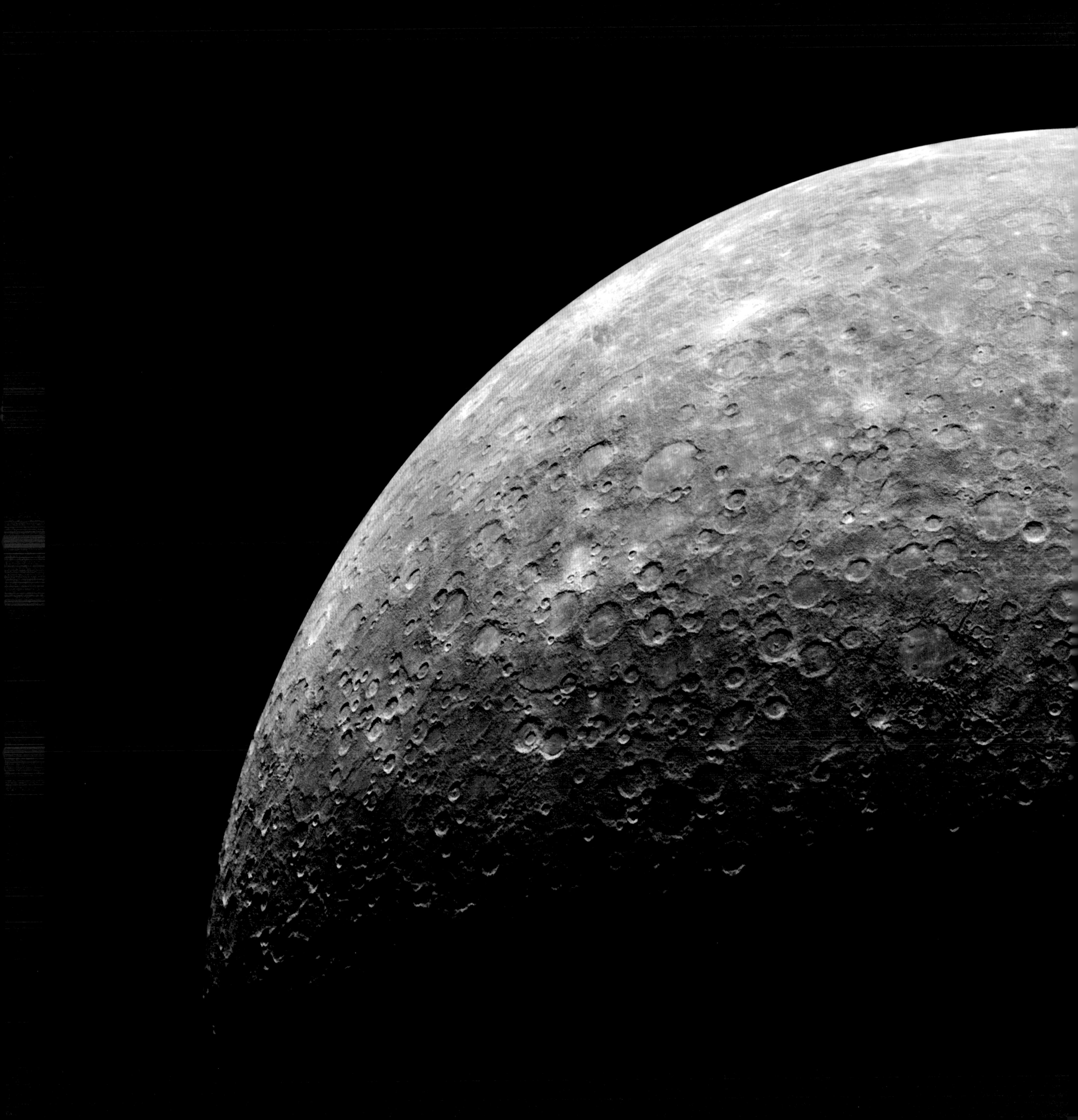

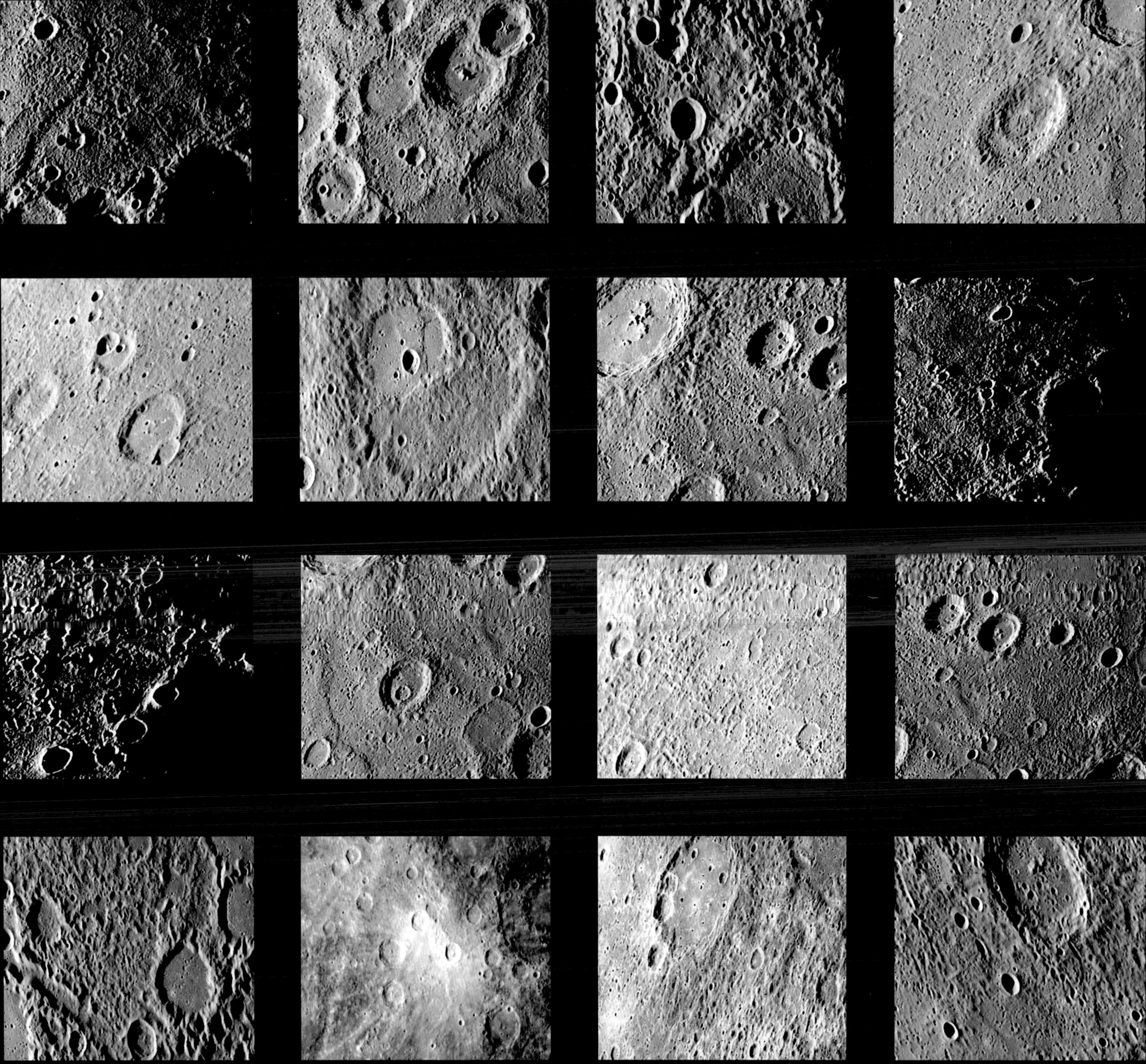

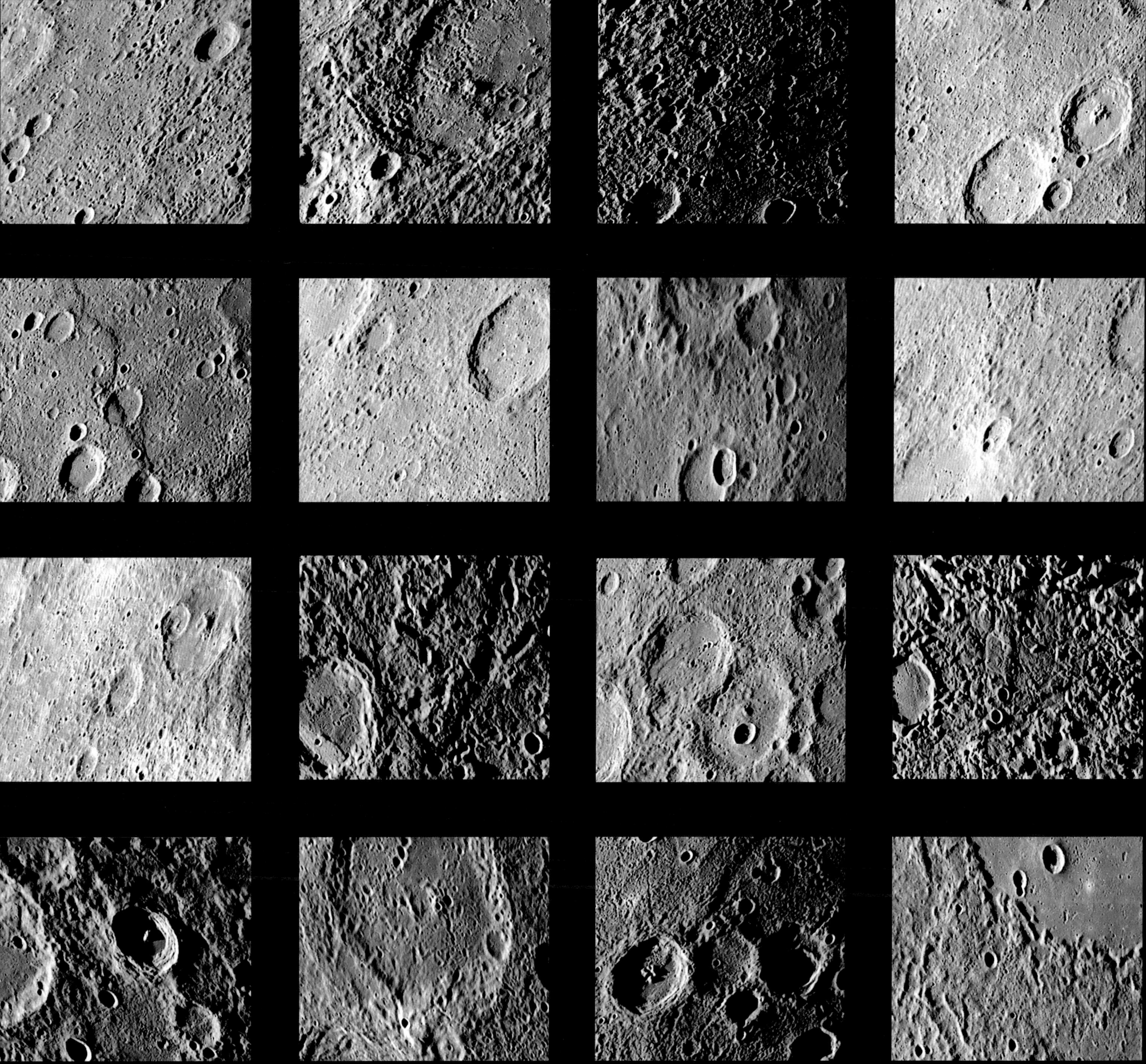

水星との3回の接近時に撮影された画像（合成前のコマ撮り）。
マリナー10号、1974年3月29日、9月21日、1975年3月16日

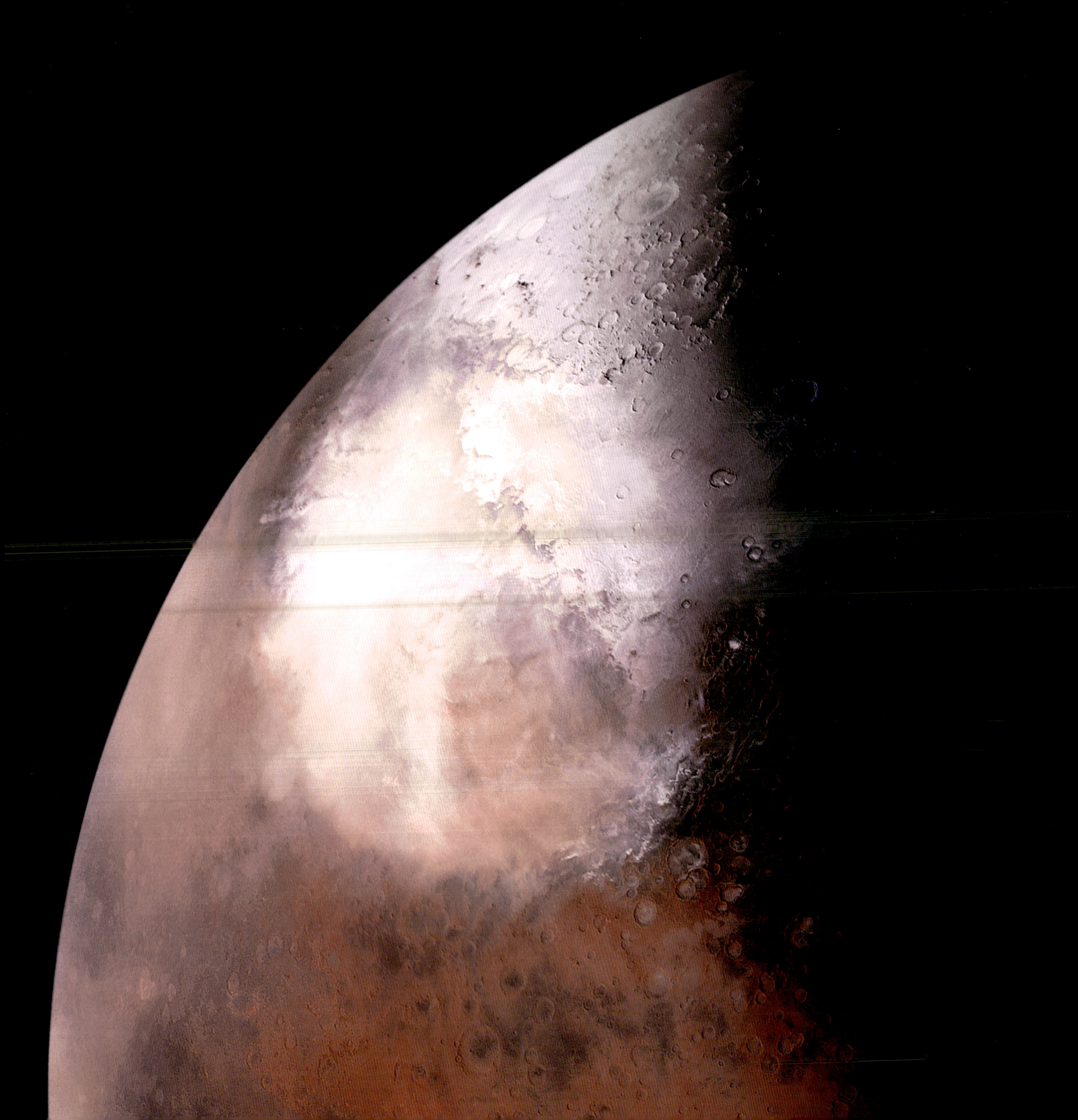

MARS

火　星

左ページ：火星北半球の晩夏、南半球のヘラス盆地に降りた二酸化炭素の霜。
マルチフレーム正射投影。
バイキング１号軌道船、1980年

地球上に設置された望遠鏡からでは細かく観察することがとても難しいというのに（だからこそ、というべきかもしれないが）、太陽から数えて４番目の惑星、火星ほど人類の想像力をかきたててきた場所は、宇宙にもあるいは地球上にもないのではなかろうか。火星の荒野の面積は地球の陸地すべてをあわせたくらいだが、そこから吹き上げられた塵が裸眼でもとらえられる乾いた血のような色を生み出している。この色ひとつだけでも、この星がギリシア神話の戦の神アレス、後にはローマ神話の戦の神マルスの名をつけられる理由としては十分だったのかもしれない。金星より暑そうに見えるのはまったくの錯覚で、火星の平均表面温度は、体の芯まで凍りつきそうなマイナス55℃である。もうひとつ火星が金星と正反対なところは、大気が非常に薄く、地表の大気圧が地球のわずか１％しかないことだ。

火星は、地球発の宇宙探査機にとって金星につぐ関心事だったのだが、それには相応の理由がある。どちらの天体も、生命が存在するかもしれない——あるいは、かつて存在したかもしれない——という、そうと聞いてはとてもじっとしていられない可能性が見込まれているからだ。温度や大気の状況にかかわらず、火星はどの惑星よりも地球に似ており、レンズ越しに見るぼんやり赤い球体に過ぎなかった頃でさえ、極冠があることや、それが季節によって変化を起こしているらしいことはわかっていた。また1877年、火星に望遠鏡を向けたイタリアの天文学者ジョヴァンニ・スキャパレッリは、その表面にクモの巣がはったような薄い筋、あるいは溝を見たと思った。彼はその溝をイタリア語でcanali、英語にするならchannelsと呼んだが、これは必ずしも知的生命体の所業を意味する言葉ではない。ところが、独学のアメリカ人アマチュア天文家パーシヴァル・ローウェルはこれをcanals、つまり運河と解釈してしまった。たとえそこにゴンドラ漕ぎやリボン付きの帽子まではなくとも、少なくとも知的生命体によってつくられ、両岸の土地に水をひいているのだろうと思い込んでしまったのである。その結果、過酷な荒れ地でなんとか生き延びようとたたかう尊敬すべき火星文明といった、実にSF的な楽しい推測がほぼ100年間つづくことになった。1938年にオーソン・ウェルズがH・G・ウェルズの独創的SF小説『宇宙戦争』をドラマ化したラジオ放送は、そのハイライトといって間違いないだろう。ニュージャージー州に火星人が襲来したという放送は、アメリカ東部一帯にパニックを巻き起こしたのである。

初期のロボット使者たちによる地球から赤い星への訪問が竜頭蛇尾だったと言うのは簡単だ。また、ふたりのウェルズの作品も確かに行きすぎだった。だが、そうした見解に一理あるとはいえ、すべてがまったくの作り話だと切り捨てるわけにもいくまい。確かに1965年、右ページ：薄霧のかかるマリネリス峡谷。長さは約4000kmにもおよぶ。
マルチフレーム合成画像。
バイキング1号軌道船、1978年7月16日

118〜119ページ：北半球初夏のマリネリス峡谷。西に見えるのはエリシウム火山地域。
マルチフレーム合成画像。
バイキング1号軌道船、1980年

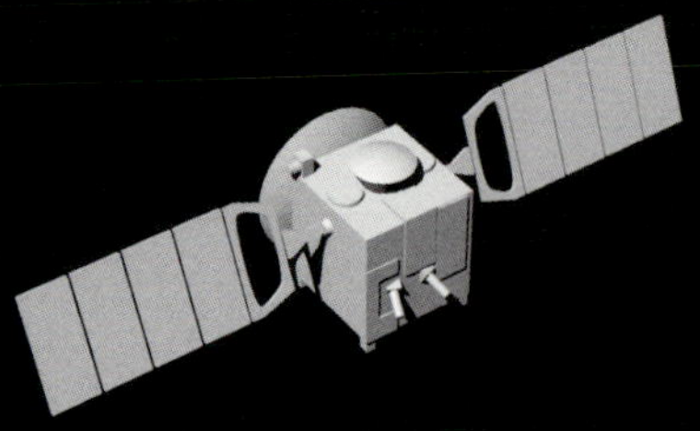

マーズ・エクスプレス・オービター

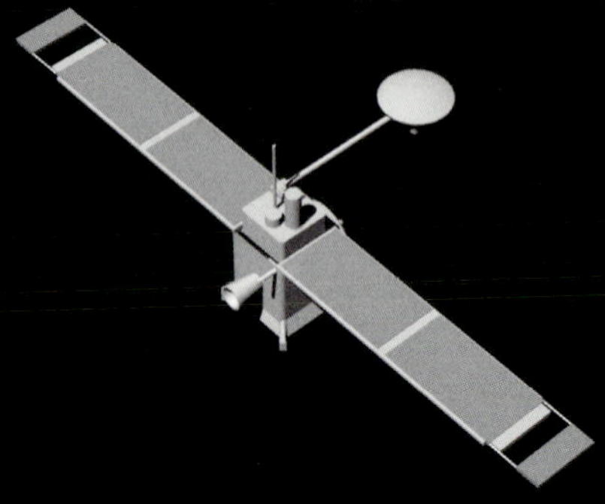

マーズ・グローバル・サーベイヤー

マーズ・オデッセイ

バイキング周回軌道船

火星探査車

火星に接近した最初の探査機マリナー4号が送り返してきたのが、月とたいして変わらない地表の写った不鮮明な22枚の画像だけであったことは事実だ。その結果、SFファンからも、新しく興った惑星学の世界からも不満の声があがった。その2年後、マリナーはふたたび二度の接近飛行をおこなったが、前回を上まわるような成果はなかった。火星は、運河どころか溝のある気配もない、不毛であまり面白味のない星に見えた。地球の観衆の間に火星ブームが巻き起こるのは、1971年末にマリナー9号が火星を周回する初の探査機となってからのことである。

そのマリナー9号が到着したとき、火星では砂嵐が惑星規模にまで拡大していた。本章におさめられている写真のものよりも大型の砂嵐である。この砂嵐には、しばらく前にソ連の着陸機が2機のみこまれていた。いずれも、火星を包み込んだ黄色い砂の厚い壁につっこむと間もなく消息を絶ったのだ。火星には、このように大規模な気象現象を数種類生み出せる程度の大気はあるらしい。嵐が和らぐのを待つことになったマリナー9号はやがて、静まりゆく塵のなかに円形の不思議な島のようなものを見出した。中心には高さ約2万5000mの巨大な火山があることがわかり、オリンポス山と名付けられたが、これはいまのところ太陽系の最高峰である。やがてようやく嵐がやみ、マリナー9号はほぼ1年間に7000枚以上の写真を送信してきた。その画像のおかげで、この星は驚くほど多様な風景をもっていることがわかった。長さ4000kmにおよぶ巨大な渓谷（発見した探査機にちなんでマリネリス峡谷と名付けられた）があることや、北半球は南半球に比べてはるかに若く、クレーターも少なく、また風が作り出したさまざまな地形があることも判明した——スキャパレッリらが地球から見た季節ごとの変化というのは、こうしたことによって一部説明できるのかもしれない。また、人工物ではなく自然にできた多種多様な水流の跡、さらには氾濫原までが発見された。火星の表面にはかつて、明らかに大量の水が流れていたのである。となると、スキャパレッリの説はある意味正しかったということになる——もちろん、こうした流跡地形はいずれも地球から見えるような大きさではないのだが（人間は複数の点を線と見間違えるように、隔たったものをつないで見てしまうが、ローウェルもスキャパレッリも同様の錯覚をしてしまったのだろう）。

マリナー9号の鋭い観察によって、消滅ないし衰退した火星文明という想像はほぼ否定されたが、その一方で、この荒れ果てた惑星にかつて水が流れていたという証拠は、なんらかの形で生命が存在していた——または今も存在している——可能性をよみがえらせた。1976年、精密を極めた装置が2機、降下・着陸して長い火星滞在をはじめた。バイキング1号と2号の着陸機である。上空では、2機のバイキング周回軌道船が、マリナー9号よりずっと進んだシステムで火星地図の作成にとりかかっていた。アメリカ南西部と色々な点でよく似た風景の——いや、薄紅がかったオレンジ色の空を別にすればの話だが——パノラマ画像を送ってきたのち、2機の着陸機はチューブ状のアームをのばして表土を少量採取し、3種類の微生物学的実験をおこなった。これによって生命が存在するか否かという問題に決着をつけようとしたのだが、それはできなかった。実験結果は概して“存在しない”ことを示すと受け取られたが、異議を唱えた者もいたからである。また、作家バリー・ロペスが指摘するように、バイキングが地球の南極大陸のドライバレー——地球上でも火星環境にかなり近い場所——に着陸したとしても、岩の裂け目に隠れて存在する生命体を見つけることはやはりできなかっただろうと思われる。

最後まで活動をつづけていたバイキングが1982年に沈黙したのち、ひとつとして火星訪問に成功する探査機がないまま20年が経過した。しかしNASAはこの10年間に複数の探査機を並行して投入する、非常に野心的な火星探査計画を進めている。1997年、世界を驚かせたパスファインダー着陸機は、半自律的に障害物を避けることのできる魅力的な小型探査車ソジャーナーを地表に展開させた。また同年、高度に進化した撮影システムを搭載するマーズ・グローバル・サーベイヤーが、火星周回軌道に到着した。2001年末には、キューブリックとクラークの映画からその名をとったマーズ・オデッセイも合流した。オデッセイに取り付けられたカメラは、熱の発生を感知することができる。この素晴らしい周回軌道船はどちらも、少なくとも2010年までは稼働しつづけると期待されている。

2004年1月、ソジャーナーよりはるかに大きく有能な2機の探査車が火星のそれぞれ反対側の面に着陸した。そしてハイテクな折り紙細工のカニのように自ら展開し、走り回り始めた。でこぼこの荒野を長距離走行できるこのスピリットとオポチュニティは、宇宙空間のロボット探査に新たな一章を書き加えることになった。2機の探査車は、いずれの活動領域でもかつて液体の水が存在していたという重大な発見をし、これは地球以外の惑星でとらえられた画像のなかで最高の収穫となった。さらに2004年初め、ヨーロッパ初の惑星間探査機マーズ・エクスプレスが、精巧なステレオカメラ・システムを搭載して周回軌道にのった。フリスビー型の着陸機は失敗したものの、マーズ・エクスプレスは火星の大気にメタンが存在することを発見した——これは地表下に微小生物が存在する、あるいは火山活動がある、さらには（地球にこのふたつが共にあることを考えれば）その両方が存在することを示す兆候なのだ。2004年春現在、はるか地球からやってきた5機ものロボットが同時に、さまざまな角度からこの赤い惑星を調査している——これは新記録だ。そしてまた、火星探査が新たに重大な段階へさしかかったという希望の根拠となっているのである。

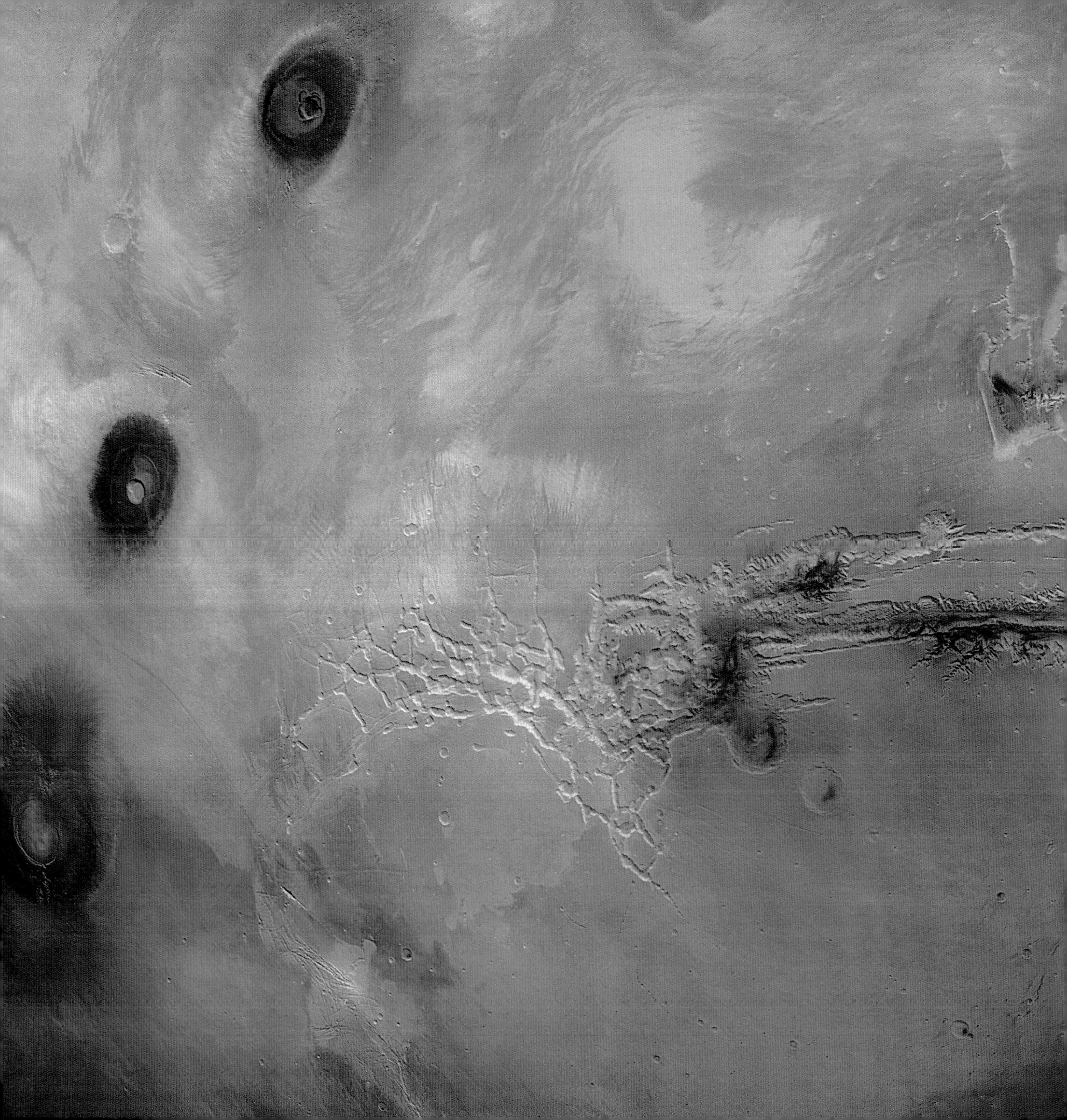

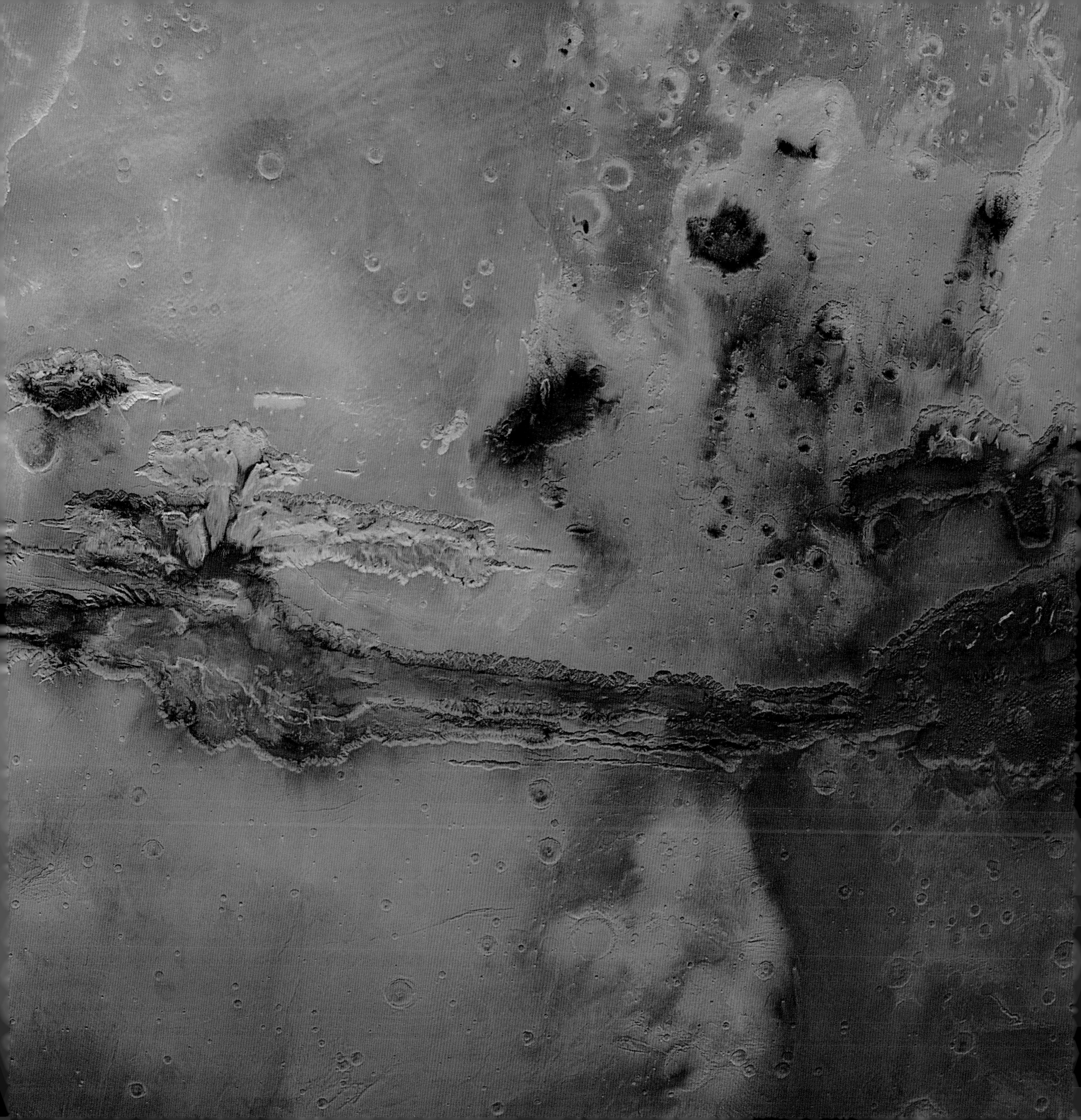

マリネリス峡谷系内のカズマ［急峻な谷］地形、
ティトニアムと西カンドール。
マルチフレーム合成画像。
バイキング軌道船、1976年 8 月17日

次ページ：火星の雲と大気。
バイキング 1 号軌道船、1978年 1 月15日

*123*ページ：マリネリス峡谷のメサ［台地］と崖。
マーズ・エクスプレス・オービター、2004年 1 月14日

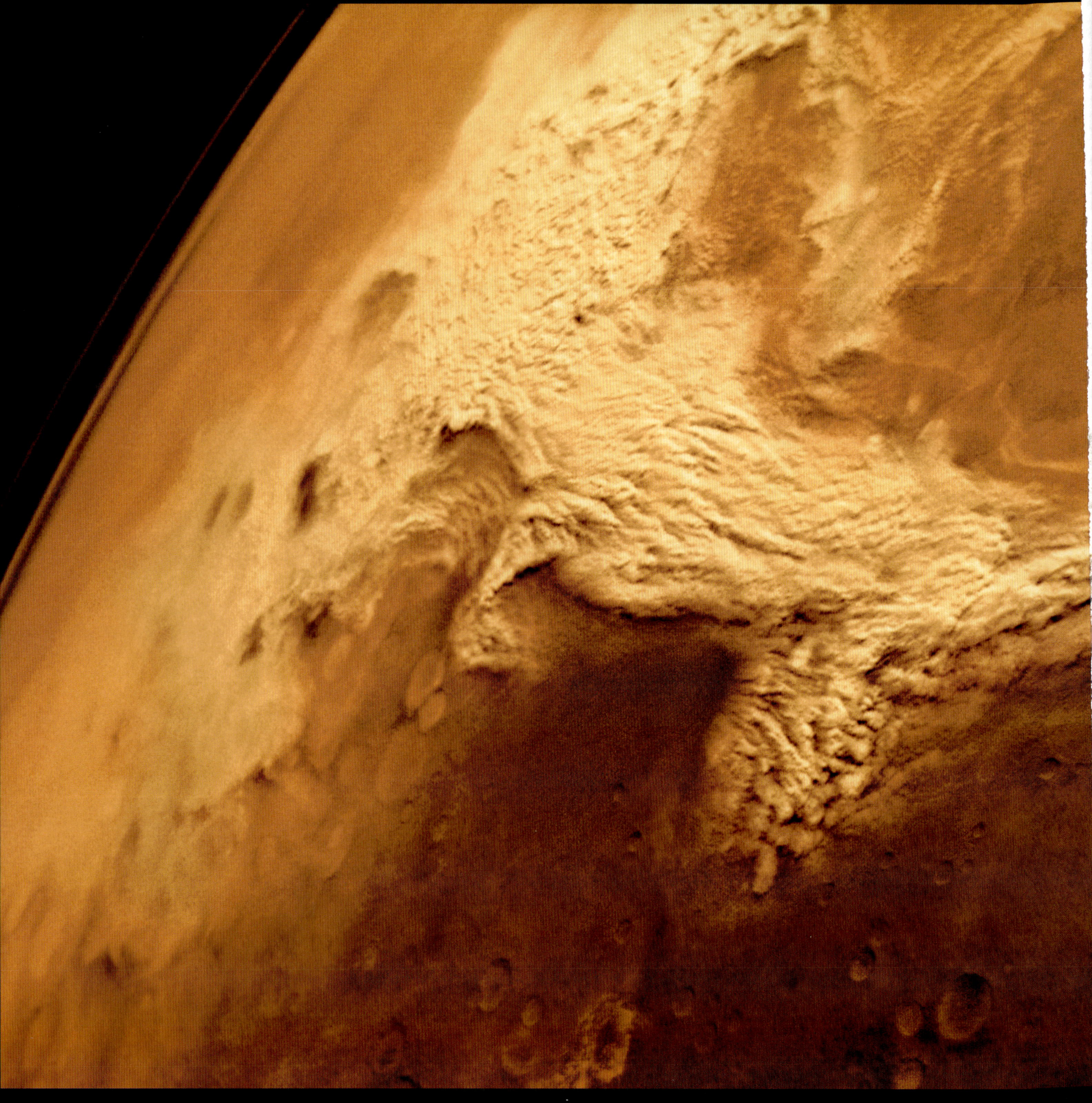

タウマシア、アルギル西方のダストストーム。
マルチフレーム合成画像。
バイキング2号軌道船、1977年2月17日

次ページ：マリネリス峡谷に近づく
ダストストーム。
バイキング2号軌道船、1977年2月19日

127～130ページ：広域ダストストーム。
マリネリス峡谷が遠く右の方にある。
マルチフレーム合成画像。
バイキング2号軌道船、1977年2月19日

131～133ページ：プロクター・クレーター内の砂丘。
マーズ・グローバル・サーベイヤー、2000年9月6日

134ページ：氷が消えていく北極の砂丘。
マーズ・グローバル・サーベイヤー、2002年6月

135～138ページ：メリディアニ台地の
エンデュランス・クレーター。
中央に砂丘が見える。
円筒図法、マルチフレーム合成画像。
探査車オポチュニティ、2004年5月2～3日

139ページ：北極のサンドシー
［三日月形の砂丘の連なり］。
マーズ・グローバル・サーベイヤー、1999年6月20日

140～141ページ：ヘレスポントスの砂丘と
クレーターの縁。
マーズ・グローバル・サーベイヤー、2001年1月8日

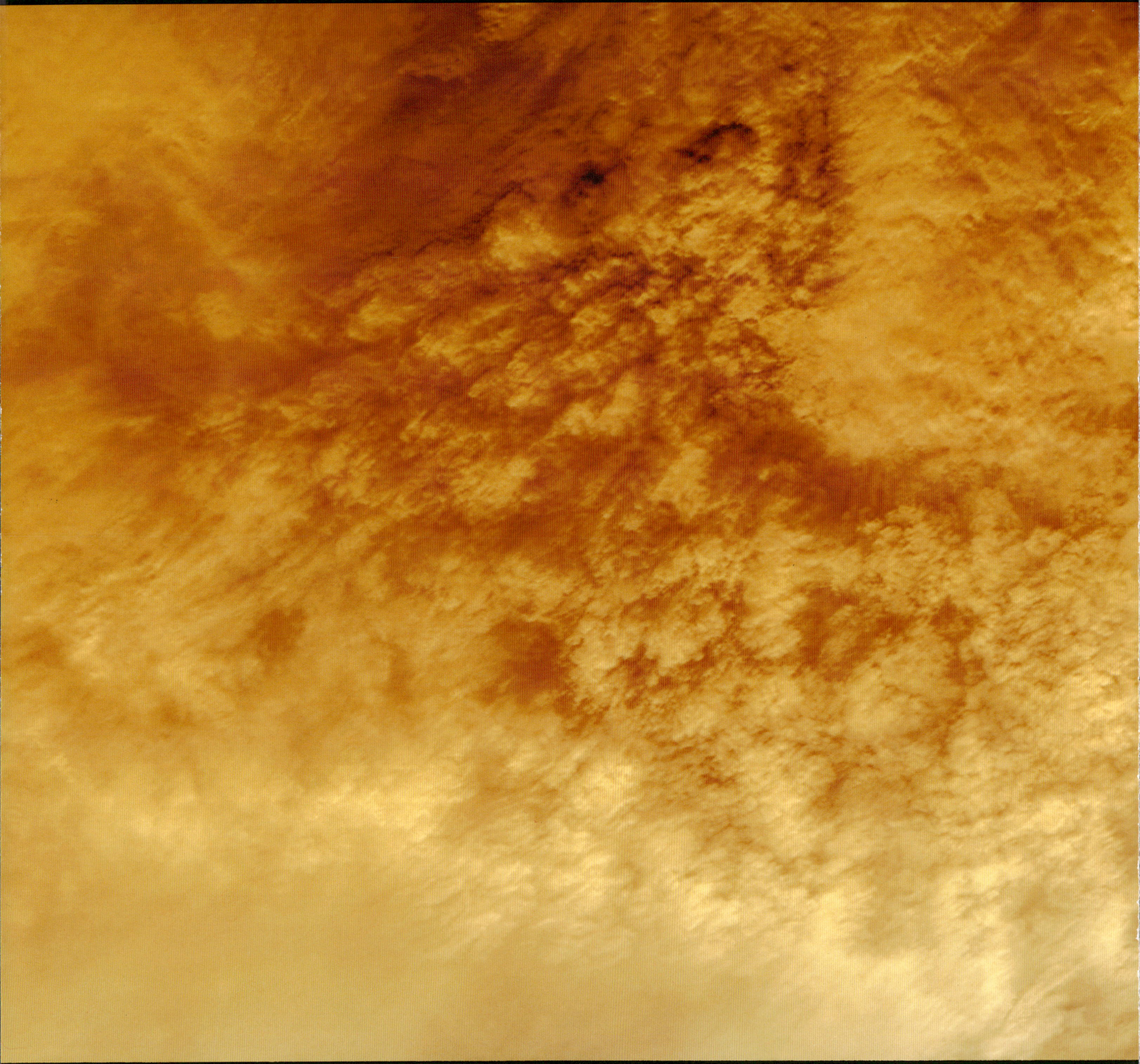

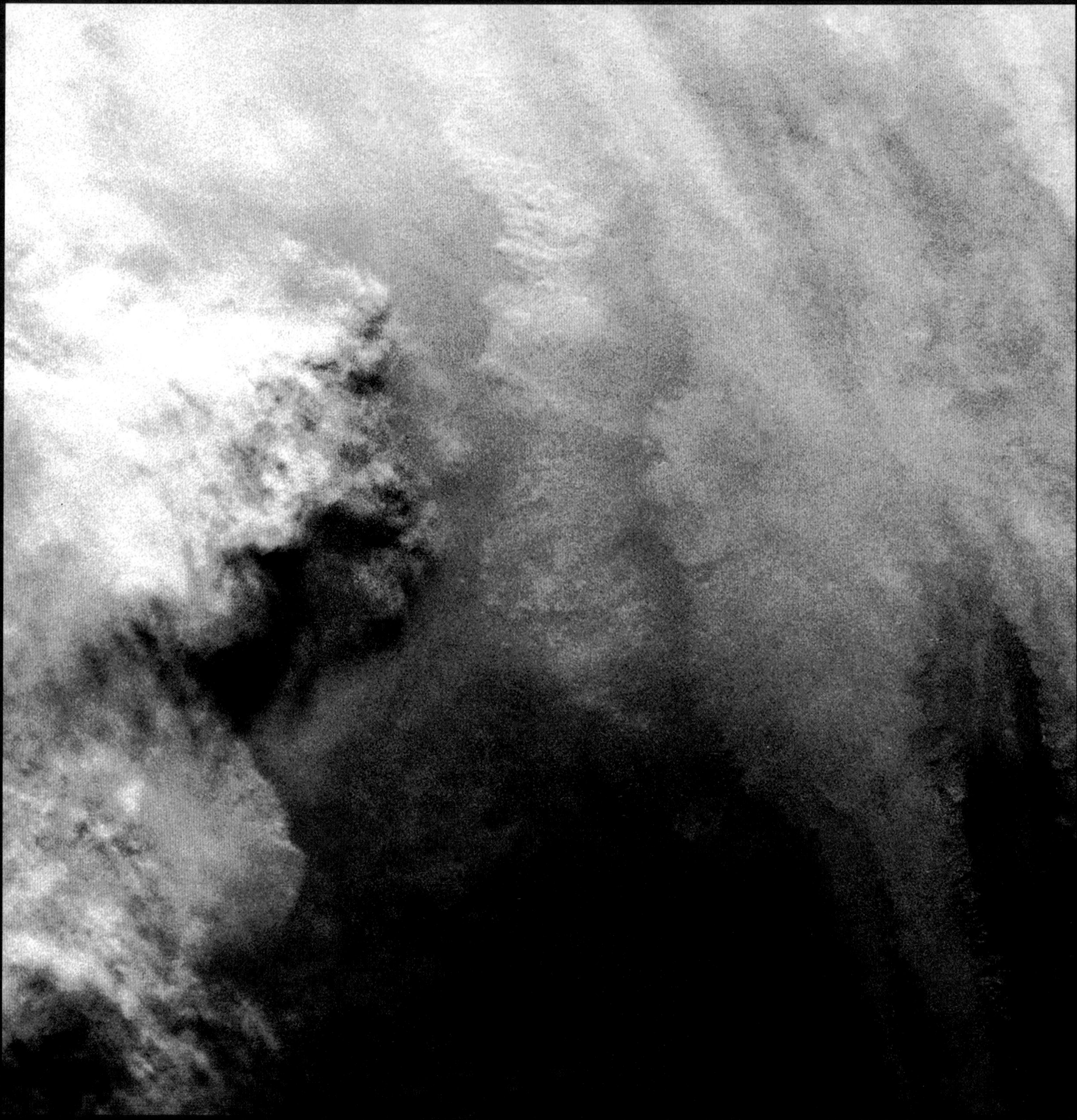

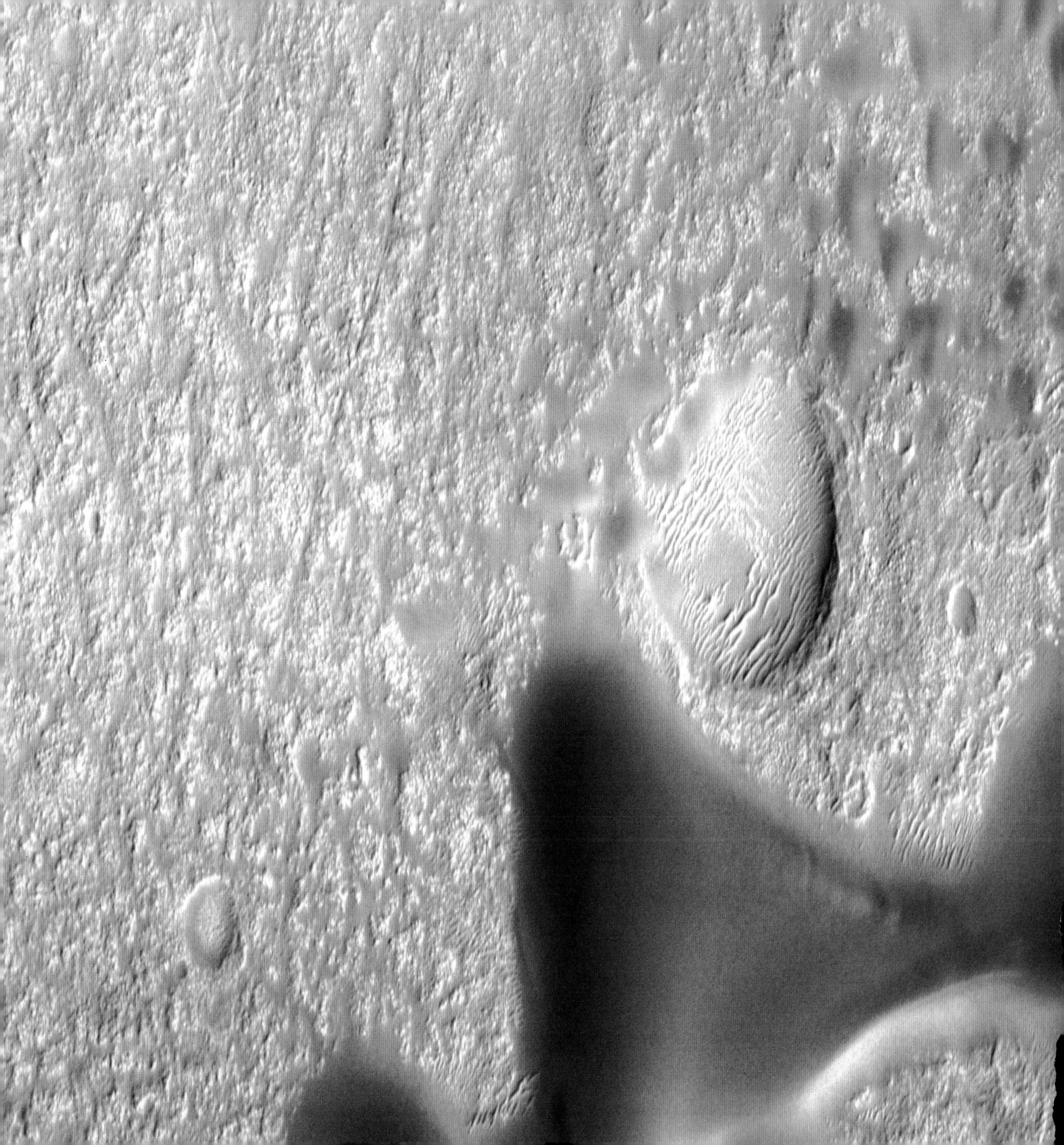

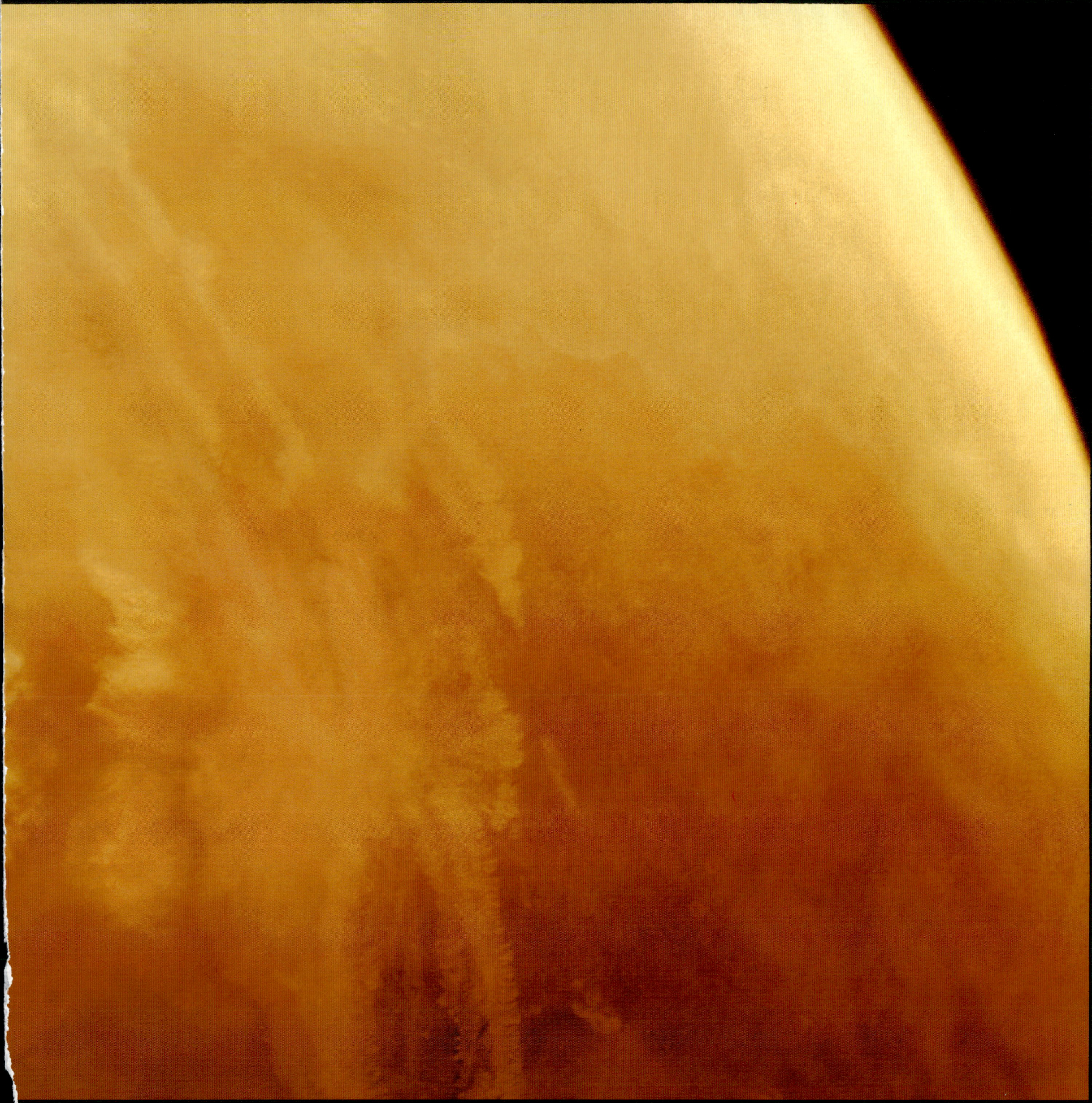

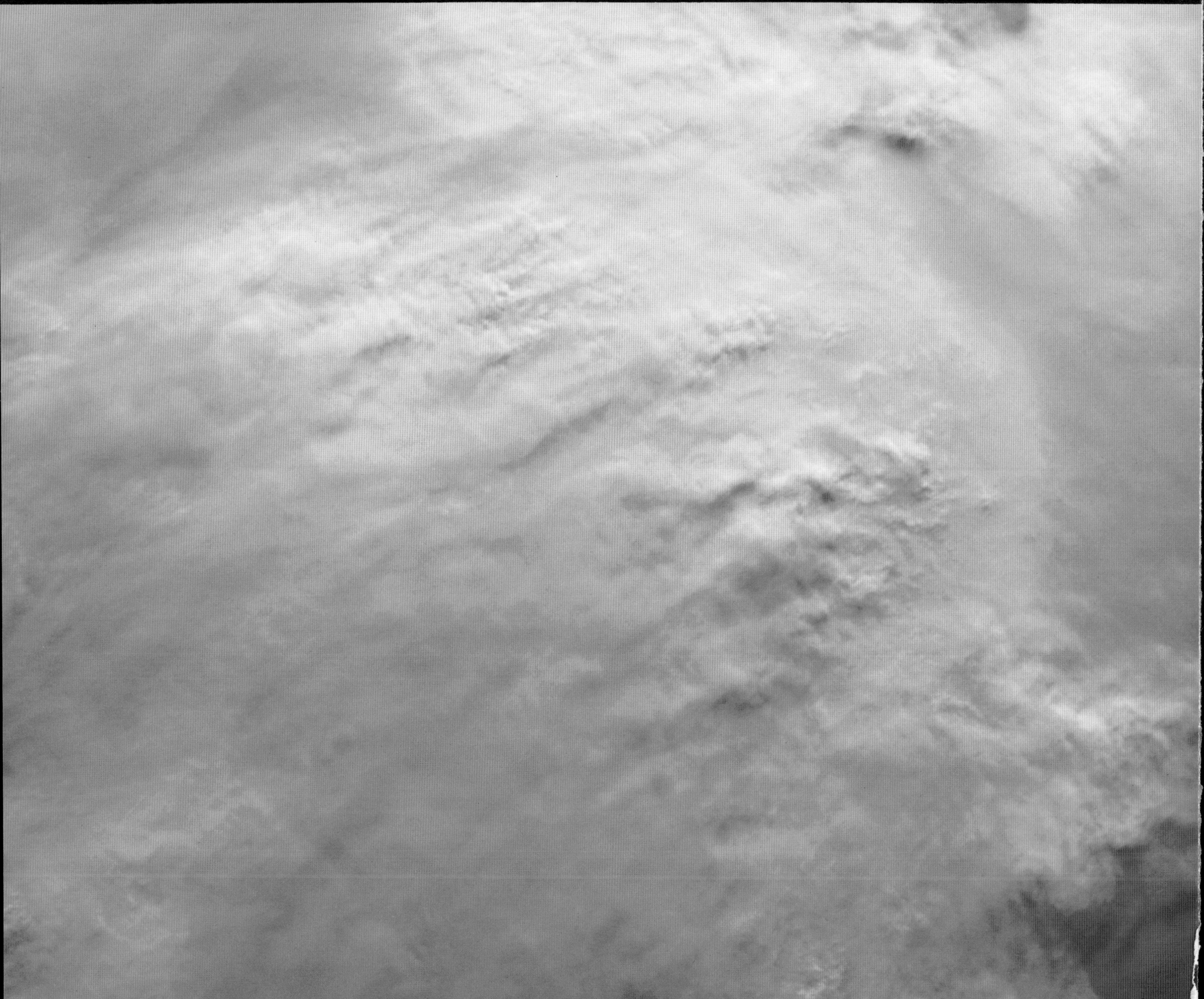

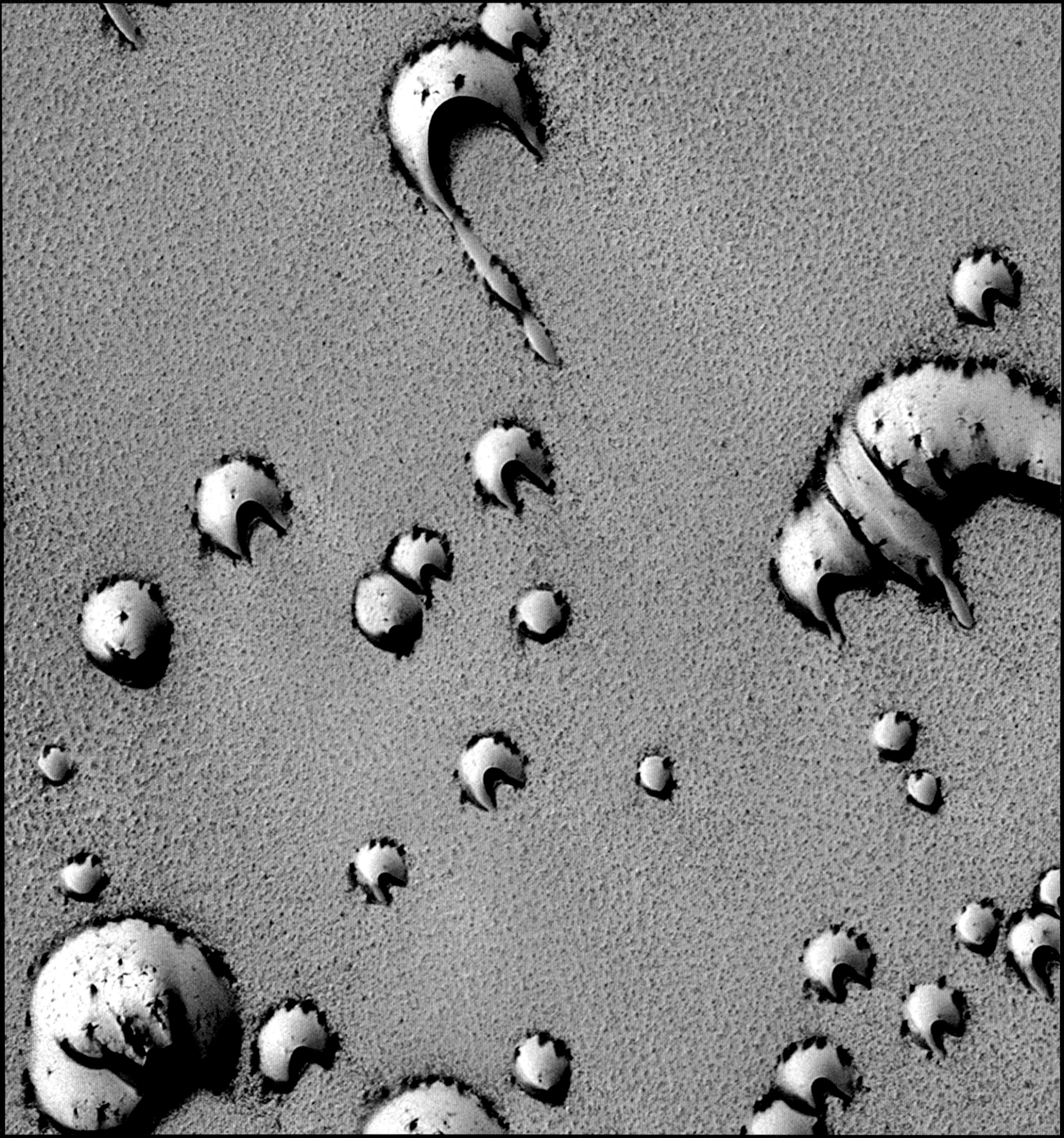

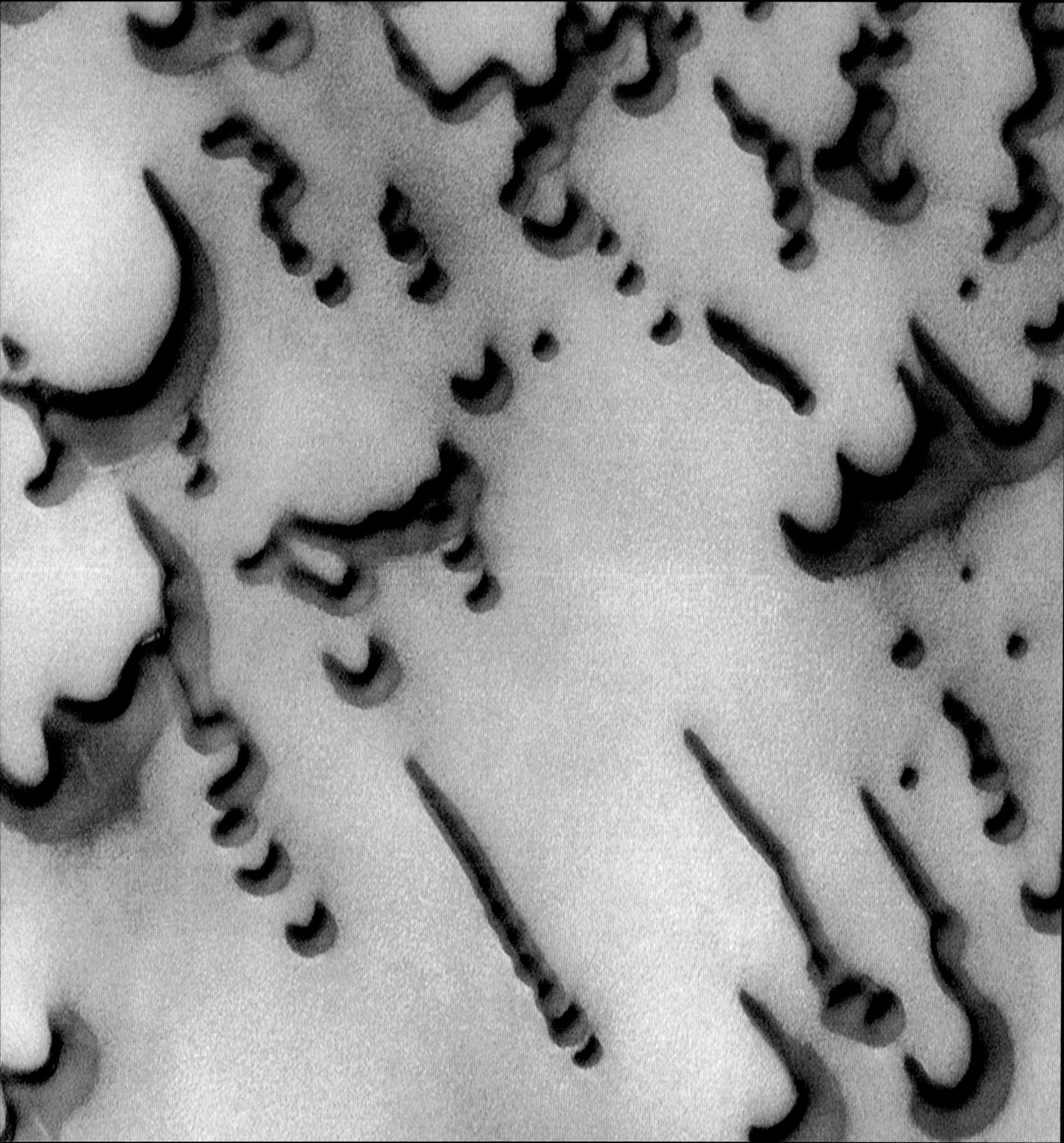

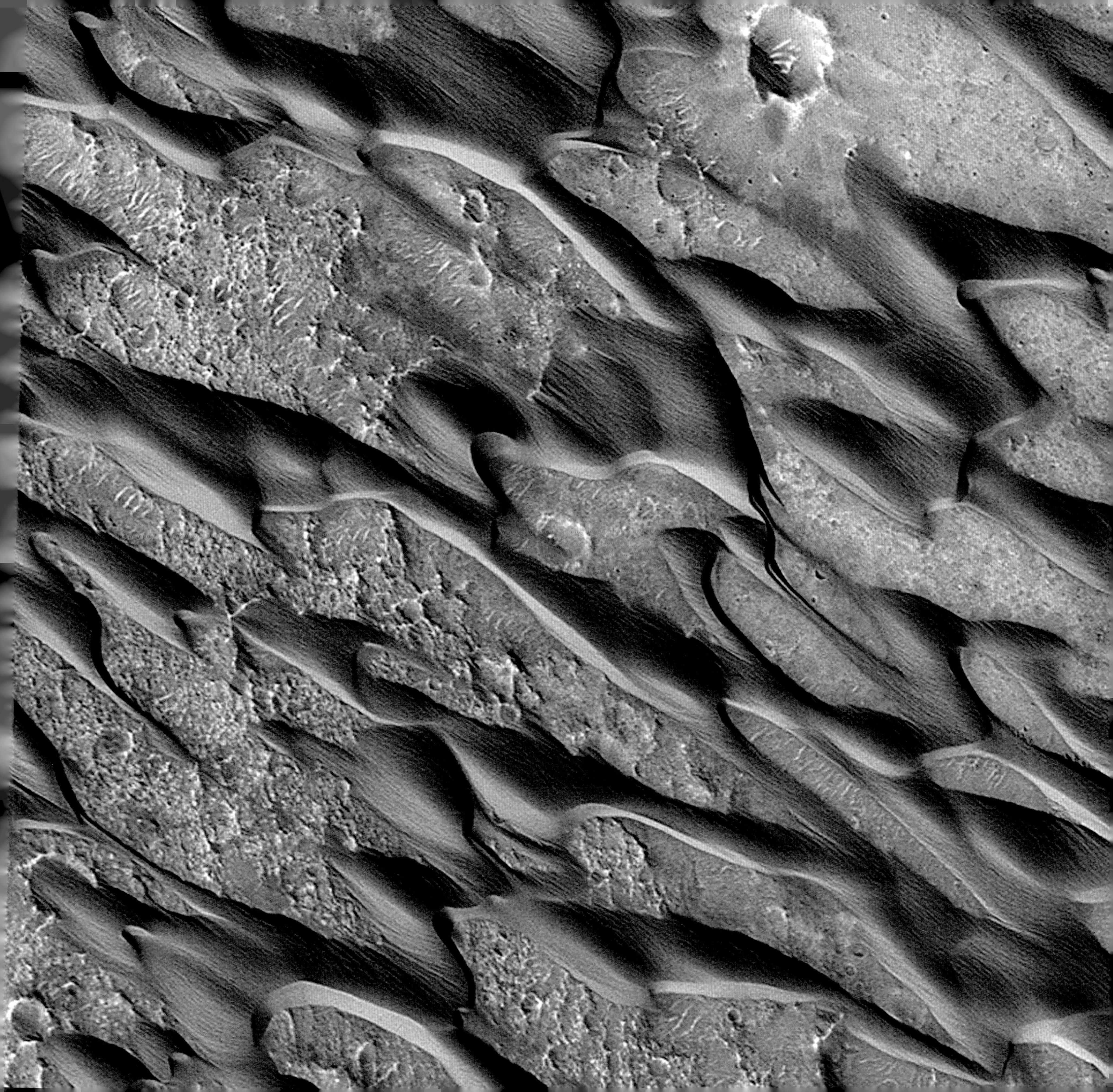

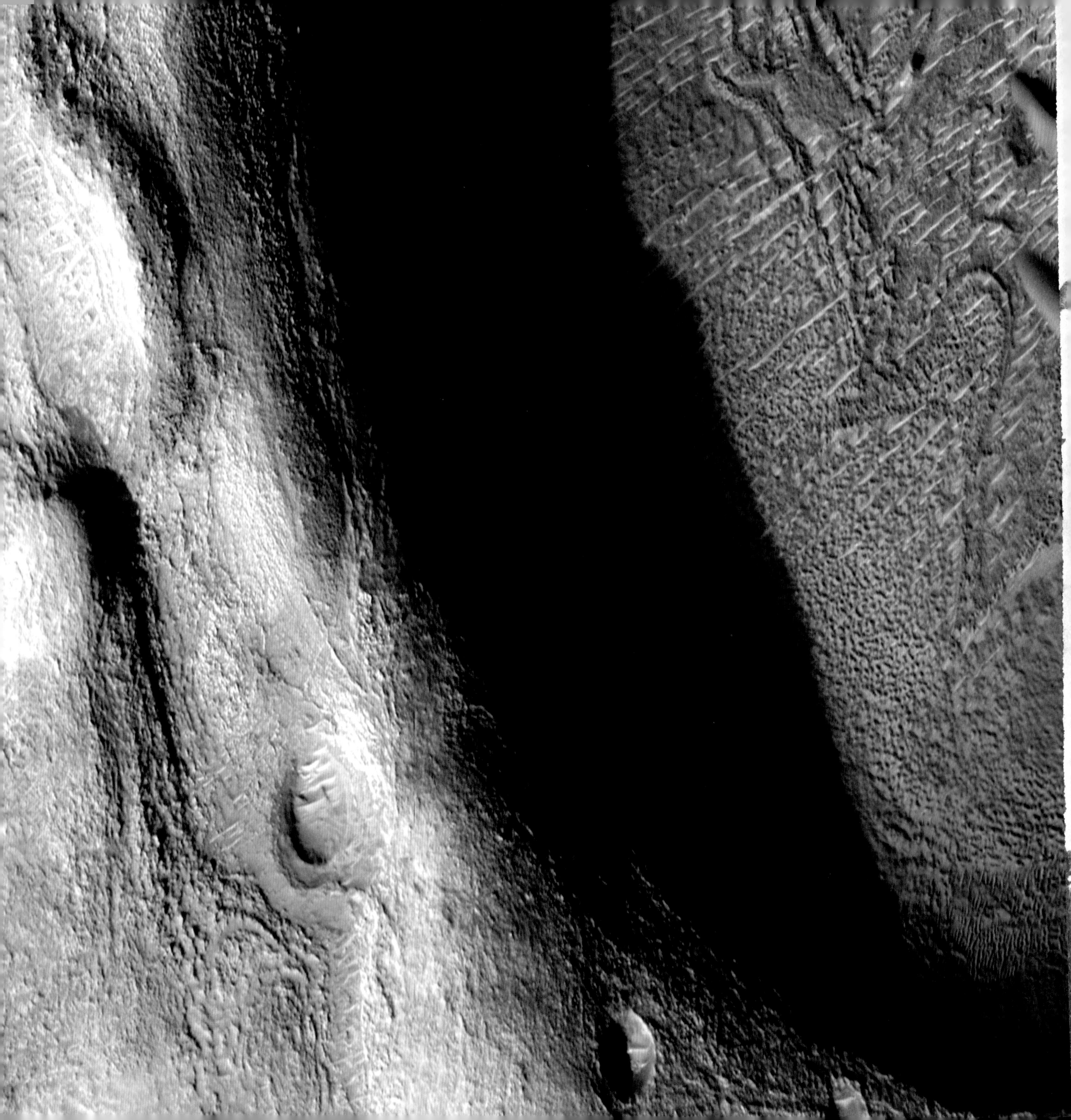

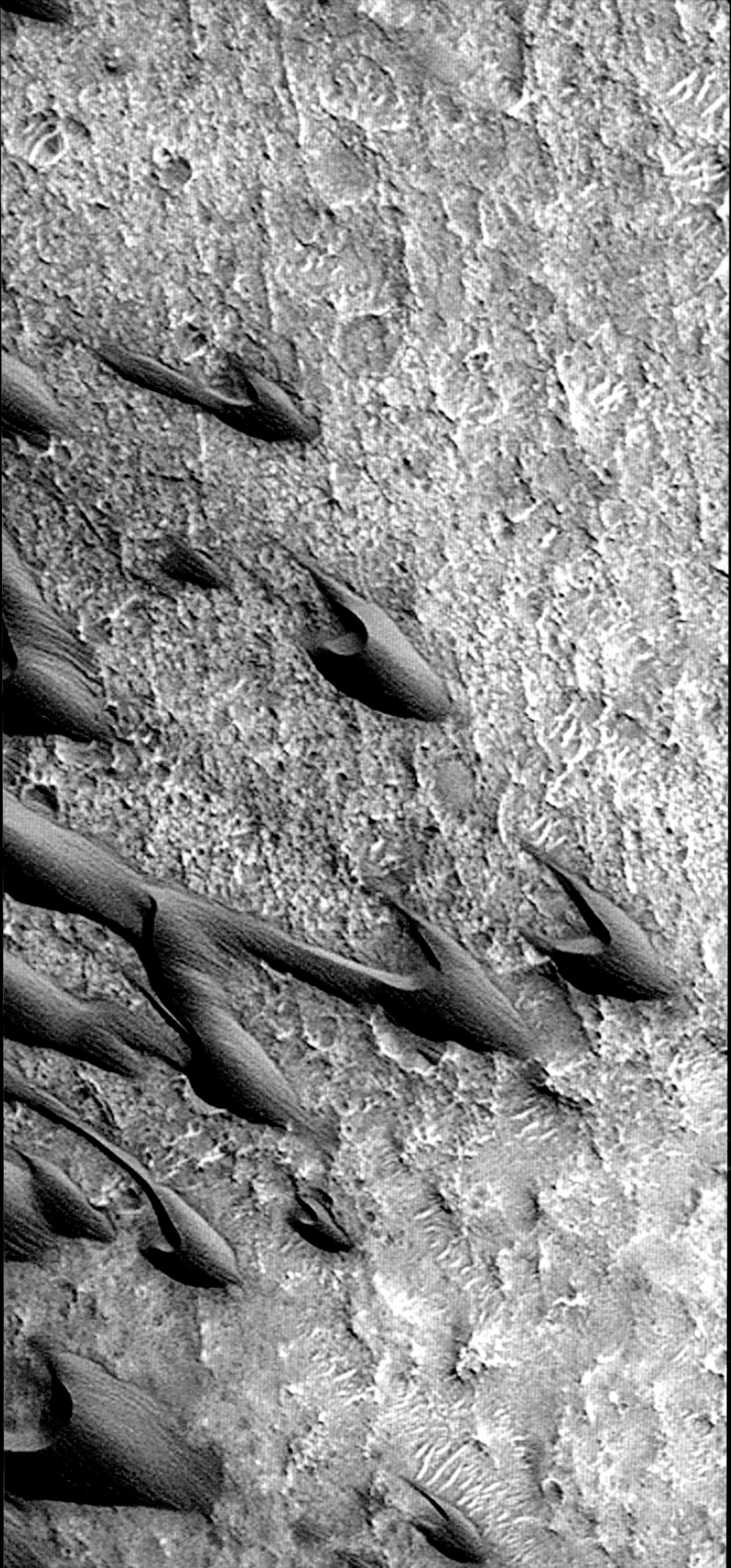

ハーシェル・クレーター内の、模様が刻まれた砂丘。
マーズ・グローバル・サーベイヤー、2001年３月７日

南から火星に接近する。
マリネリス峡谷とアスクレウス火山が見える。
バイキング１号軌道船、1976年６月

右ページ：マリネリス峡谷の一部をなす
弧状地溝ノクティス・ラビリントゥスと、
アルシア、パヴォニスの両火山。
マルチフレーム合成画像。
バイキング１号軌道船、1980年２月22日

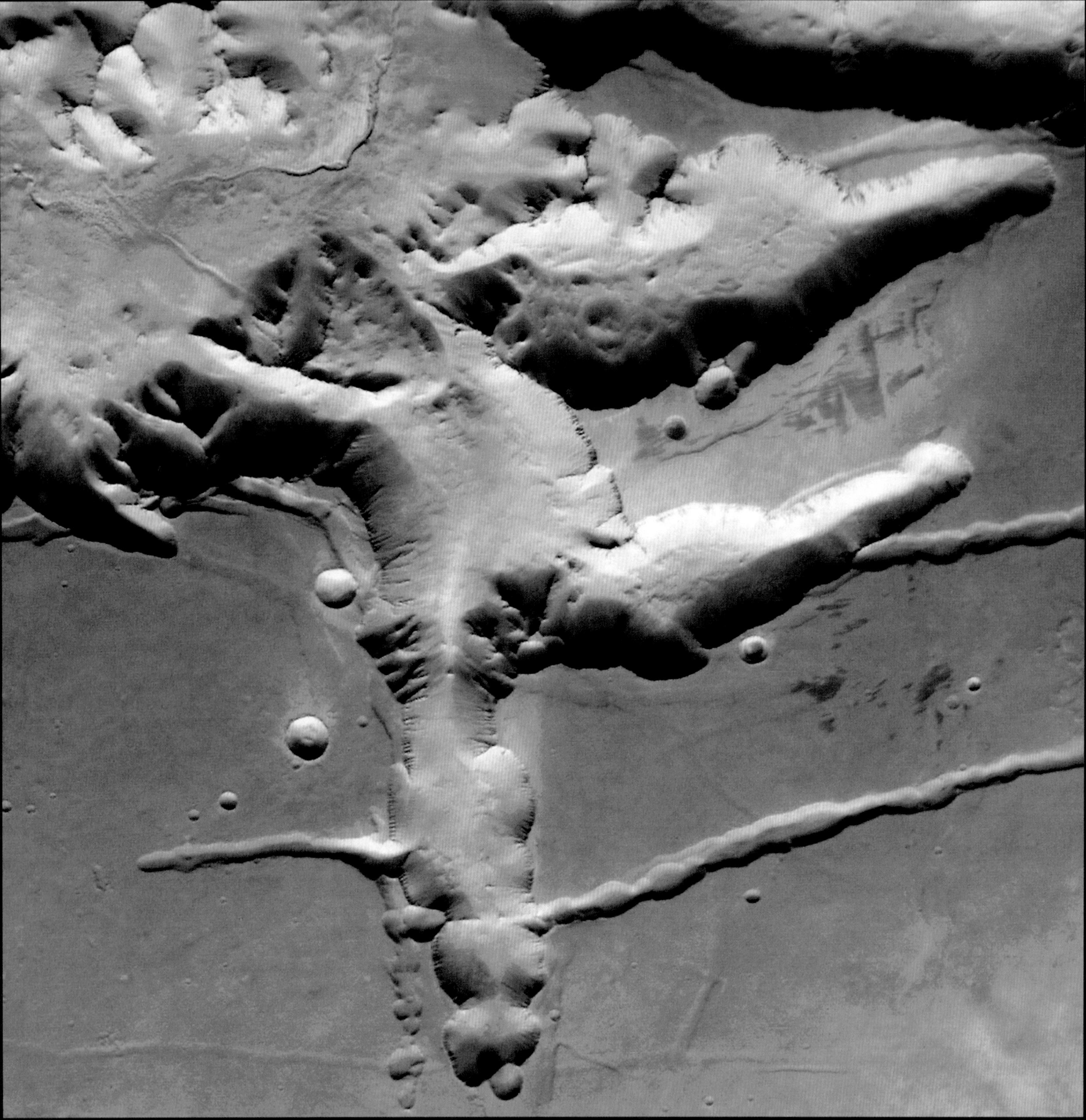

マリネリス峡谷のカズマとよばれる谷。
バイキング1号軌道船、1976年8月26日

左ページ：マリネリス峡谷の複雑なカズマ地形。
バイキング1号軌道船、1976年8月5日

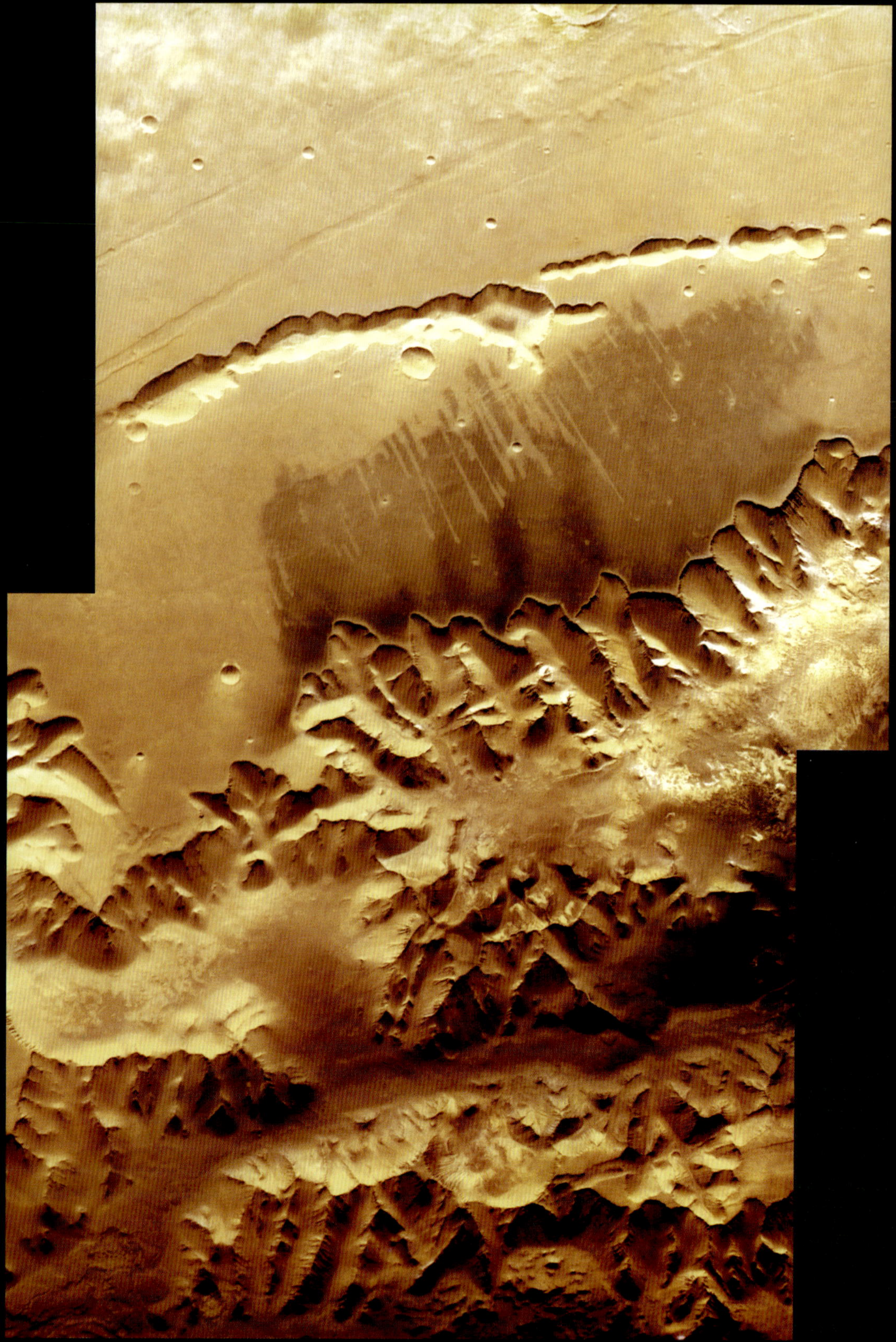

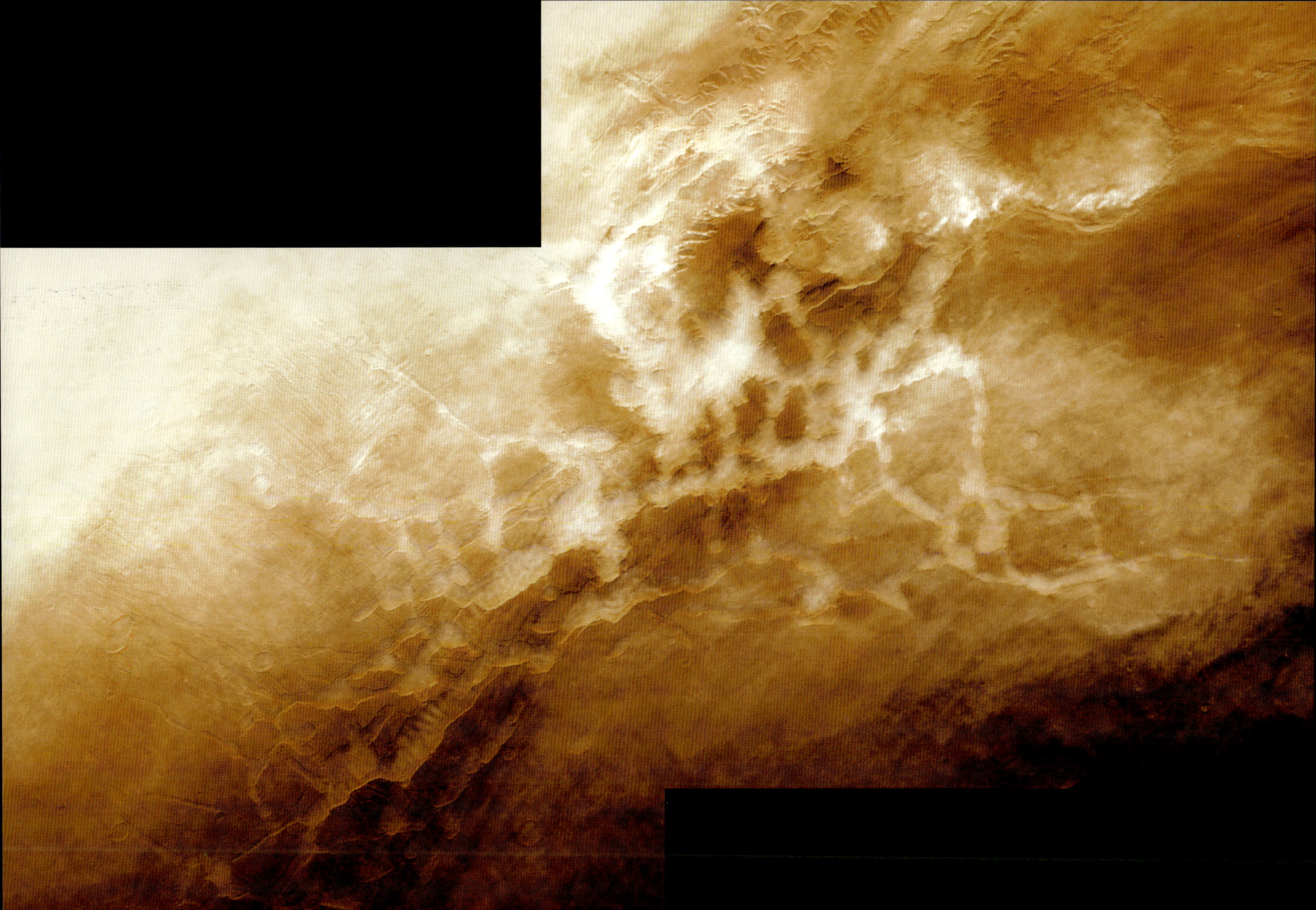

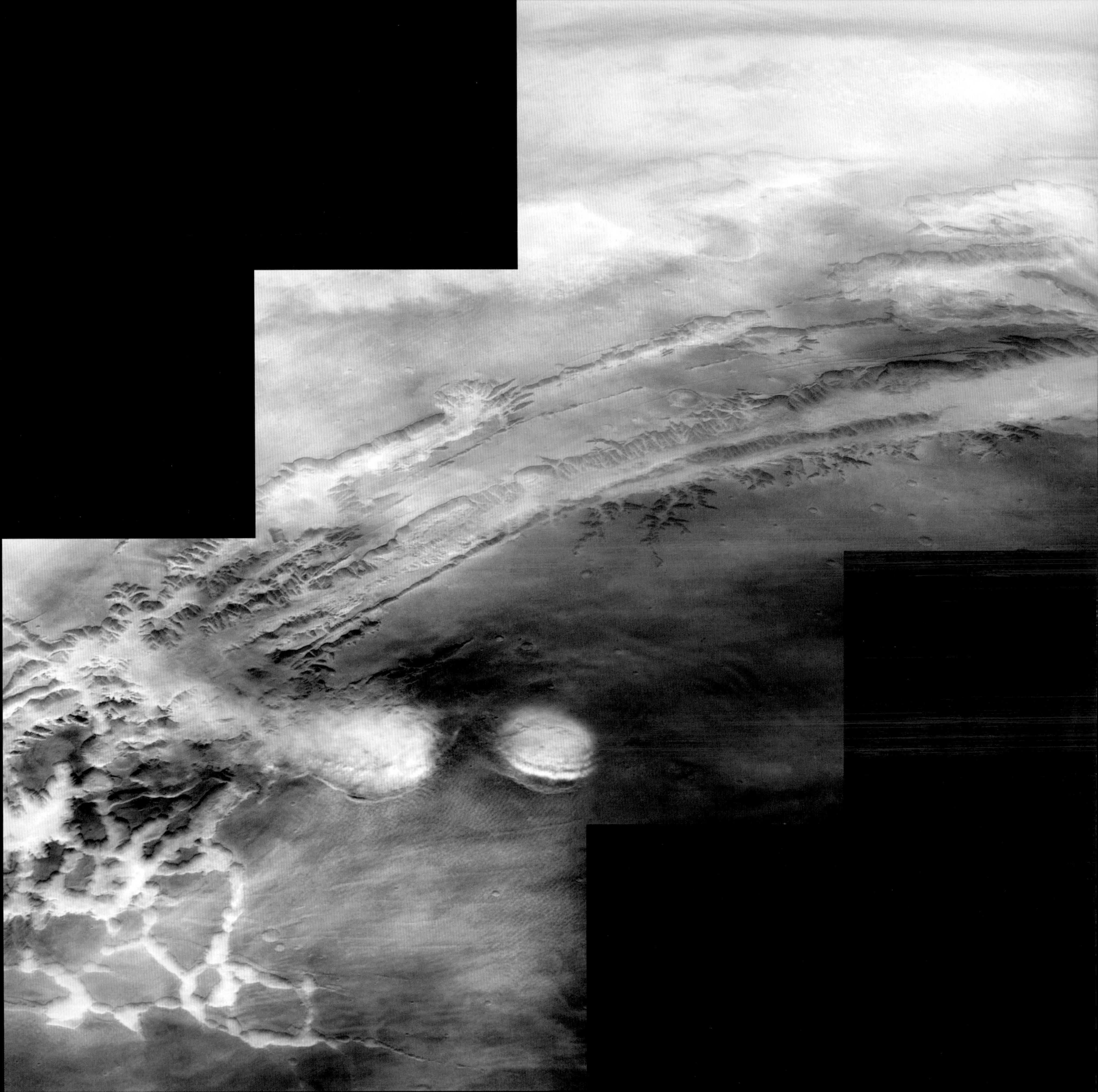

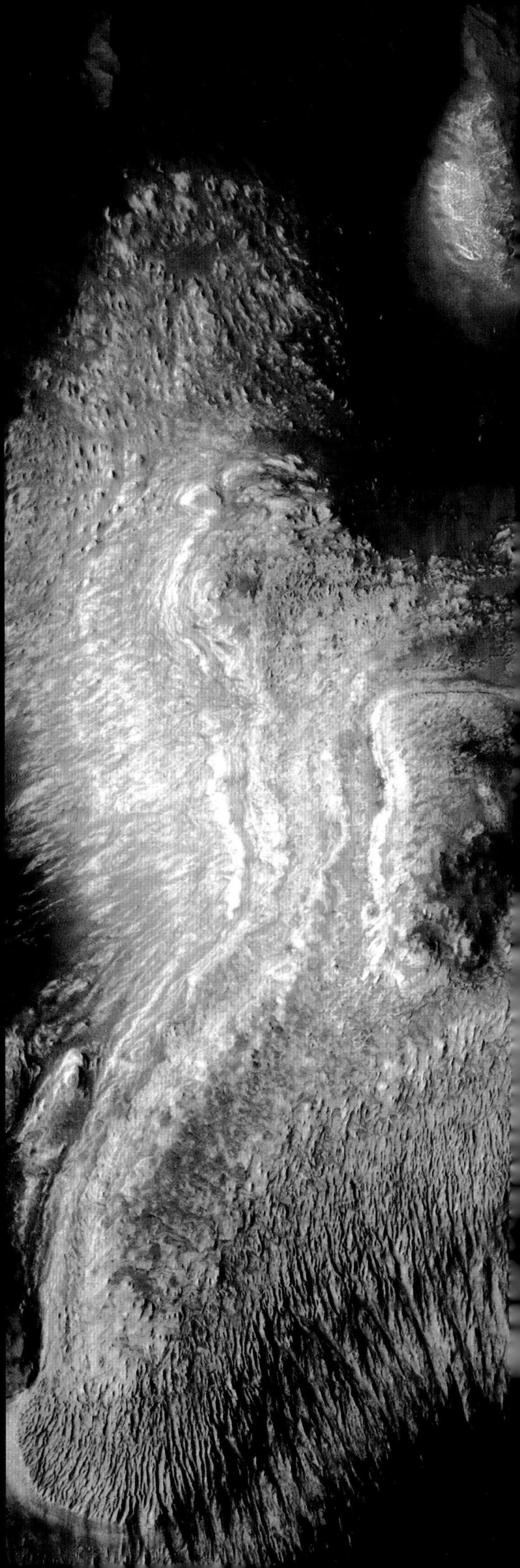

マリネリス峡谷、ガンジス・カズマの堆積層。
マーズ・オデッセイ、2002年3月29日

左ページ：ノクティス・ラビリントゥスの朝霧と
マリネリス峡谷のイウス・カズマ区域。
マルチフレーム合成画像。
バイキング1号軌道船、1976年3月7日

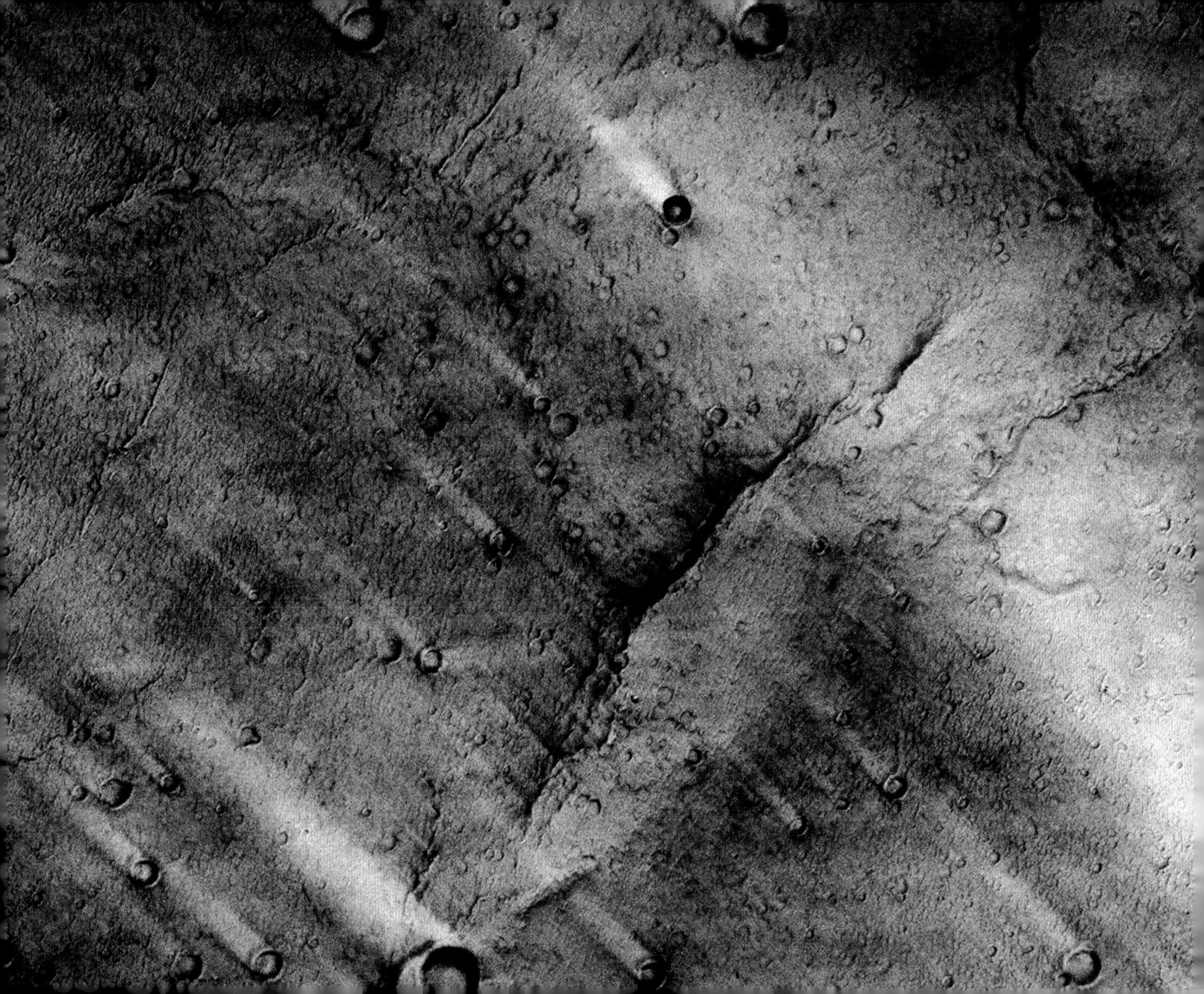

大シルチス付近の、風のあとを筋状にのこしたクレーター。

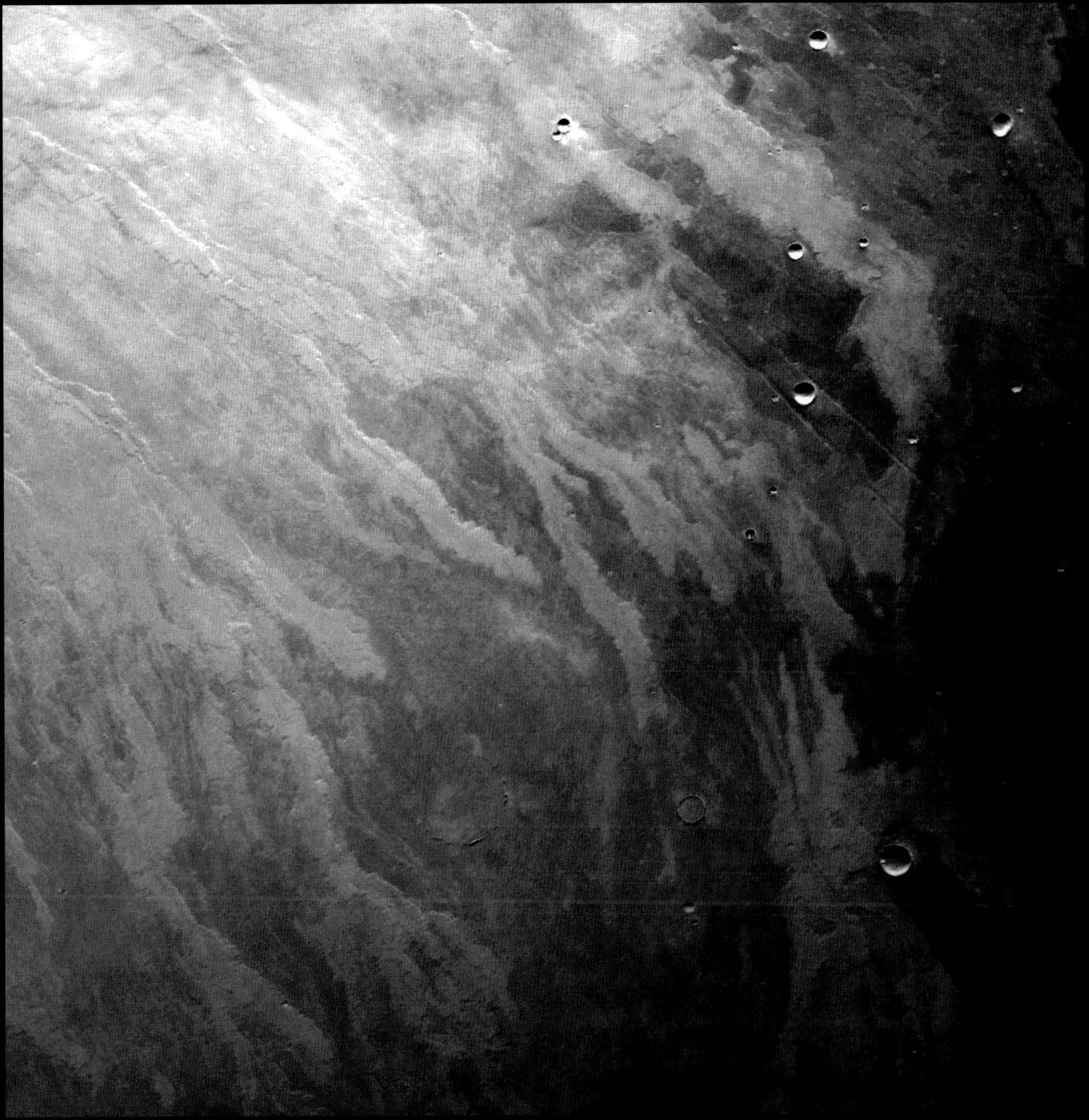

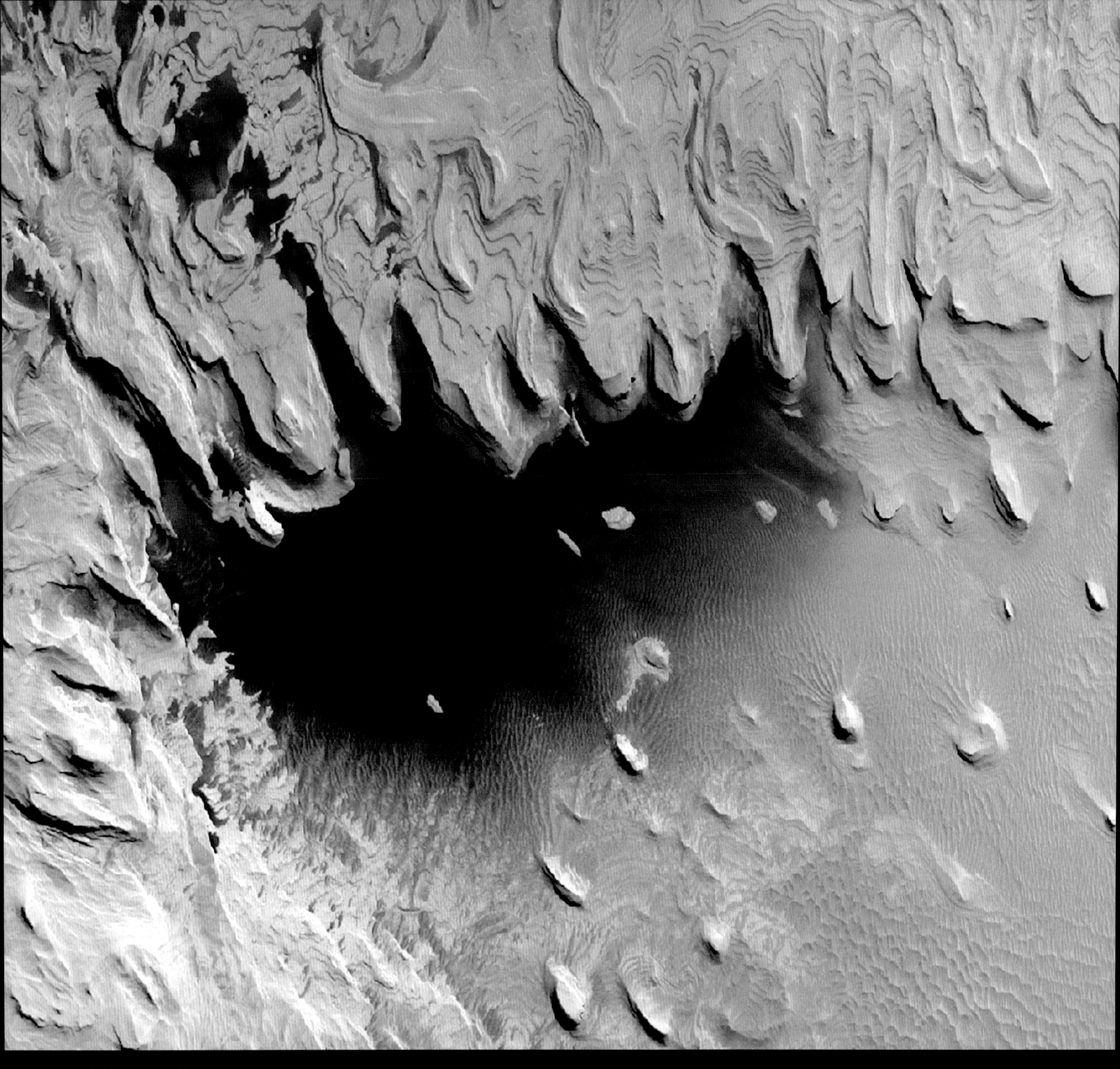

ヘレスポントスの砂丘とクレーターの縁。

マーズ・グローバル・サーベイヤー、2001年1月8日

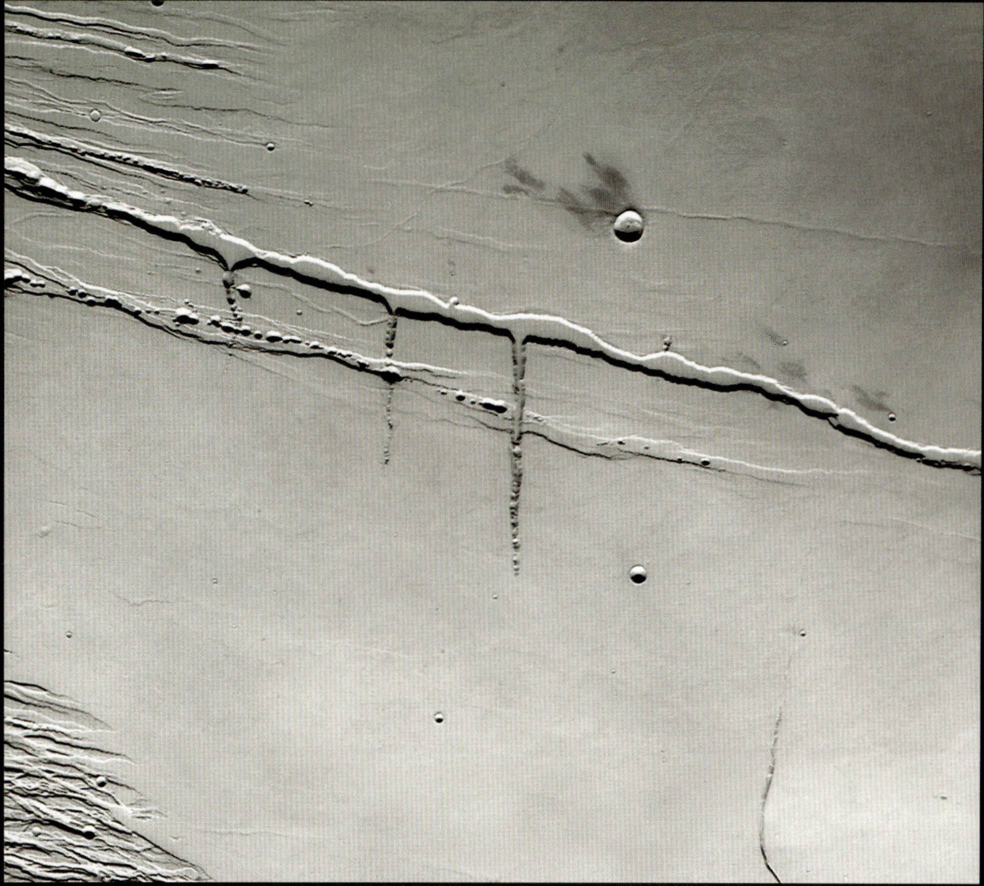

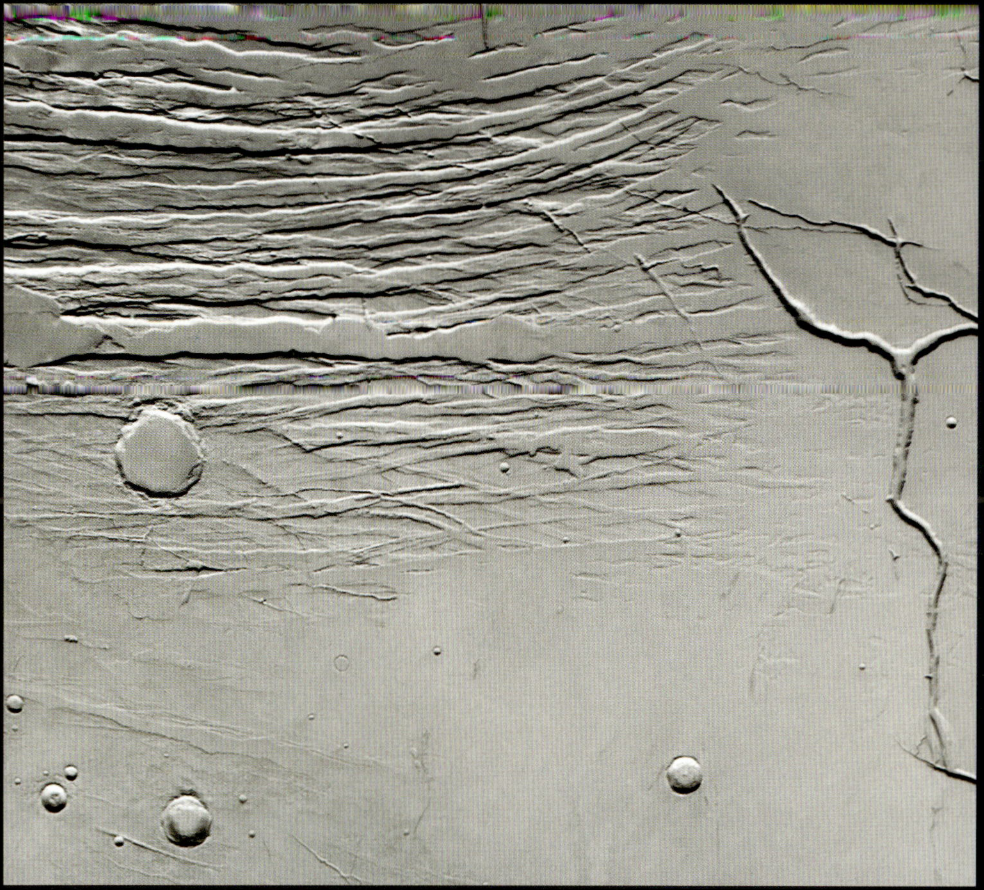

タルシス高地の細部。
バイキング１号軌道船、1977年11月15日

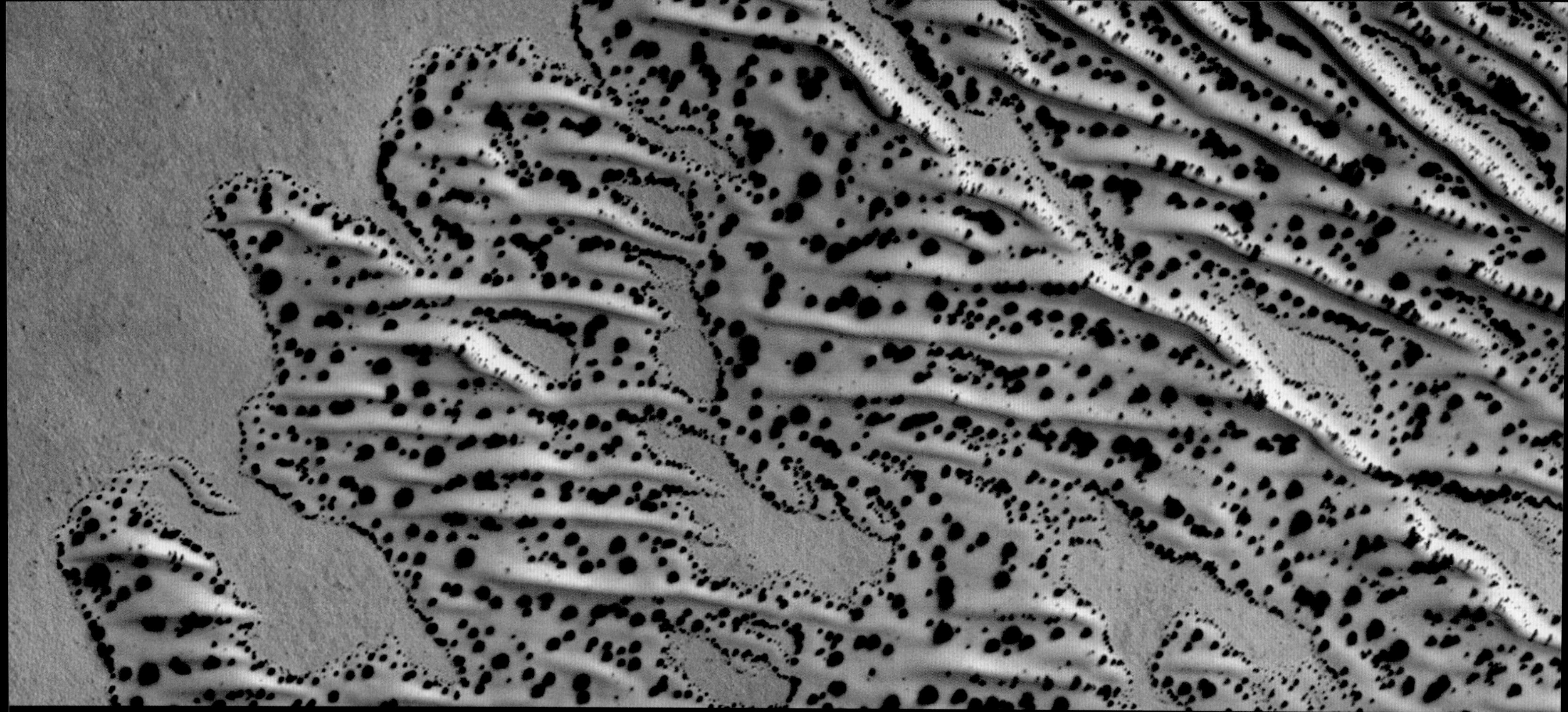

上：南極冠付近、
氷が消えていく砂丘。
マーズ・グローバル・サーベイヤー、
2001年６月８日

下：地下に液体状の水が存在し、
クレーターの縁にしみ出した
痕跡が見られる。
マーズ・グローバル・サーベイヤー、
1997年12月29日

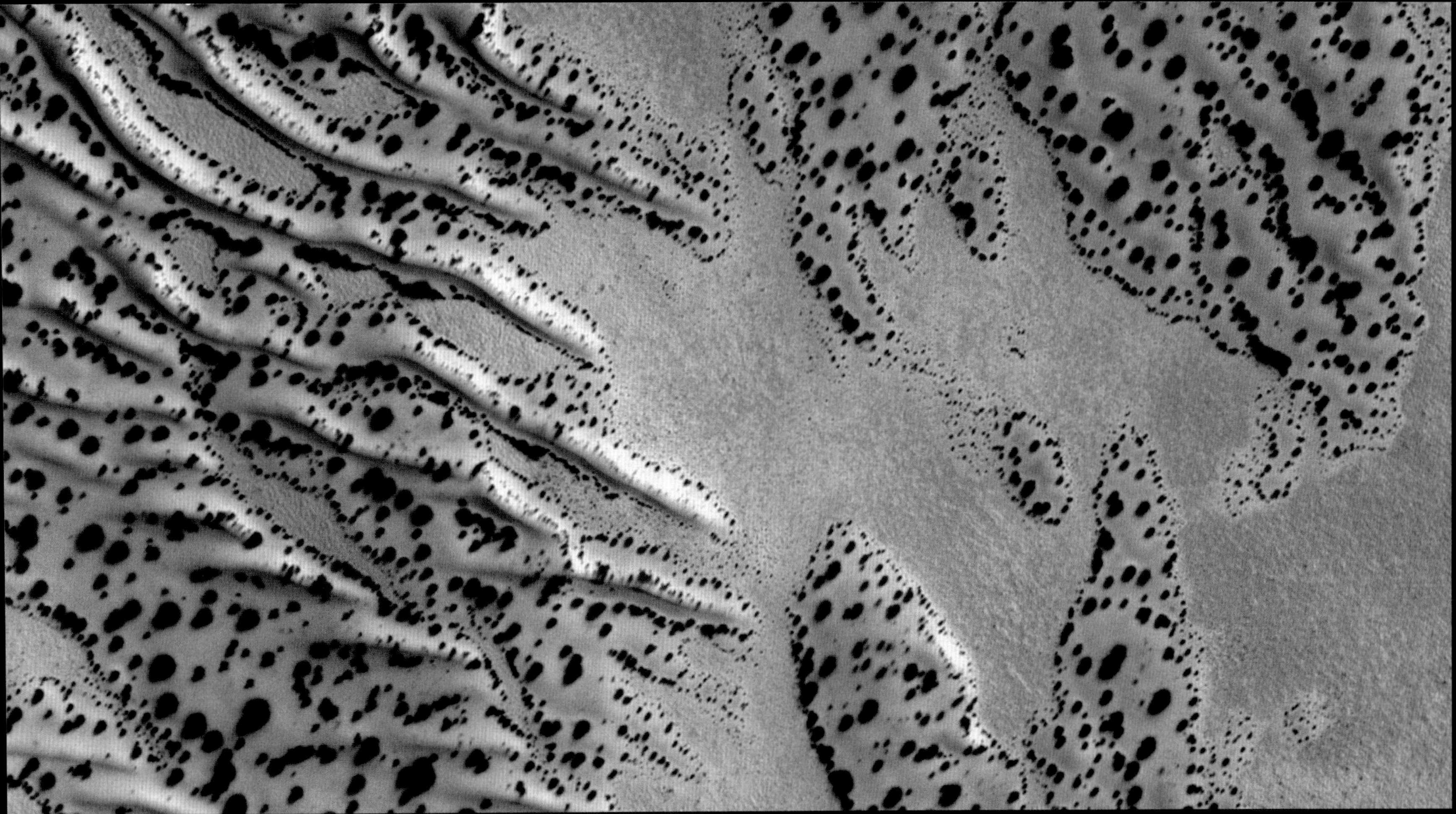

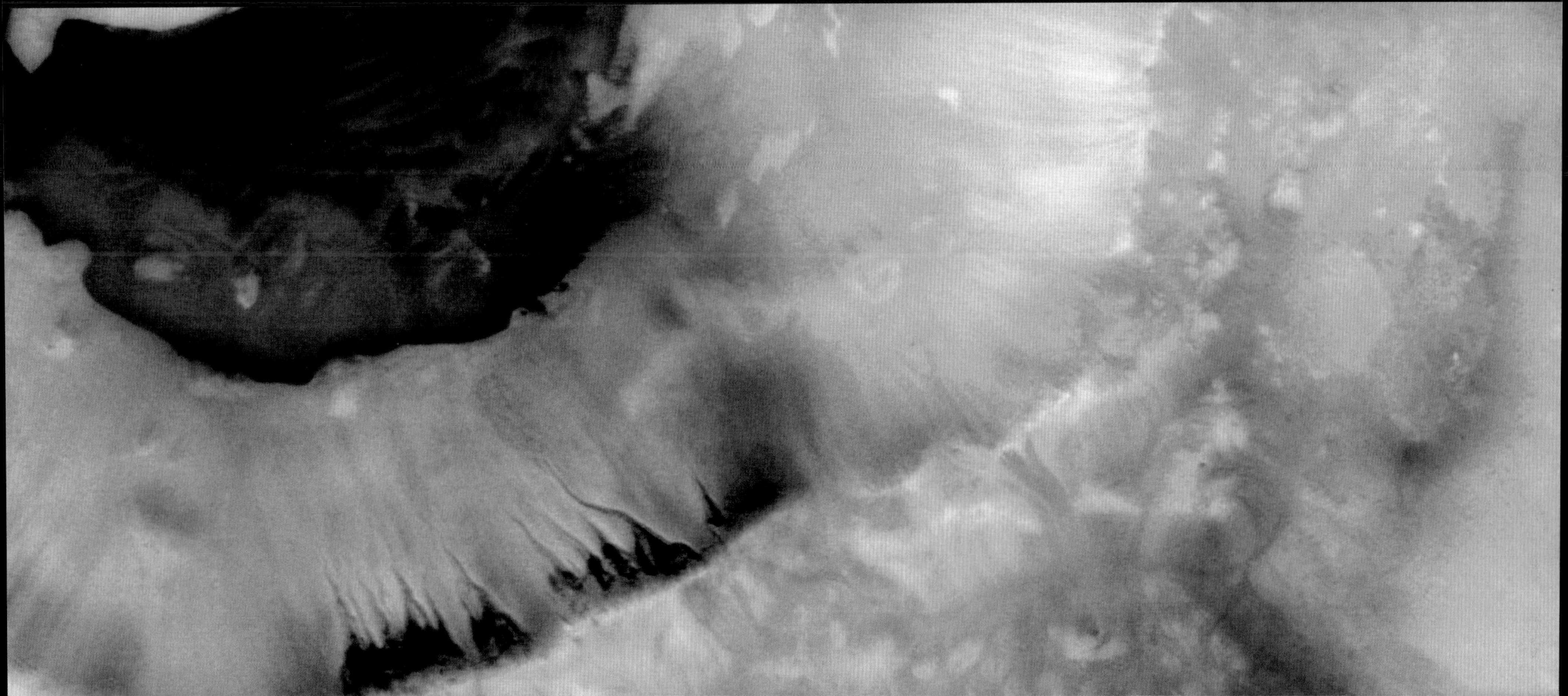

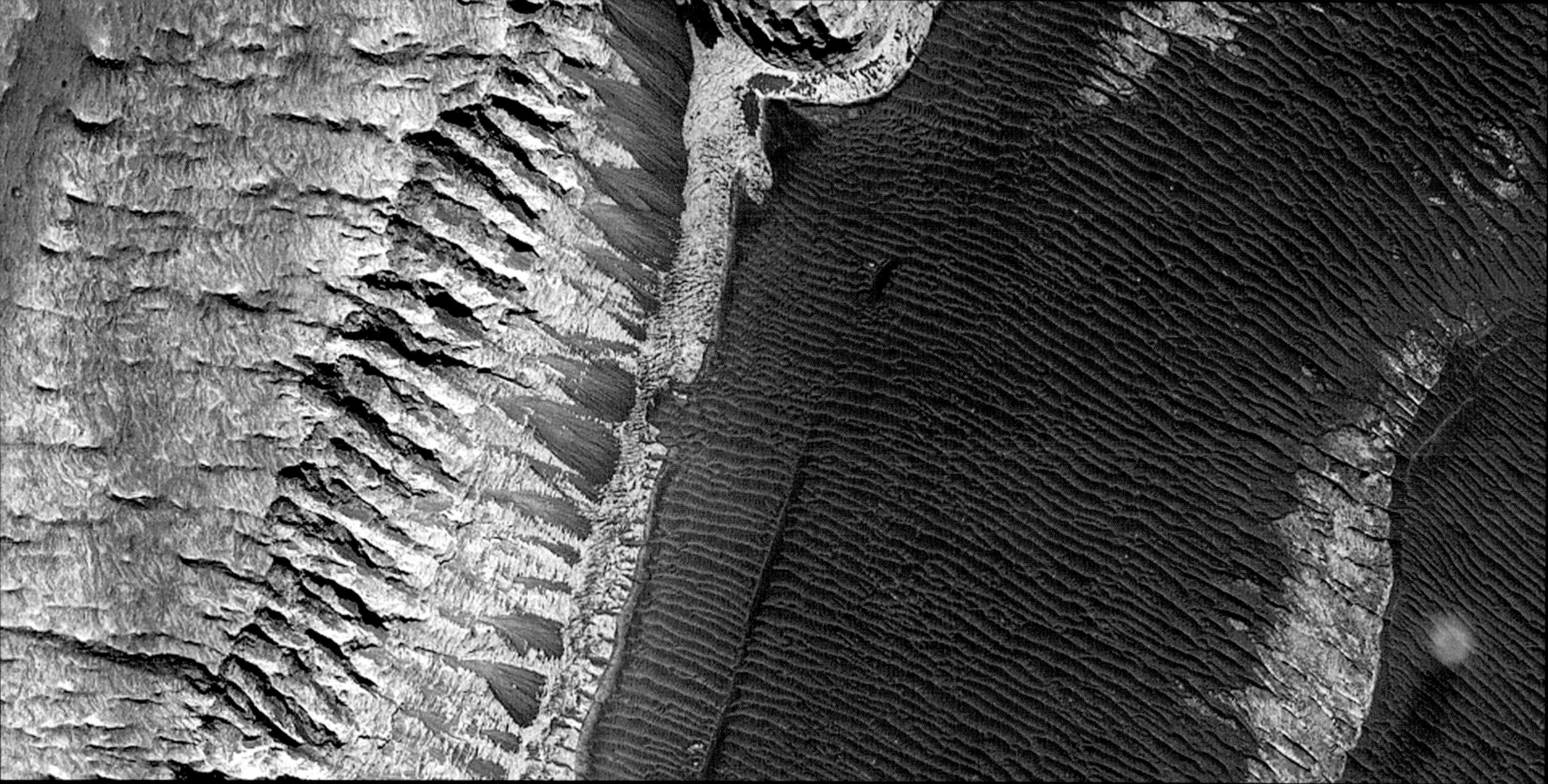

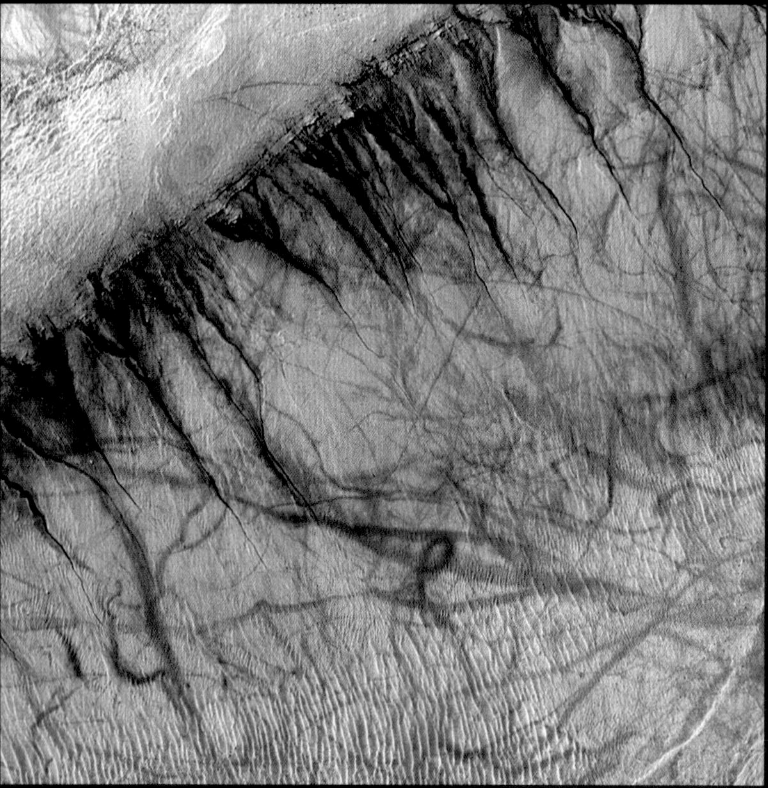

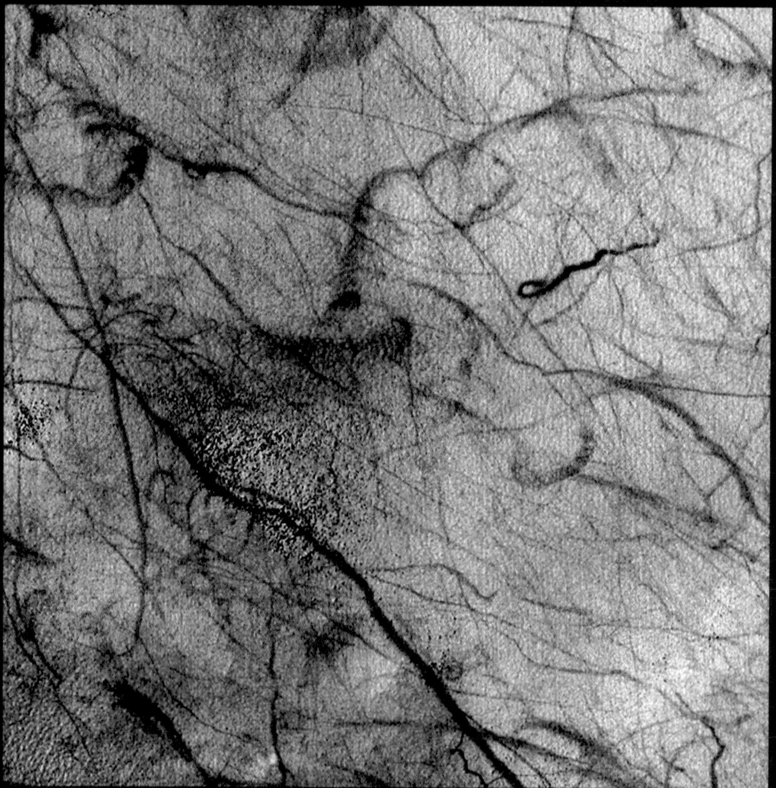

上：マリネリス峡谷、メラス・カズマに発生したダスト・デビル［局地的に起こる旋風］とその影。マーズ・グローバル・サーベイヤー、1999年７月11日
左下：カイザー・クレーター内壁のガリー［深い溝］とダスト・デビルによる筋。マーズ・グローバル・サーベイヤー、2002年１月１日
右下：プロメテ・テラ、ダスト・デビルの筋。マーズ・グローバル・サーベイヤー、1999年12月30日

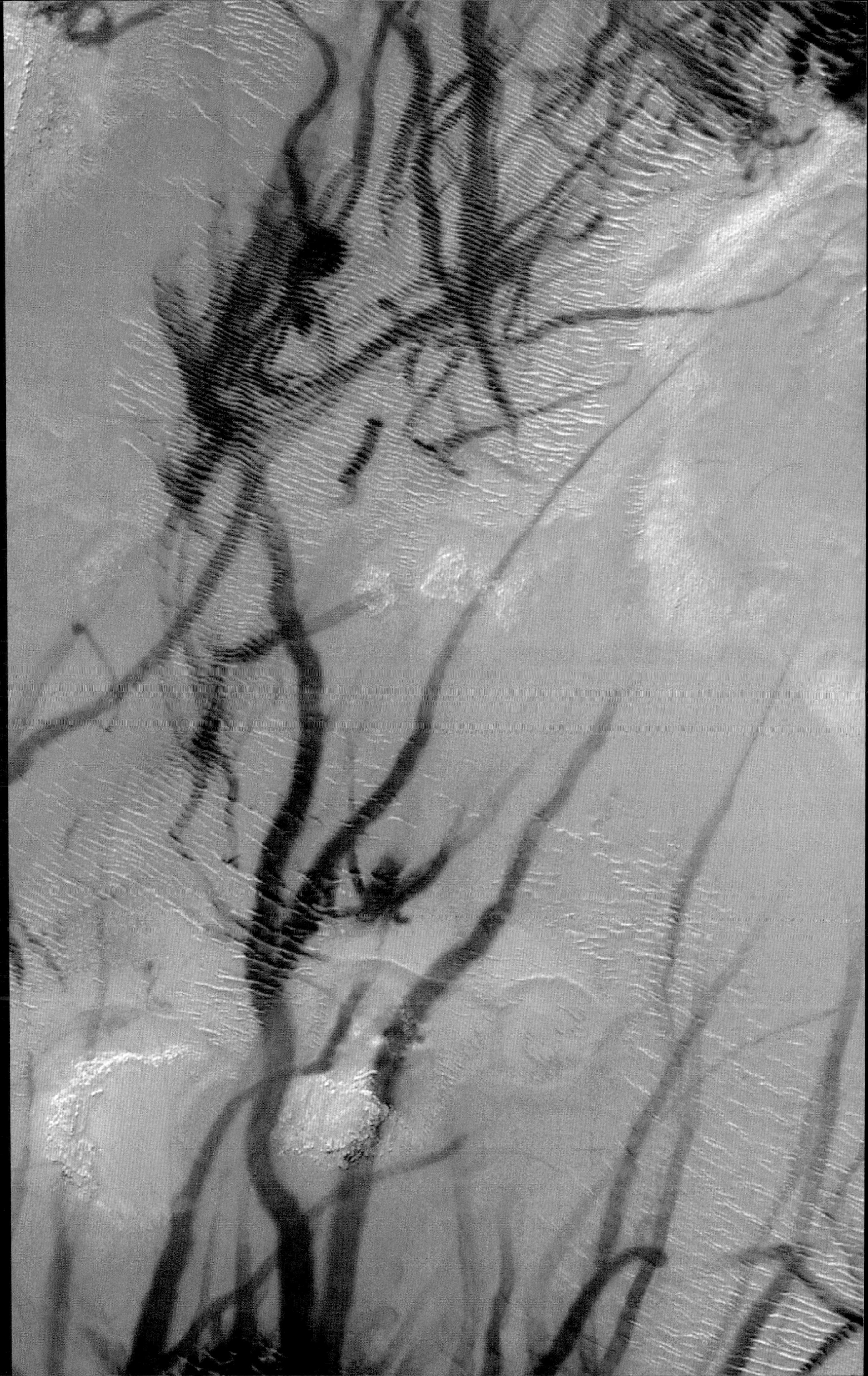

アルキル平原の波模様の平地にのこる
ダスト・デビルの筋。
マーズ・グローバル・サーベイヤー、
2000年２月21日

*162*ページ：高さ約２万5000mの
オリンポス山は、
いままでのところ太陽系の最高峰。
ふもとの直径は500kmを越える。
マルチフレーム合成画像。
バイキング１号軌道船、
1978年３月25日

*163*ページ：オリンポス山の複雑な
カルデラは深さ約３km、
直径100kmを越える。
マルチフレーム合成画像。
マーズ・エクスプレス・オービター、
2004年１月21日

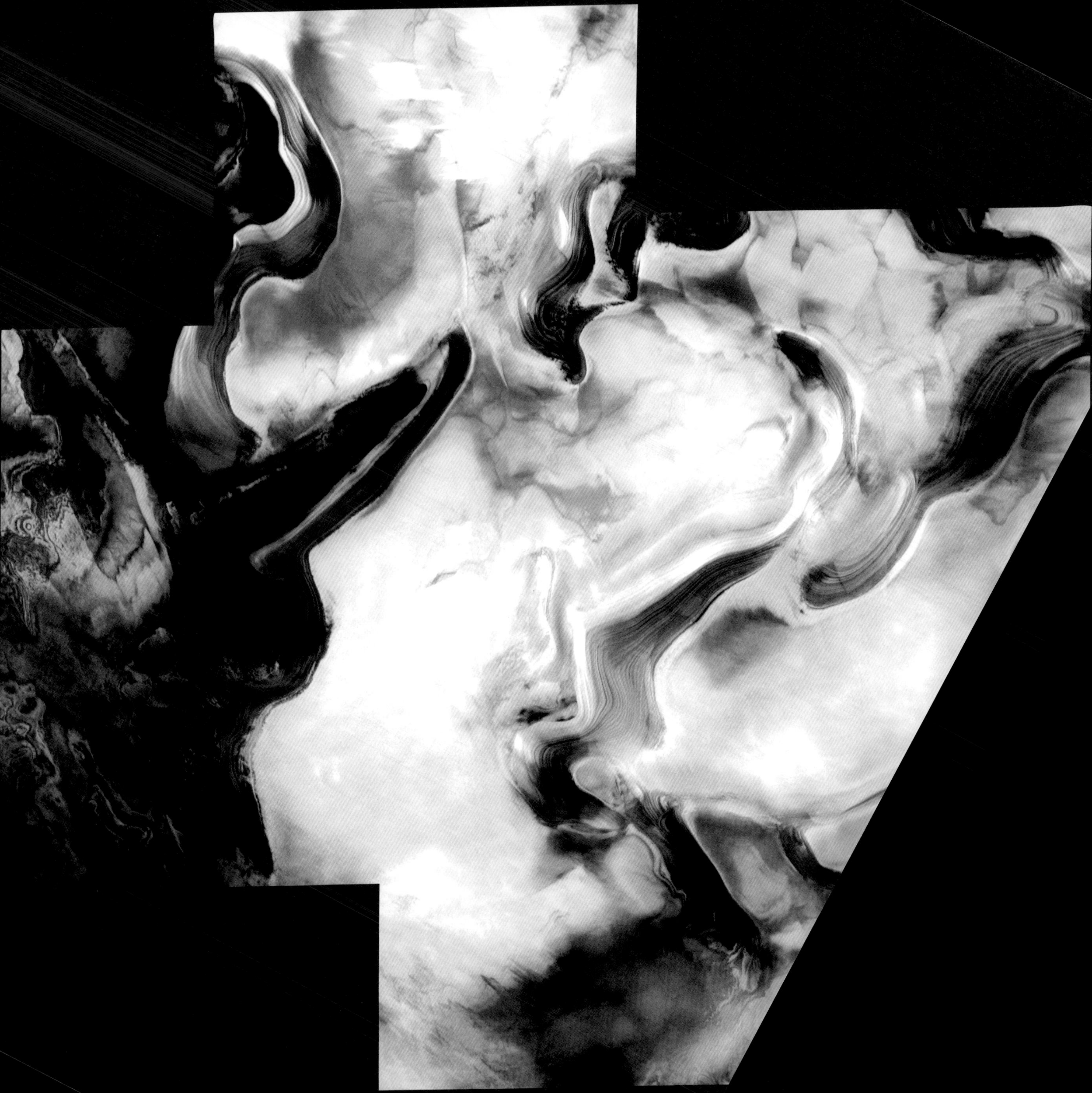

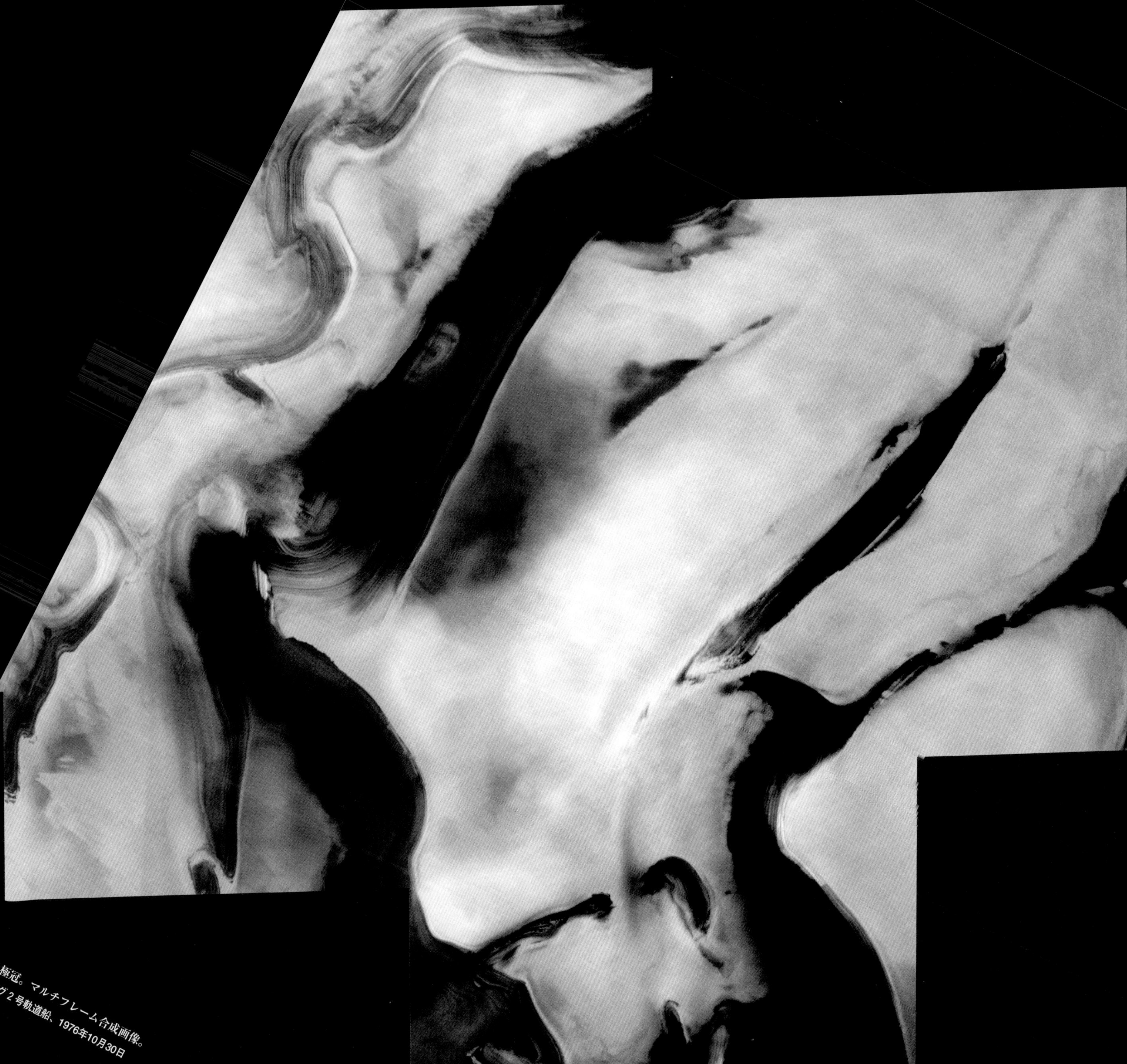

南極の極冠。マルチフレーム合成画像。
バイキング2号軌道船、1976年10月30日

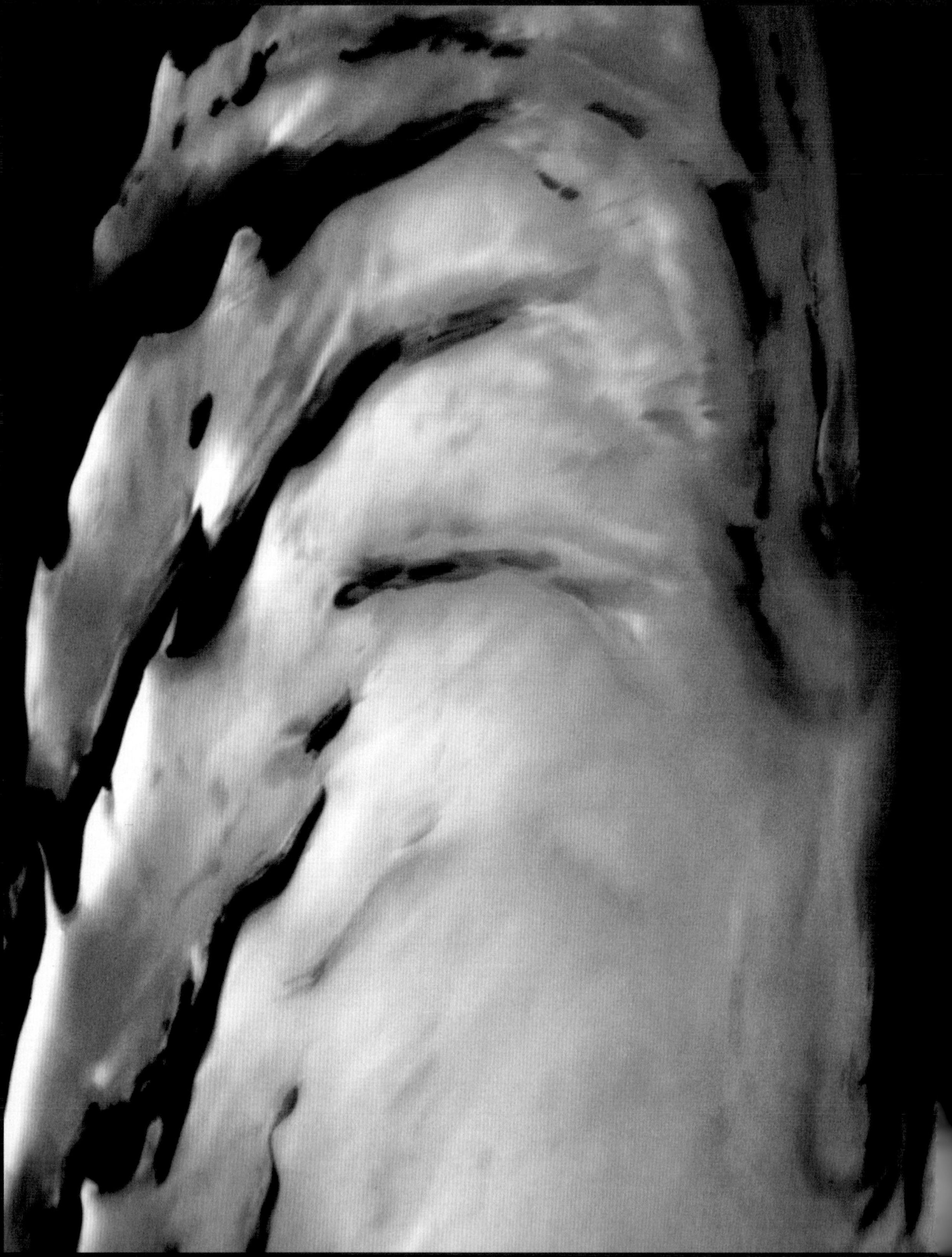

北極の極冠を斜めから見る。
マルチフレーム合成画像。
バイキング１号軌道船、1978年６月１日

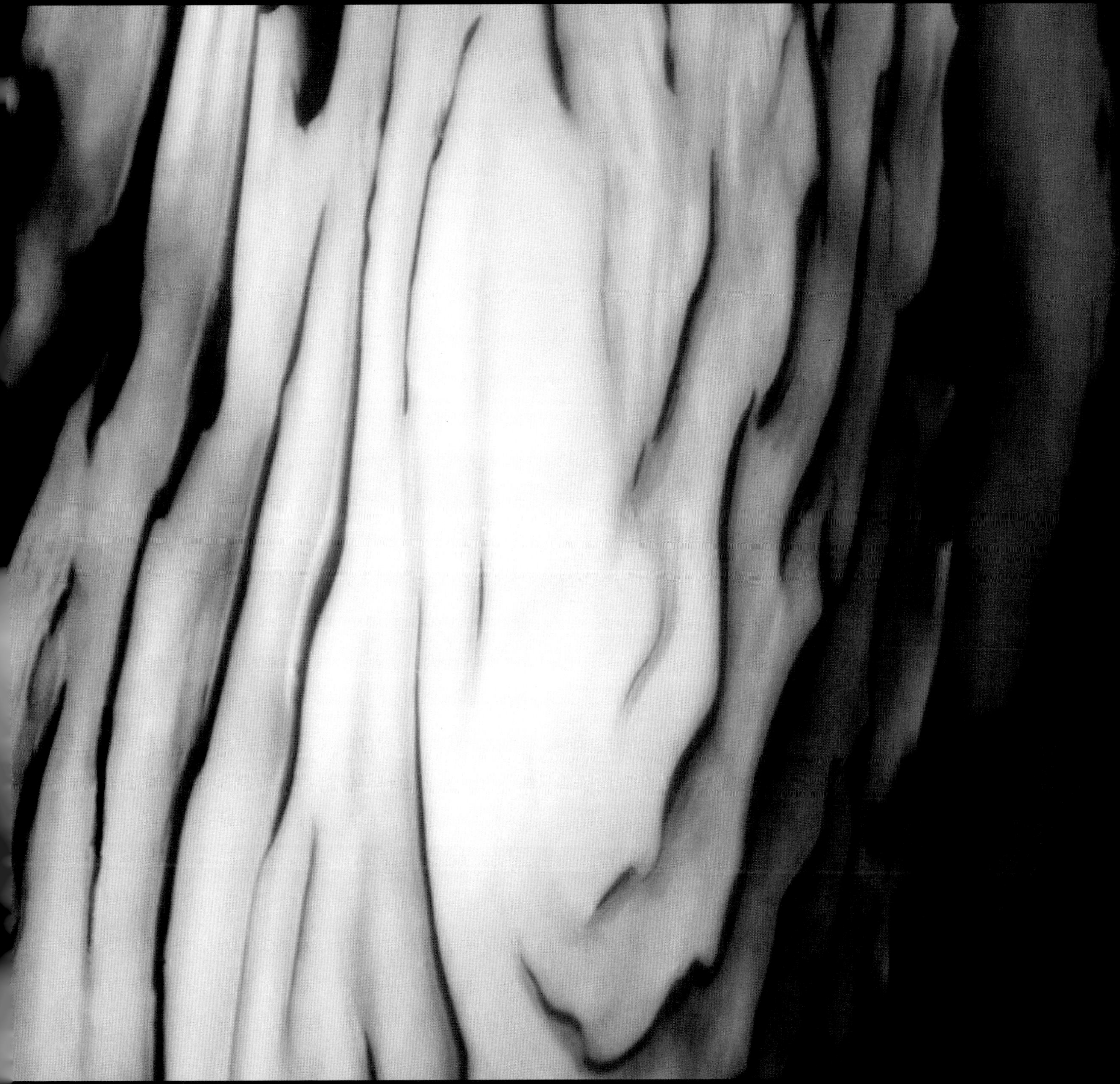

上：北極冠の層。
マーズ・グローバル・サーベイヤー、
2000年２月11日

下：北極冠の層と砂丘。
マーズ・グローバル・サーベイヤー、
2001年4月９日

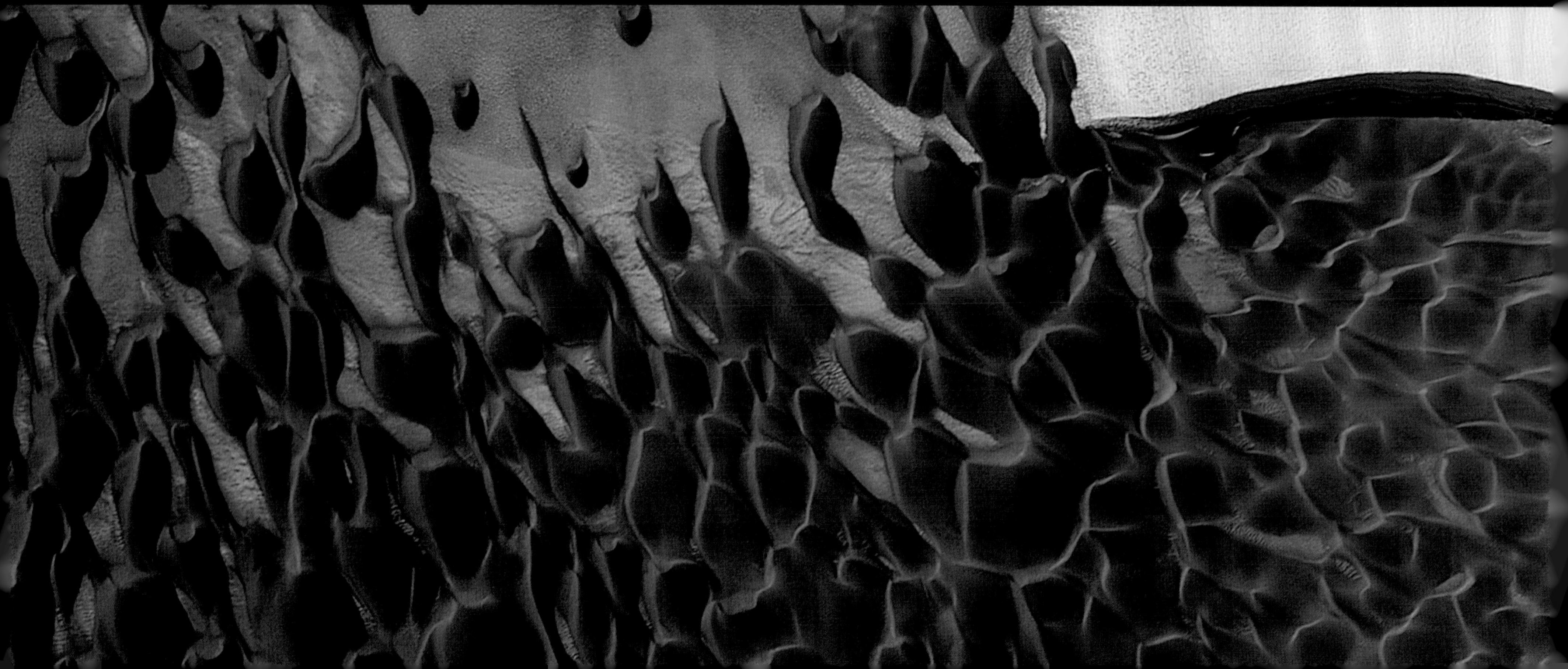

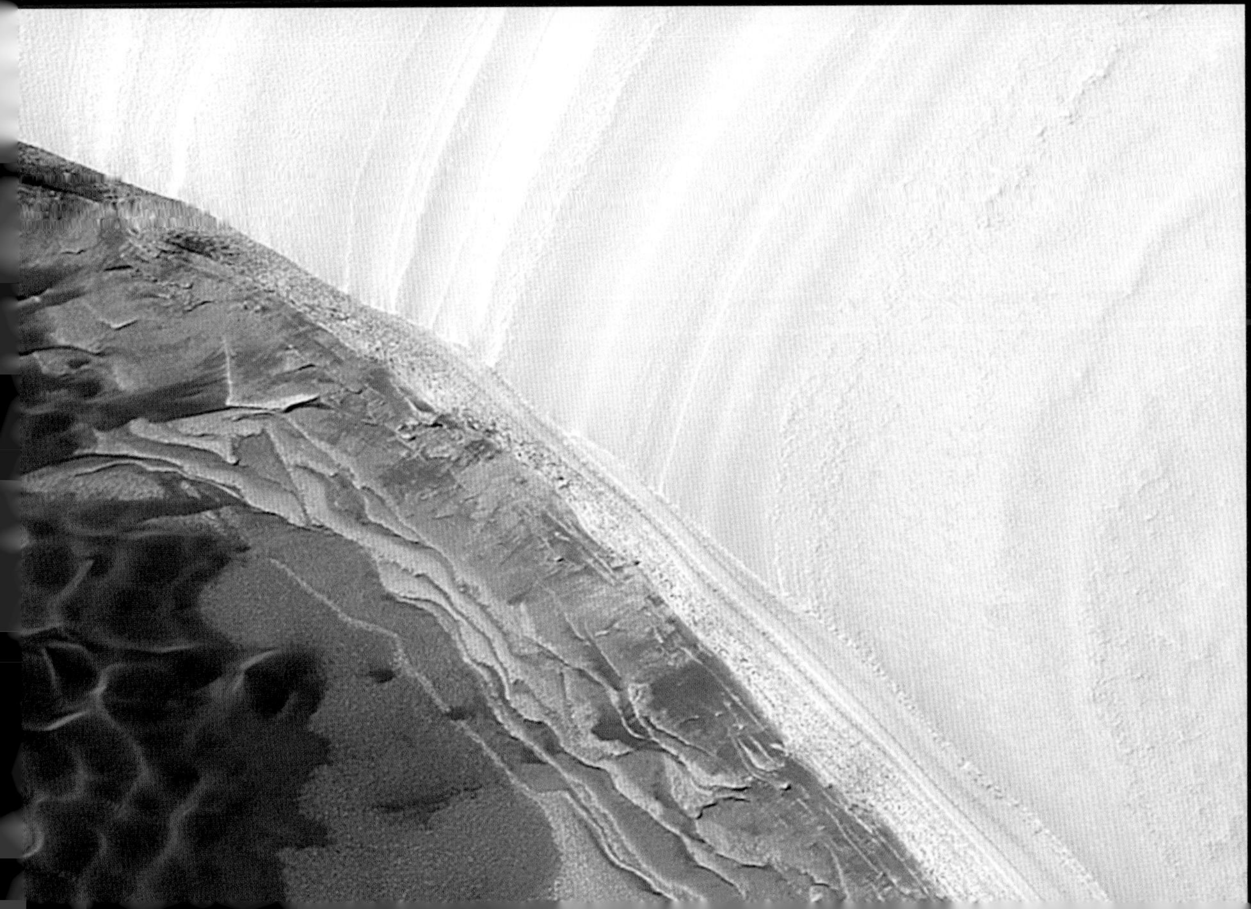

*次見開き左上：*段々落ち着いてきた砂塵の80km先に、
グセフ・クレーターの縁が見える。
このクレーターの壁面は高さが２km近くある。
マルチフレーム合成画像。
探査車スピリット、2004年３月17日

*次見開き右上：*グセフ・クレーターの砂地に
轍を刻みながら移動撮影する探査車。
探査車スピリット、2004年２月18日

*次見開き中段：*グセフ・クレーター内側のパノラマ写真。
探査車の影の先にコロンビア・ヒルズが見える。
円筒図法、マルチフレーム合成画像。
探査車スピリット、2004年４月26日

*次見開き左下：*周回軌道上から見た
グセフ・クレーターの一部。
昔は塩水湖だったと思われる。
一番大きな暗いエリアがスピリットの着陸地点。
マーズ・エクスプレス・オービター、2004年１月16日

*次見開き右下：*コロンビア・ヒルズ。
マルチフレーム合成画像。
探査車スピリット、2004年３月29日

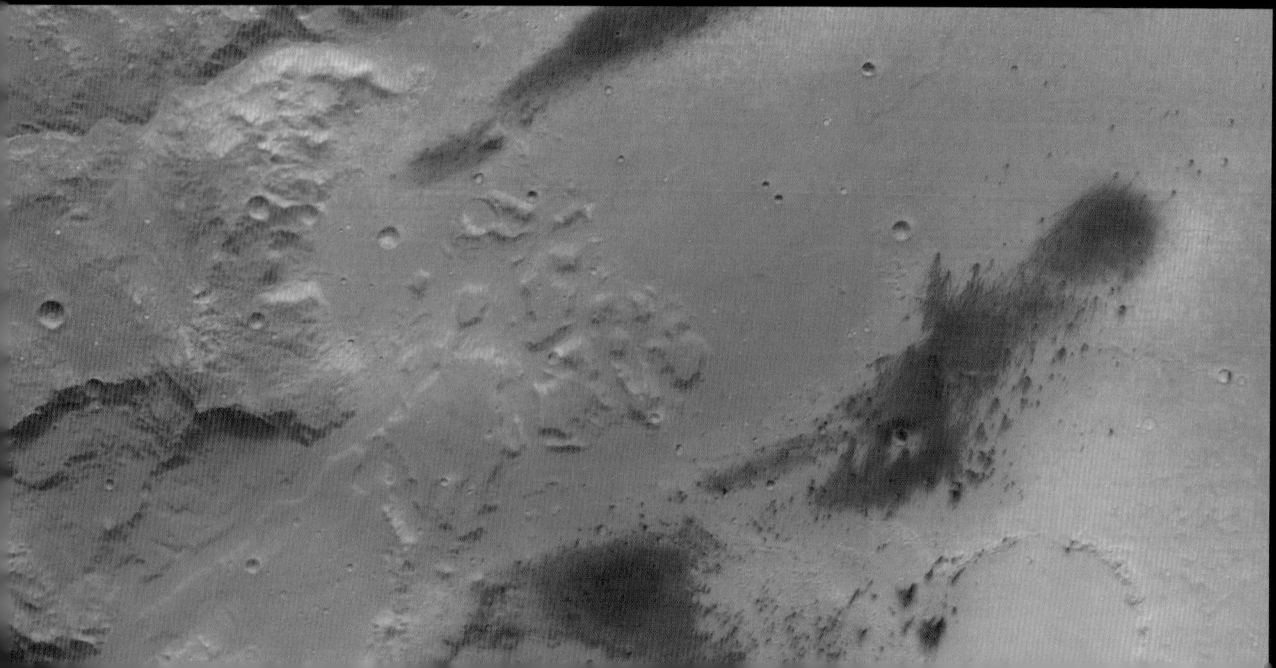

ボネヴィル・クレーターの一部とコロンビア・ヒルズ。
遠くにある幅150kmのグセフ・クレーターの縁が、
地平線上にところどころのぞいている。
マルチフレーム合成画像。
探査車スピリット、2004年３月12日

次見開き：火星北半球の晩夏。右下の明るい黄褐色の一帯はアラビア地方。左側は、ヘラス衝突盆地の白く凍った炭酸ガス。マルチフレーム正射投影。
バイキング1号軌道船、1980年

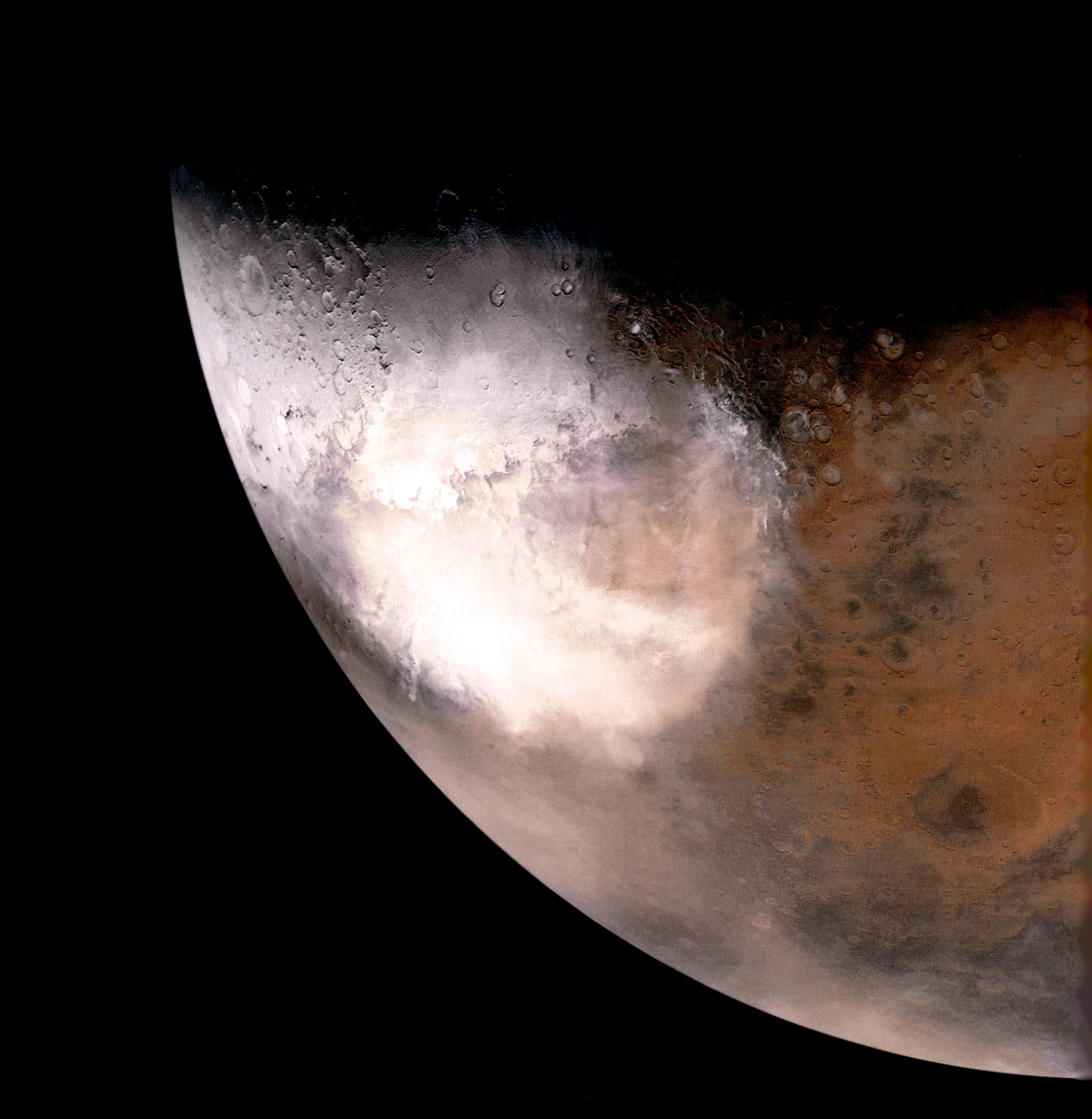

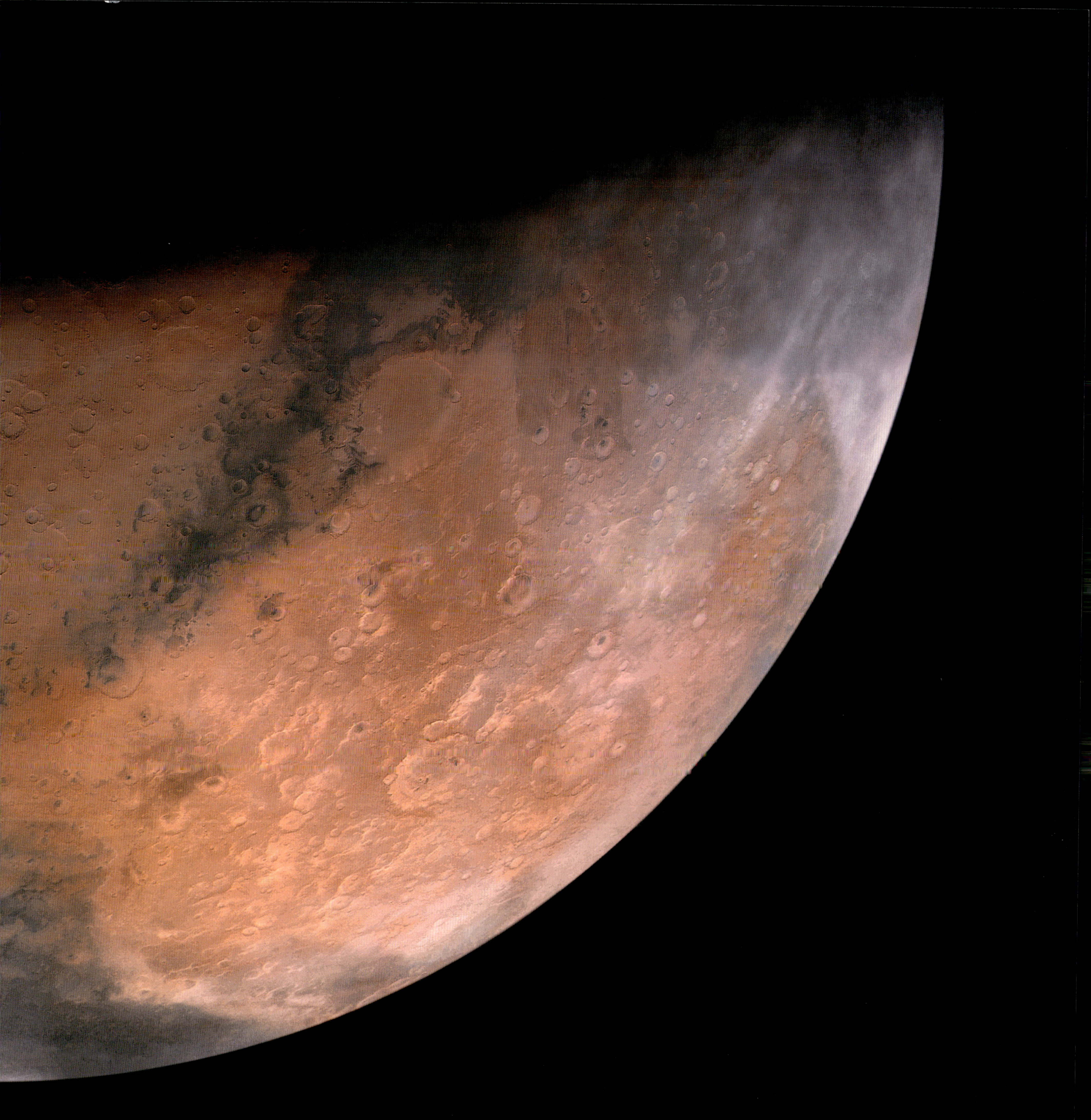

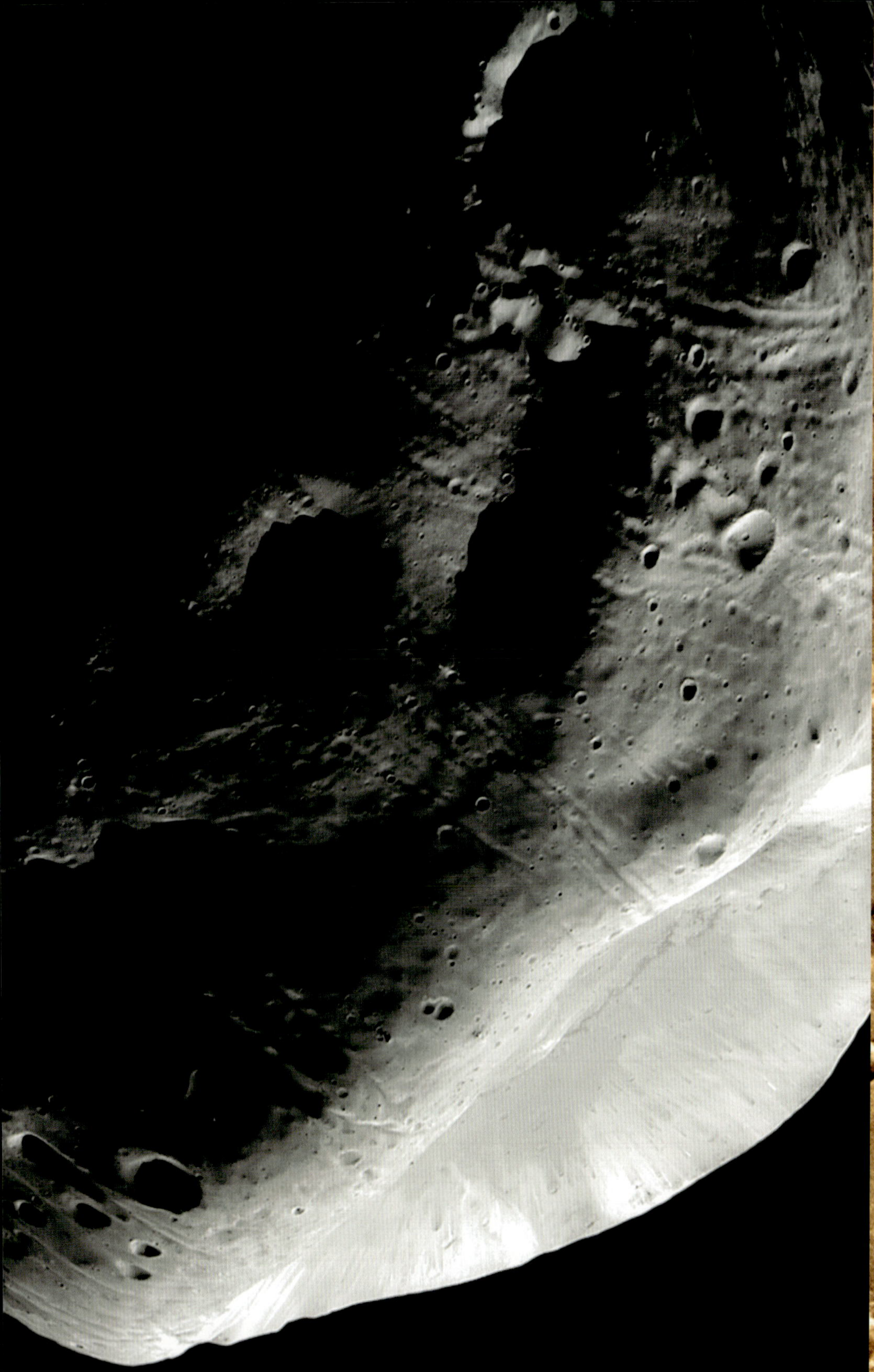

火星のふたつの衛星のうち、内側を回る大きい方のフォボス。
下の方にスティックニー・クレーターが見える。
フォボスの長軸の長さは27km。
マーズ・グローバル・サーベイヤー、1998年8月19日

右：ハーシェル・クレーター上空のフォボス。
クレーターの直径は約300km。
マルチフレーム合成画像。
バイキング1号軌道船、1977年9月26日

タルシス火山地域のセラニウス・トーラスと
タルシス・トーラス上空に浮かぶフォボス。
マルチフレーム合成画像。
バイキング１号軌道船、1977年９月４日

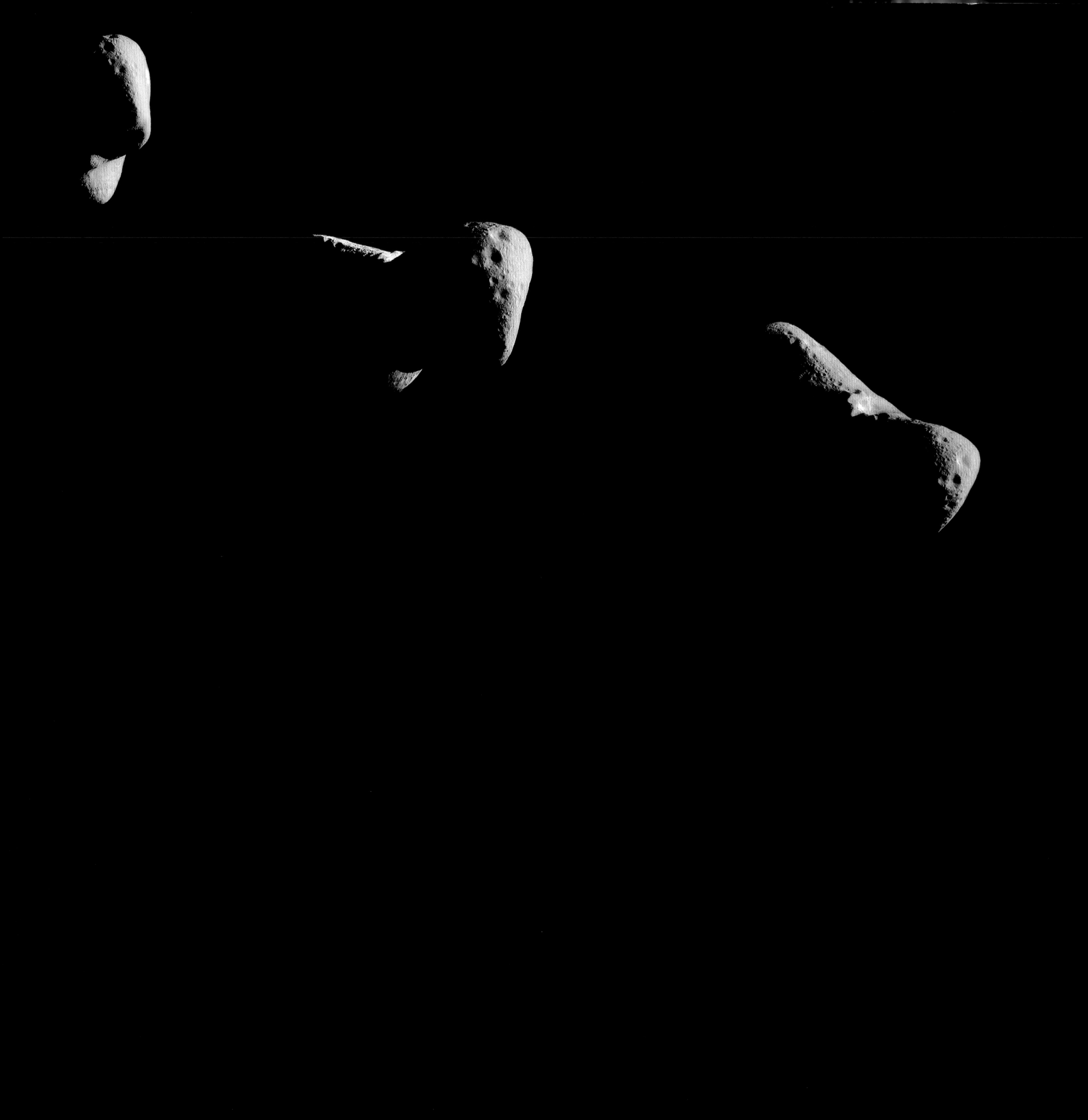

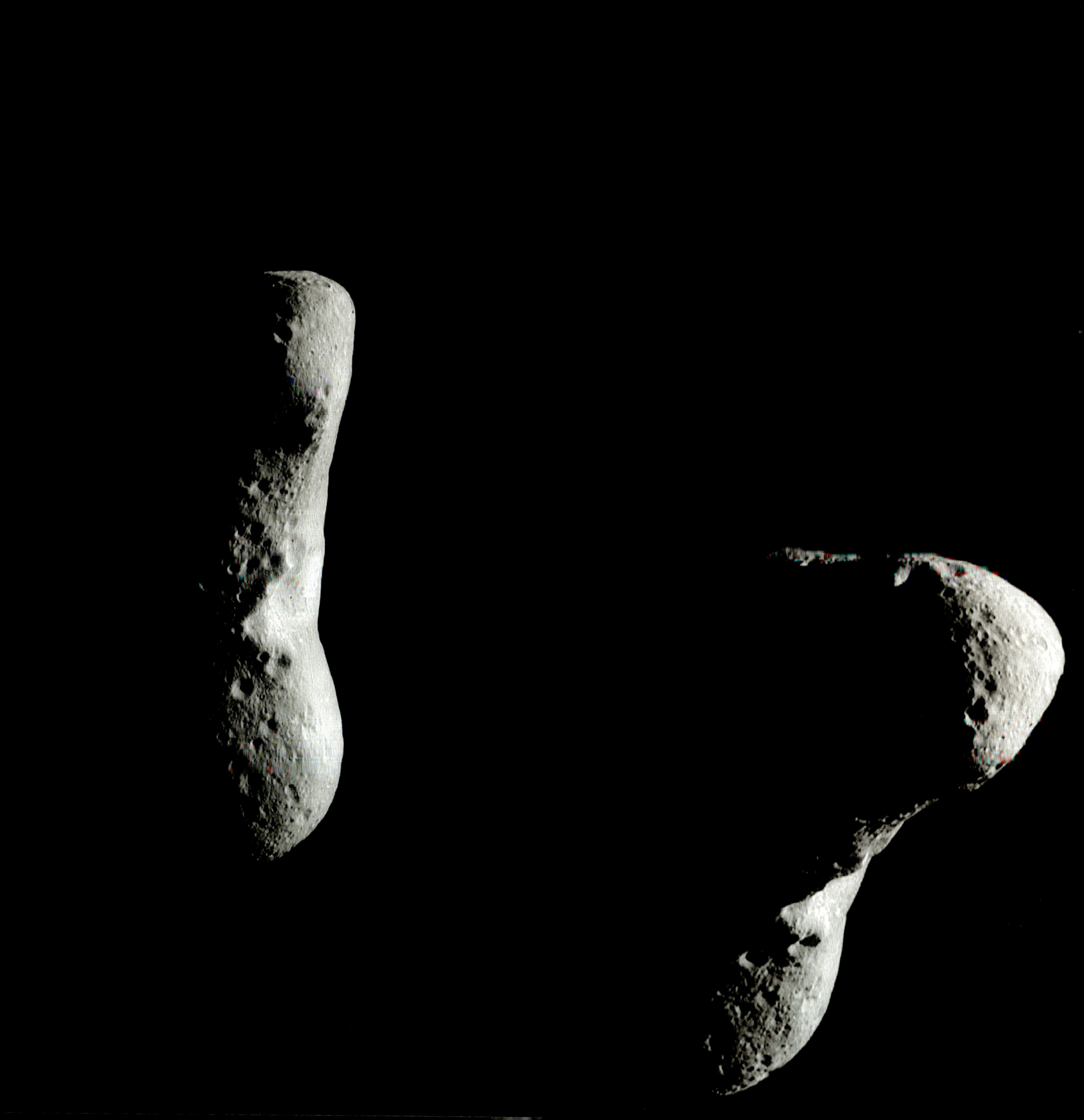

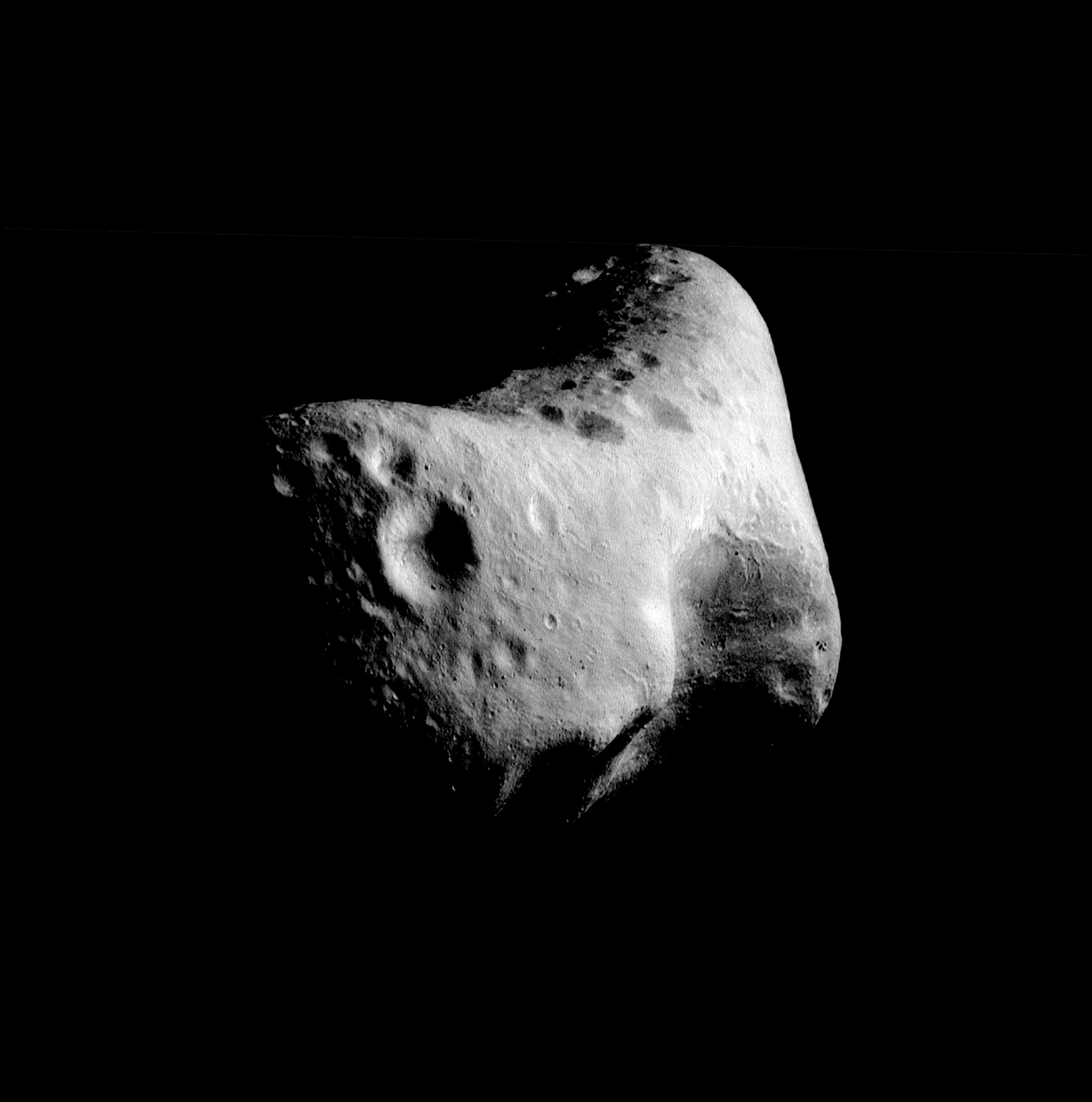

ASTEROIDS

小　惑　星

*180～181*ページ：
回転する小惑星433「エロス」。
マルチフレーム合成画像。
NEAR（ニア）、2000年２月16日

左ページ：小惑星433「エロス」。
マルチフレーム合成画像。
NEAR、2000年３月２日

小惑星の落下は特殊なケースである。いま起きなくとも、いずれ起きるかもしれないし、いつかでなく、いま起きるかもしれない。あるいはいつまでも決して起きないのかもしれない。いずれにせよ小惑星はその外見から受ける印象とは逆に、放り投げられた石のように地球に落ちてくるというわけではない。むしろ、火星と木星のあいだに位置する小惑星帯の中であれ、人類にとって一番危険なものとなり得る地球の軌道上であれ、太陽系の至るところに広がるいくつもの複雑な軌道であれ、独自の軌道上にこれまでずっととどまってきたのであり、大抵はとどまりつづけるのである。

木星はその引力で捕えた小惑星の一隊を衛星として従えており、新しい衛星はいまも発見されつづけている。また、火星の周囲にも、引力に捕えられた小惑星がふたつ、フォボスとデイモスという衛星になってまわっている。つまり小惑星とは、吹きすさぶ嵐がつくる風紋の上空、あるいは「赤い惑星」の谷やクレーターの模様や砂嵐の上空に浮かぶもの、宇宙空間に散らばった岩のかけら、宇宙のなかの小さな誤字のようなものなのだ。

小惑星は1801年に、修道士ジュゼッペ・ピアッツィによって初めて発見された。ピアッツィは、昼はシチリア島パレルモのアカデミーで数学を教え、夜は望遠鏡をのぞきこんでいた。彼は、火星より外側、木星より内側、ちょうど太陽から５番目の惑星が（少なくとも太陽系の惑星間距離を計算で割り出した場合）あるべき場所で動いている、小さな光の点を見つけたのだ。ジェフリー・クルーガーが著書『Journey Beyond Selene（セレーネーの彼方への旅）』に記したように、ドイツの天文学者ヨハン・ティティウスが1766年に惑星間の距離に一定の比率があること、火星と木星の間になぜか隙き間があることを発見して以来、その位置に天体がないというのは長い間、宇宙の謎のひとつだったのである。

ピアッツィの発見がきっかけとなって、同じような発見が相次いで報告された。そうしたことから、小惑星帯と現在呼ばれている場所に、かつて小さな惑星か原始惑星とでもいうべきものが存在したとする説が導き出された。このひとつ、またはいくつかの集合体である天体は、なんらかの力によって――おそらくはひとつの天体を形成しつつあった物体が互いに衝突したことによって――破壊され、太陽の周囲をまわる瓦礫の巨大なリングとなったのだろう。この大衝突のあと、ばらばらになった破片が二度と元のようにまとまることはなかった。エントロピーの法則だけでなく、木星と火星のあいだで変化しながら作用する重力場の影響下にあったからだ。ほとんど見えないくらい広範囲にわたっ右ページ：小惑星243「アイダ」。
マルチフレーム合成画像。
ガリレオ、1993年8月28日

て散らばっていなかったなら、小惑星帯は土星の環の巨大版のように見えたことだろう。土星の環は、他の天体と衝突して破壊された衛星の残骸だと考えられており、小惑星帯のミニチュアのようなものなのだから。

太陽系の小惑星を構成する無数の瓦礫に対する天文学者たちの態度は、熱狂から軽蔑までさまざまだ。そのため、これらは“宇宙のくず”と馬鹿にされたり、より中立的には“小さな惑星”と呼ばれたりしてきたのだが、現在使われている“アステロイド”という言葉は“星のようなもの”を意味し、はるかに賛辞に近いものとなっている。もし三つとも少々誇張している呼び方に思えるというなら、最後のものが実際にはもっとも的確だ。地球に落ちてくる隕石の大半は小惑星帯から迷い出た破片と考えられているが、隕石の代表的な2タイプのうちのひとつは、わかっているなかでももっとも原始的な成分——ケイ酸塩、鉄、純粋炭素の小さな粒（ときには、ごく小さなダイヤモンド）——から成っている。こうした物質は惑星の成分より恒星の組成物として多く保持されているものなので、隕石のうち少なくともある類のもの、ということはすなわち小惑星に多く見られるタイプのものは、恒星（＝星）の内部でつくりだされた——そしてその当時から現在まで、組成を変えるような出来事はほとんどなかった——ということを示しているのだ。

しかしながら、地球に落ちてくる隕石のもうひとつのタイプはより均質——たとえば固体鉄や、ニッケルのようなほかの半精錬金属——で、惑星や原始惑星に由来するという考えに一致する。つまり、地球が地殻や中心核にさまざまな物質の層をもつに至ったのと同じように、十分発達していた天体が破壊され、ばらばらになったものがこのタイプの隕石なのである。

ティティウスの理論もピアッツィの発見も、小惑星が存在する位置はただ1カ所であることを示しているように見えたが、カール・セーガンが見事に描写してみせたように、小惑星帯というのは実は粉砕所のようなものであった。絶え間なく起きる衝突によって小さな破片が太陽系のはるか遠くまで弾き飛ばされており、そうして飛ばされた小惑星は、いわゆるメイン・ベルトの外で太陽をめぐる多種多様な軌道を描いているのである。なかにはコースを変えて、我々の故郷に危険なほど接近してくるものもある。

広く認められている説によれば、6500万年前、地球に少なくとも直径10km以上と考えられる小惑星が衝突し、恐竜を含む生物の大規模な消滅を引き起こしたという。そうした危険は現代も消えてなくなったわけではなく、1908年6月30日にはシベリア奥地のツングースカと呼ばれる地方で、また別の小惑星が爆発し、2000km²以上の森林を吹き飛ばした。こうした脅威の存在が動機の一部となっているのだが、最近、アマチュア天文家たちが、大抵は高感度CCDチップ搭載の望遠鏡を用いて、地球の公転軌道やメイン・ベルトにある小惑星を次々に発見している。

1991年10月29日以来、少数の小惑星に対して、地球を飛び立ったふたつのロボット探査機が間近に鋭い目を向けてきた。最初の探査機は木星へ向かう途中のガリレオで、その最初の観測対象はガスプラと名づけられたとても小さな小惑星だった。ガスプラの大きさはわずか19×11kmほど、表面にはたくさんのくぼみがあって回転している。ガリレオが撮影した解像度のきわめて高い映像を見ると、600以上ものクレーター、フォボスの表面にあるのと同じような溝、あるいは10km²ほどの平らな場所——“平原”——もいくつかあり、この岩はそれだけでひとつの世界を構成していることがわかる。ガスプラには比較的大きな磁場もあった。こうした小さな天体にも磁場があるというのは大きな驚きであり、おそらく金属が豊富に含まれているためだろうと考えられている。

ガリレオの航路は複雑で、3年後にふたたび小惑星のメイン・ベルトに戻ってくることになるのだが、このときはガスプラよりもはるかに大きく興味深い天体に接近した。太陽のまわりを回っているアイダという名の、長径約51kmの小惑星である。このアイダにはなんと、直径約1.5kmの衛星が発見され、小惑星の衛星確認第一号となった。半球状の句読点のように小さなこの衛星はダクティルと命名されたが、これはギリシア神話のなかでクレタ島のイダ山（英語でアイダ）に住む、ダクテュロスという魔法使いたちの名にちなんでいる。

はじめて小惑星だけの調査を目的に計画された探査ミッションはNEAR（Near Earth Asteroid Rendezvous＝ニア：地球近傍小惑星ランデブー）であった。短時間で設計・打ち上げが実行されたこの低予算探査機は2000年2月、小惑星433エロスの周回軌道に乗った。エロスは地球の近くに位置する250の発見済み小惑星のなかで2番目に大きく、また最初に発見されたものである。1898年、ふたりの天文学者が同時に見つけた。NEARのカメラによって、エロスは太陽系の初期形成材料から成る小惑星のひとつであること、絶壁に囲まれたクレーターや巨岩があり、ほかの小天体との衝突によって生じた塵が地表に残っていることも判明した。だが、NEARによる画像の功績はそれだけにとどまらなかった。宇宙の“くず”どころか、小惑星には、ほかでは見られないような乾いた美しさが宿りうることを証明したのである。エロスはオリーヴの古木のようにも見えるが、別の角度から見ると、望遠鏡を使っていた元祖ガリレオが月のクレーターを見て、その地形を表現するのになぜラテン語で呼んだのかを思い出させてくれるような形をしている。帝政ローマ時代、craterはワインを入れておく容器を指していたのだ。NEARは、長径34kmのエロスを2年間にわたって綿密に調査し、その後周回軌道からゆっくり降下するよう指令を受けると、やがて塵の積もった古代から変わらない地表に軟着陸した。それは地球発の探査機による初めての、またいまのところは最後の小惑星着陸であった。

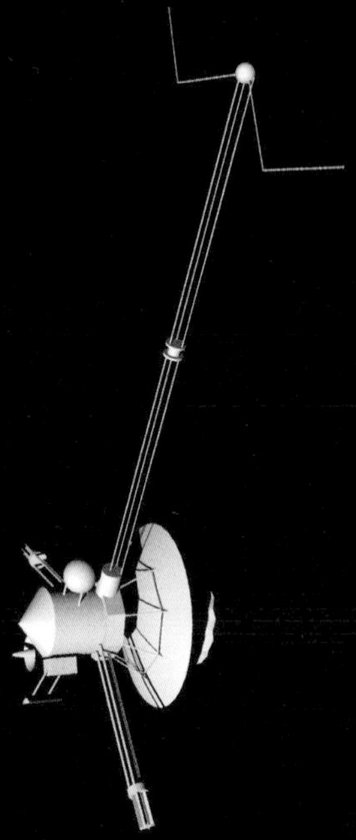
ガリレオ

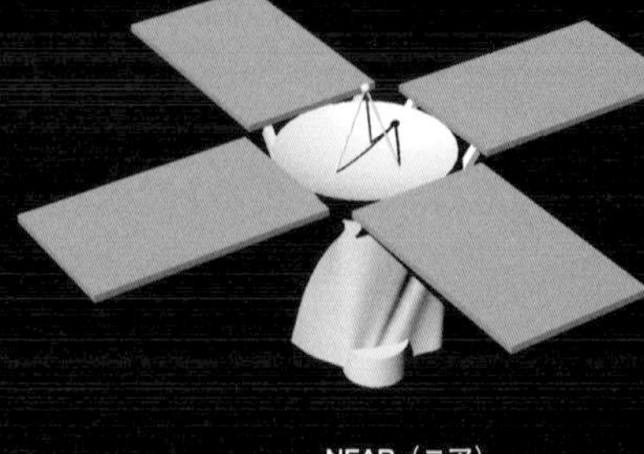
NEAR（ニア）

上：小惑星243「アイダ」とその小さな衛星「ダクティル」。
ダクティルの方がカメラに近い。
ガリレオ、1993年8月28日

小惑星243「アイダ」。マルチフレーム合成画像。
ガリレオ、1993年8月28日

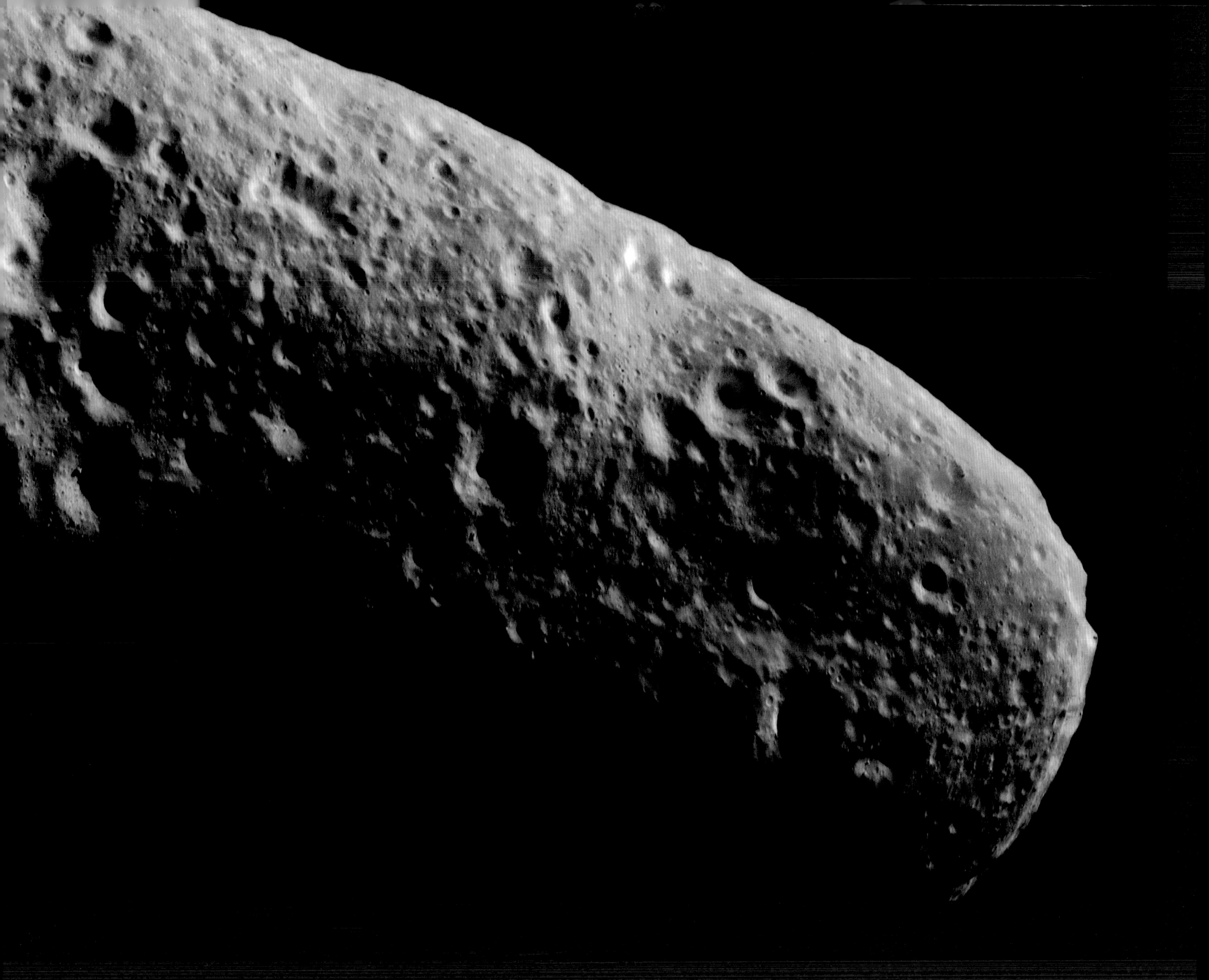

小惑星433「エロス」。マルチフレーム合成画像。
NEAR、2000年10月20日

右ページ：小惑星433「エロス」。マルチフレーム合成画像。
NEAR、2000年9月8日

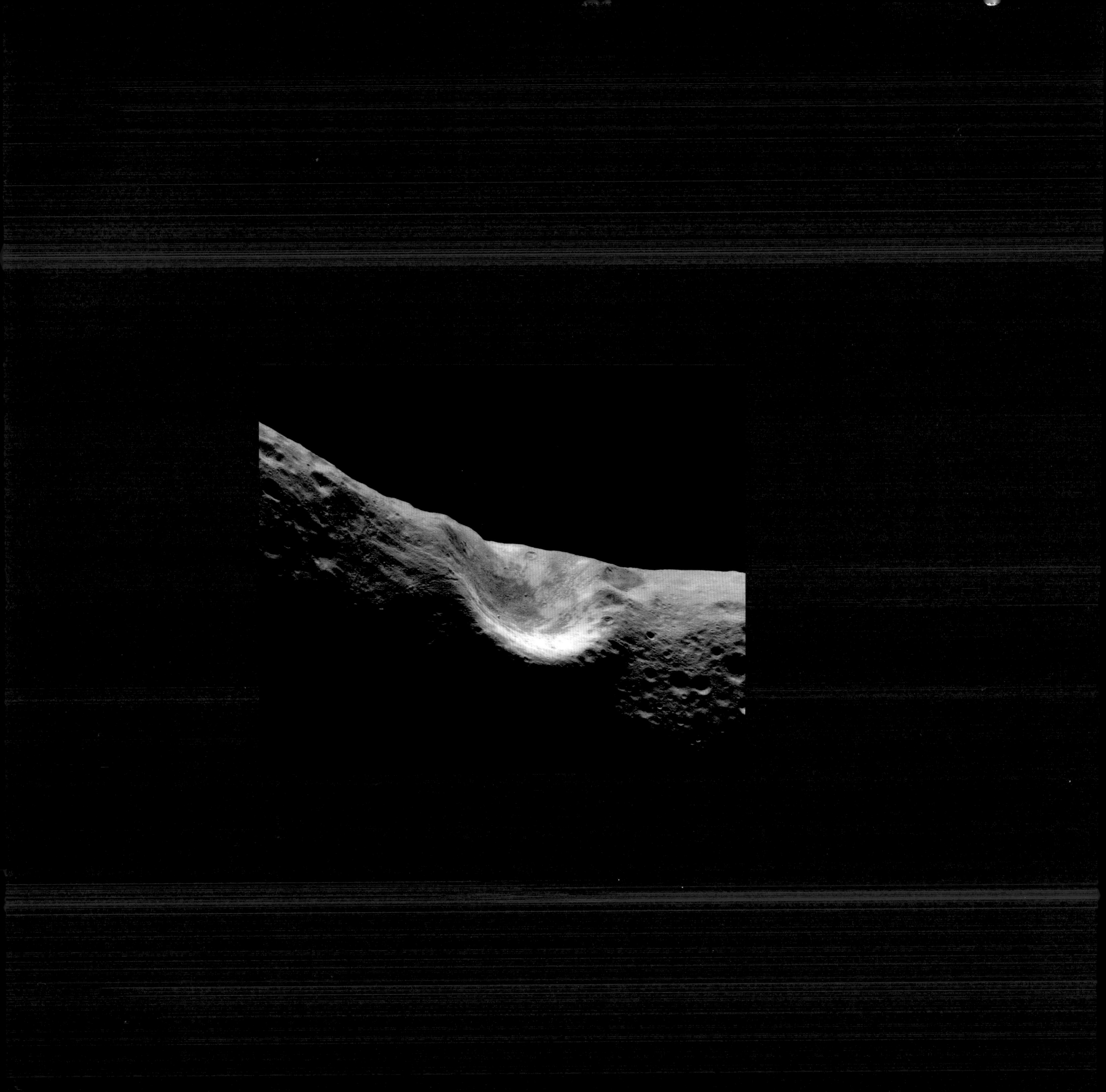

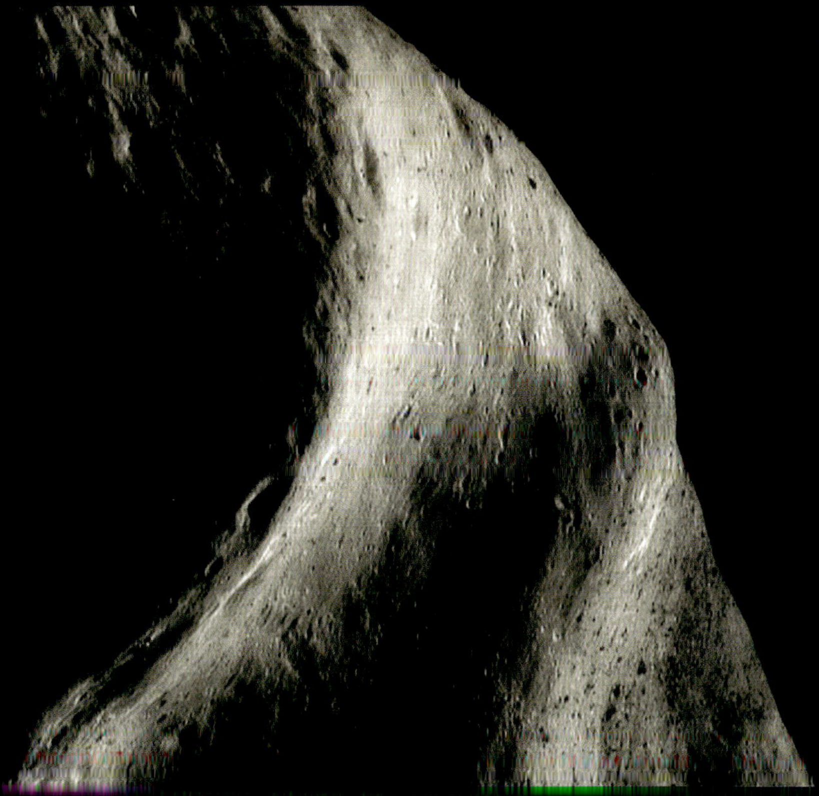

小惑星433「エロス」の“サドル”。
NEAR、2000年９月26日

左ページ：小惑星433「エロス」最大のクレーター、プシケ。
マルチフレーム合成画像。
NEAR、2000年９月10日

小惑星951「ガスプラ」。探査機が初めて接近した小惑星。
ガリレオ、1991年10月29日

左ページ：小惑星433「エロス」。マルチフレーム合成画像。
NEAR、2000年３月31日

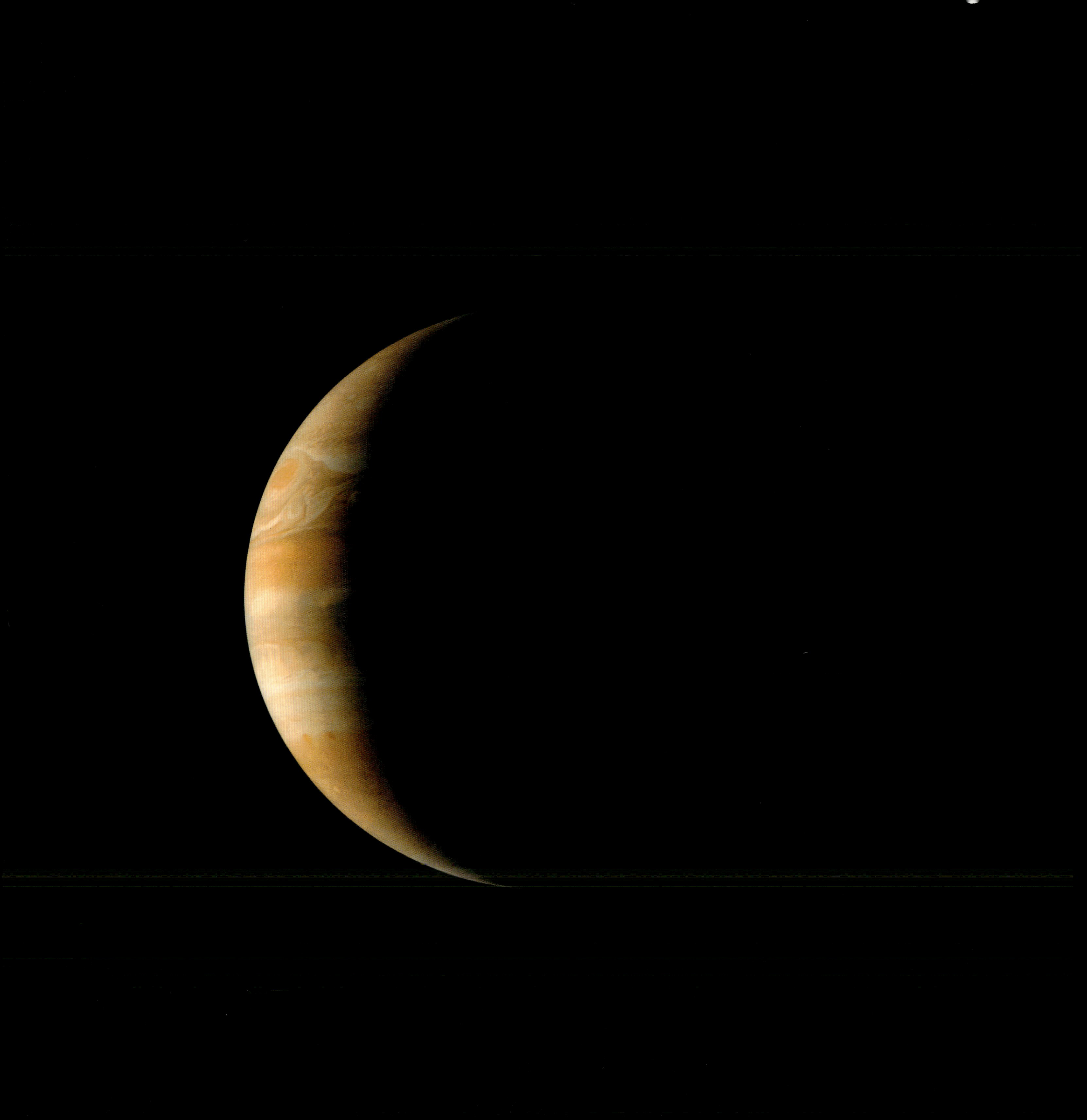

THE JUPITER SYSTEM

木星とその衛星

左ページ：太陽光に浮かぶ
木星の周縁部と大赤斑。
ボイジャー１号、1979年３月24日

惑星の王、木星が統べる複雑な一大システムは、かすかなリングと細かい粒子、大きな衛星や、小惑星のような小型衛星から成っている。それらの多くは氷でできていたり表面が凍っているのだが、止むことなく火山活動をつづけているものもひとつあり、全体として見れば驚くほど多様性に富んでいて、そのひとつひとつが並はずれた不思議さをもっている。木星とその周囲をめぐる小天体群は、太陽系のミニチュア版だ。中心を成す巨大惑星は、時に恒星になり損ねたようにみなされることがある——つまり、点火するに十分な質量を原始太陽系星雲（ガスと塵が円盤状に集まったもので、そこから数十億年前、太陽系が形成された）から集めることができなかった天体ということだ。だが木星は現在でも太陽から受ける以上の熱を放出しており、大きさにおいてもそれほど見劣りのするものではない。というのも水素とヘリウムが高速で回転しているこの球体は、ほかの惑星すべてを合わせた大きさの２倍もあるのだ。その大きさは、7億8000万km離れた太陽をわずかに揺さぶるほどで、たとえば誰かが何光年も離れたところから太陽を観測していたら、彼らはおそらく太陽の周囲には惑星があると判断することになる。太陽から数えて５番目の惑星である木星は、太陽系の中間に位置し、さまざまな大きさの衛星を、これまで知られているかぎり61個従えている。

なかでも大きな四つの衛星［ガリレオ衛星］は、主人の前では比較にならないほど小さいものだが、それぞれが地球型惑星に匹敵する質量をもっている。また内側の三つの衛星は規則正しく[illegible]した軌道共振を起こしているのだが——この動きを見たら、惑星運動に関する法則の発見者、ヨハネス・ケプラーは驚喜したことだろう——それを別にすれば、多くの点で互いに異なっている。表面に溝のあるガニメデは、1610年、パドヴァにいたガリレオが望遠鏡を使って発見した４大衛星のひとつだが、太陽系最大の衛星であり、その大きさは水星を上回る。現在知られている天体のうちでもっともクレーターの多いカリストは、ガニメデよりほんの少し小さい。だが、なんといっても変わった光景を呈しているのは、４大衛星の一番内側をまわっている「火と氷」のペア、イオとエウロパだろう。現在までに発見されているなかでは、宇宙空間最高の魅惑的天体といっても過言ではないかもしれない。

地球の月とあまり変わらない大きさのエウロパは、複雑にうねり、割れ目が入った氷の下に、ほぼ間違いなく液体の水が広がっており、その塩水量は地球の海水すべてを

大赤斑。
ボイジャー1号、1979年3月11日

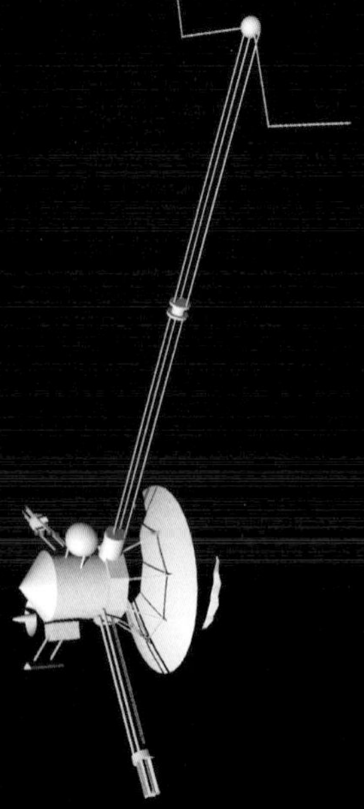

ガリレオ

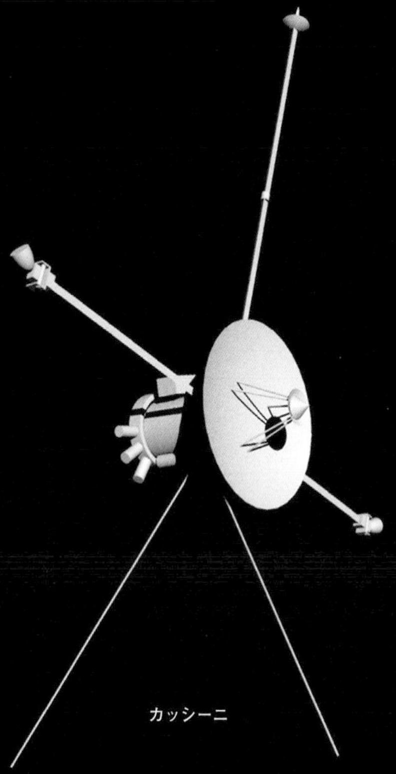

カッシーニ

ボイジャー

合わせたよりも多いと考えられる。エウロパ表面に弧を描く割れ目——クレバスが波形の鎖のなかに引き込まれ、鎖のひとつひとつの環が木星の強い引力による潮汐力の変化で三日月形になっている——はエウロパの海という考えが単なる希望的観測でないことの証拠となっている。いつとは確定できないが、過去に融解が起こったことを示すような、部分的に溶けて再び凍ったと思われる氷山の入り乱れた地形も、やはり海の存在を裏付けていると考えられる。また、衛星の磁場測定からも、伝導性をもつ液体層が地下にあると推定できる。さらに、入り組んだ特徴があるにもかかわらず、表面は太陽系でもっとも滑らかで、このこともまた液体状の物質が存在する証拠なのである。

興味深いことに1990年代半ば、地球の海底で、熱水噴出孔から噴き昇るブラックスモーカーという黒煙の近くに棲息し、太陽エネルギーにまったく頼らない生物のコロニーが発見されたことから、エウロパの氷におおわれた海でも生命がはぐくまれている可能性が出てきた。実際、地球の生命もこのようにしてはじまり、それから次第に光合成に依存するようになっていったのだという説がある。この10年間に、ガリレオ探査機による木星探査ミッションが1970年代のボイジャー計画で得られたデータを次々と補ってきた結果、エウロパの海に関する議論はほとんど尽くされ、いまやこの衛星は、火星に並ぶ地球外の潜在的生物圏と位置づけられているほどである。だが、たとえこうした刺激的な推測を別にしても、エウロパには宝石のようなきらめく魅力がある。その姿はさながら宇宙にうかぶ一粒の真珠のようだ。

それに対して、ガリレオ衛星の最内陣イオは、傷だらけの金の粒のようだ——太陽系でもっとも不気味な天体ともいえるだろう。硫黄と煙を噴きあげるイオは、太陽系のどの天体より活発に活動する火山を擁しているが、これは木星の引力と三つの大きな姉妹衛星の引力とにはさまれているためである。コアをとりまく煮えたぎった溶岩からきわめて高温の噴火が起こり、その噴出物は地表面の様子を頻繁に変えてしまう。この火山活動のひとつの結果が、赤やオレンジ、黄色に変化するイオの色合いで、それぞれの色は、冷える前にその辺りの硫黄がどのくらいの温度だったか（または現在の温度がどのくらいか、あるいは木星のすさまじい放熱にどれくらいの時間さらされていたか）を示している。母惑星の陰に入っても、イオは色を失ったりしない。イオのプリューム（マグマ上昇流）と木星の強力な磁気圏が相互に作用する結果、青とオレンジの光が驚くほど幻想的に泡だって見えるからだ。それに応じて木星の両極では、激しい閃光がとぎれとぎれに踊る。イオはとにかく幻覚と見紛うような世界なのである。

だが、この変わった衛星たちの中央で膨らんでいる巨大な縞模様の天体も、魅力的で変わっているという点では負けていない。荒れ狂う嵐と流れる雲、そして稲妻が舞うこの星は、その姿にふさわしくローマ神話の神々の王にちなんで名づけられた。17世紀、望遠鏡でユピテル［木星］を観測しはじめた人々は、この命名が気味の悪いほど先見の明のあるものだったことに気づいただろう。気味の悪い巨大な赤い目（実際には地球の２倍以上の大きさをもち、できてから少なくとも300年は経ている嵐）は別にしても、たくさんの衛星などから成る独自の世界を支配しているというその事実が、何と言っても地動説の正しさを実証するものだったからである。衛星たちが木星の周囲をまわっているとすれば、破壊的結論が正当化される。すなわち、惑星も太陽のまわりを回っているのだ。

この十分考え抜かれた説を唱えたことで、ガリレオはローマ法王庁と対立し、苦境に立たされたわけだが、のちに結局は許されることとなる。300年以上を経て、ガリレオは間違っていなかったのかもしれないとようやく認めた情け深い法王は、1997年１月、異端者とされたこのピサ生まれの天文学者の名にちなむミッションを進行中の科学者たちに、接見をお許しになった。ミッション責任者ビル・オニールが、ガリレオ探査機の撮影した素晴しくも奇妙な木星の衛星たちの写真を差し出すと、数カ国語に堪能なヨハネ・パウロ２世は、割れ目のような筋がクモの巣さながらに走ったエウロパに眺め入り、しばし黙考した。

やがて、法王は言われた。「ワォ！」

木星に映るエウロパの影。
マルチフレーム正射投影。
カッシーニ、2000年12月7日

左ページ：大赤斑に近い、木星の赤道地域。
マルチフレーム合成画像。
ボイジャー1号、1979年7月3日

大赤斑。
幅は２万5000kmで、
をふたつ並べられるほど大きい。
マルチフレーム合成画像。
ボイジャー１号、1979年３月３日

大気のプリューム。
ボイジャー1号、1979年3月1日

右ページ：木星の嵐とベルト状の雲。
ボイジャー1号、1979年2月25日

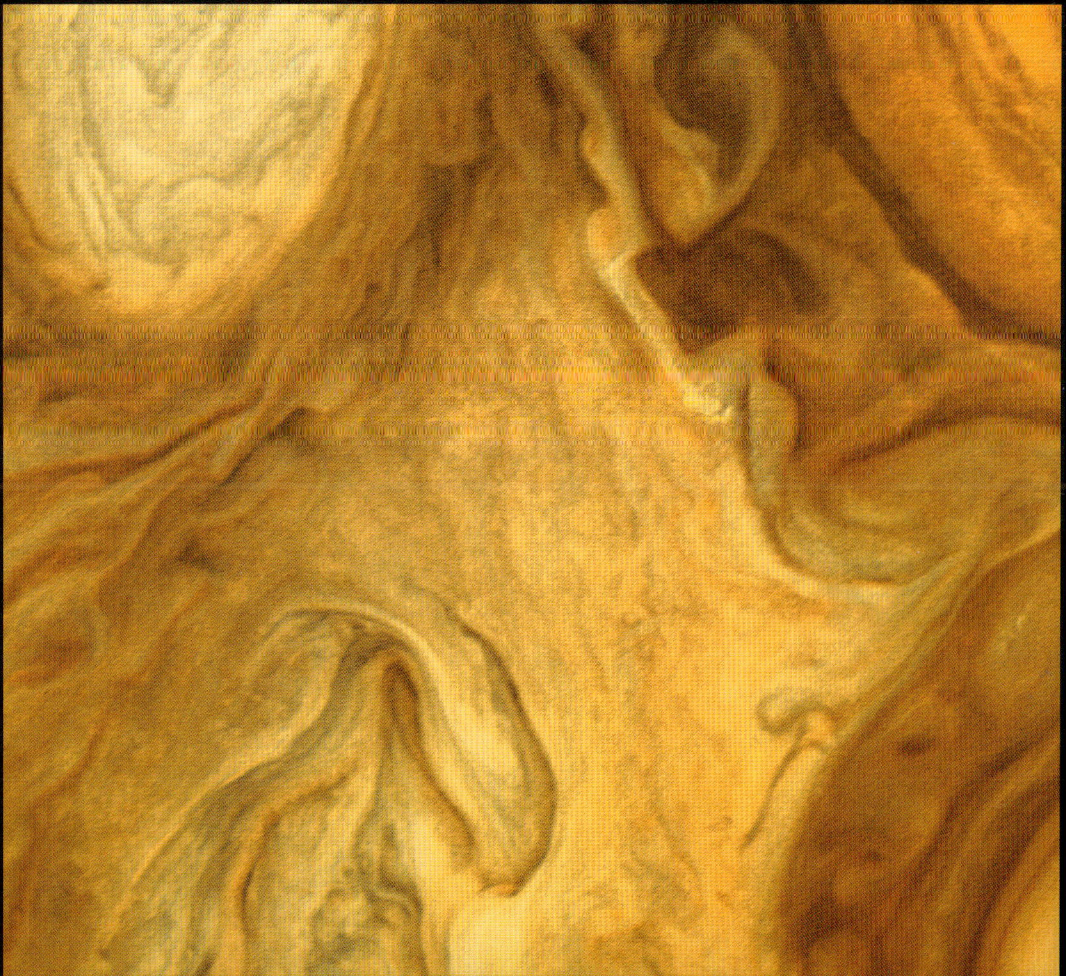

上：木星の大気にできた大きな褐色楕円斑。
ボイジャー１号、1979年３月２日

右：大赤斑の南東域。
ボイジャー１号、1979年３月４日

左ページ：木星上空のイオとエウロパ。
ボイジャー１号、1979年２月23日

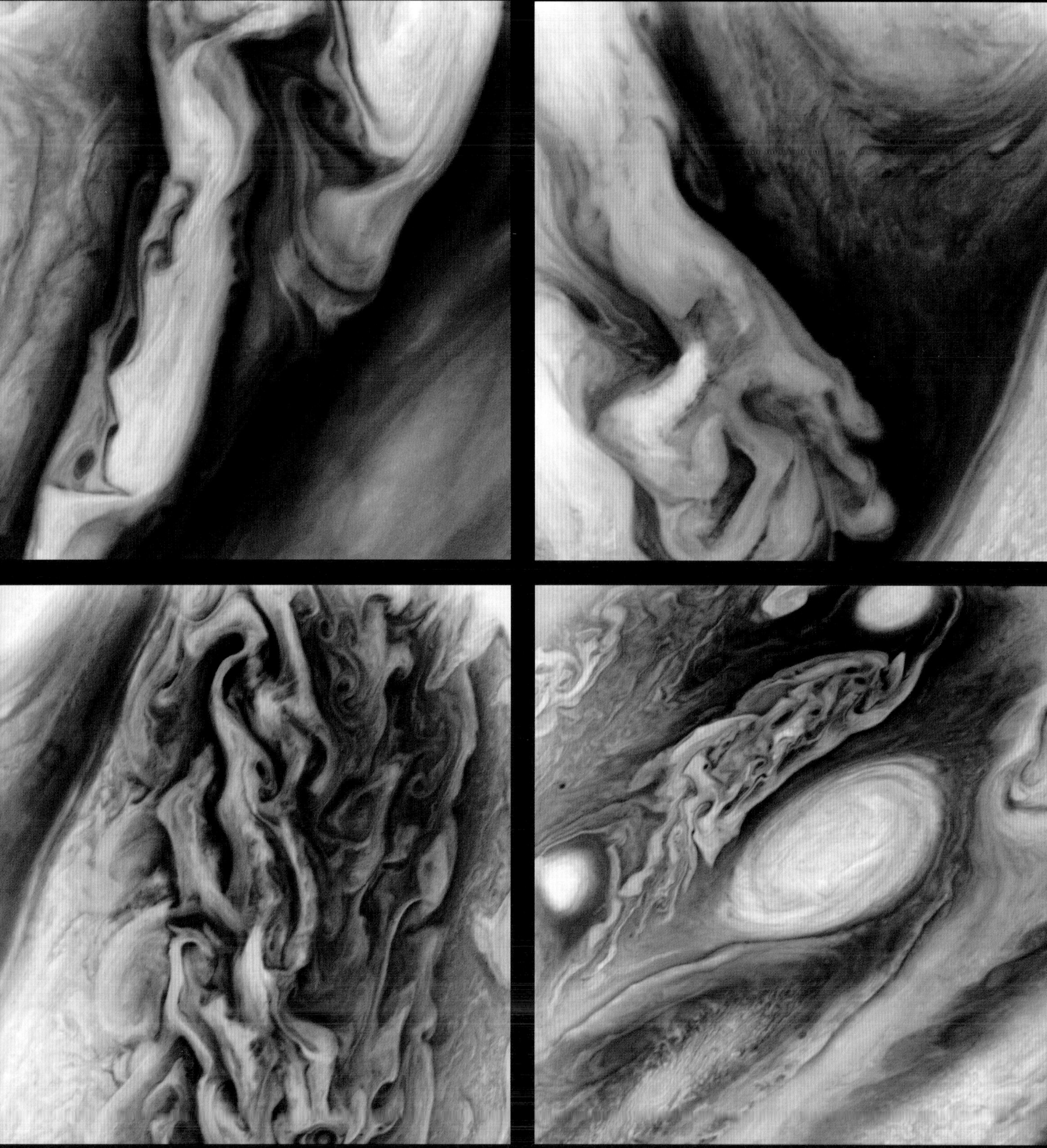

本ページおよび右ページ：
木星の大気現象。
ボイジャー1号、1979年3月3～4日

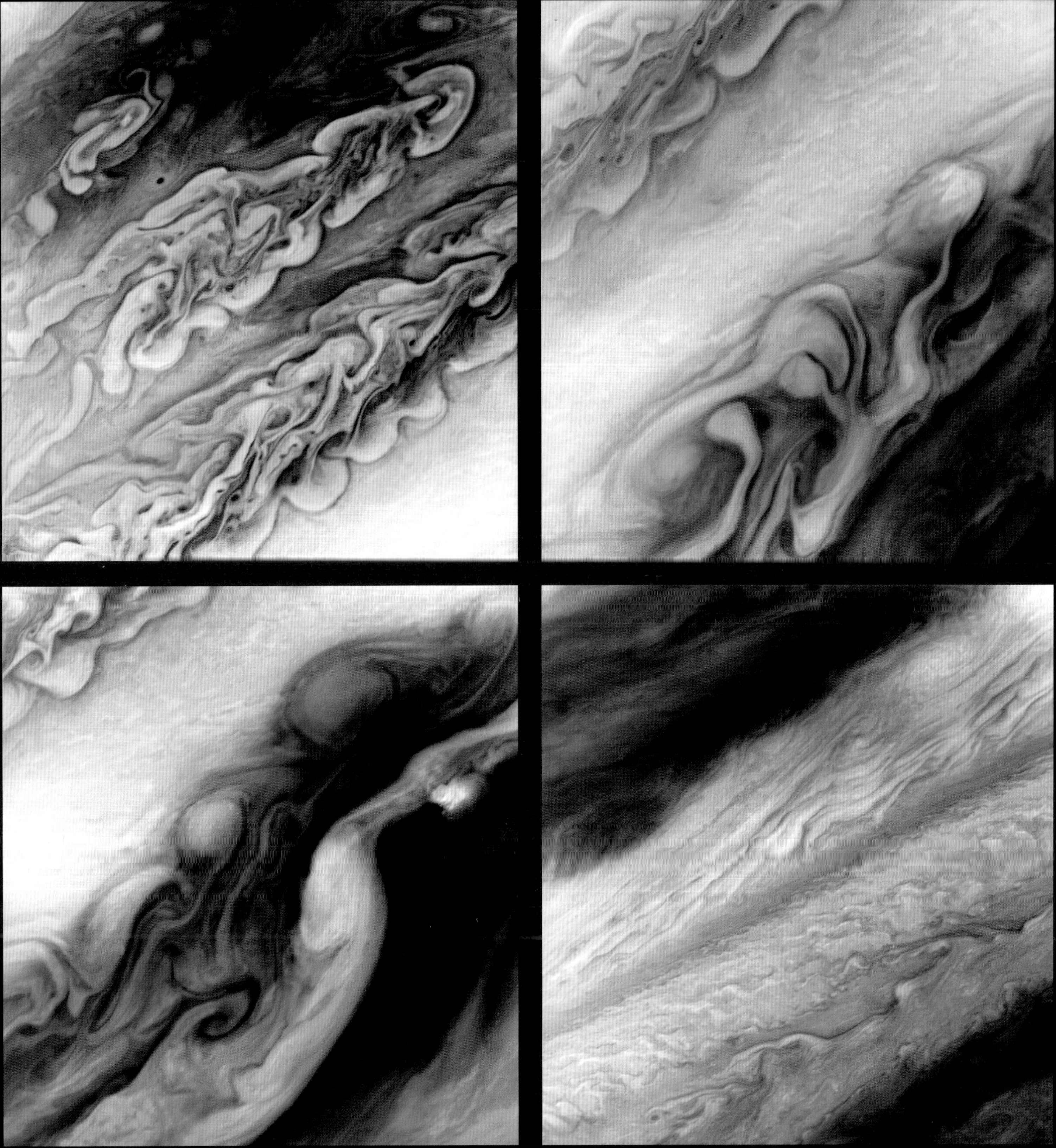

次見開き：木星の夜側にのぼるイオ。
マルチフレーム合成画像。
ボイジャー１号、1979年２月24日

木星上空のイオ。
カッシーニ、2001年1月1日

次見開き：
木星と三日月形のイオ。
カッシーニ、2001年1月15日

214～215ページ：
イオの火山がつくったカルデラ。
マルチフレーム合成画像。
ガリレオ、1999年7月3日

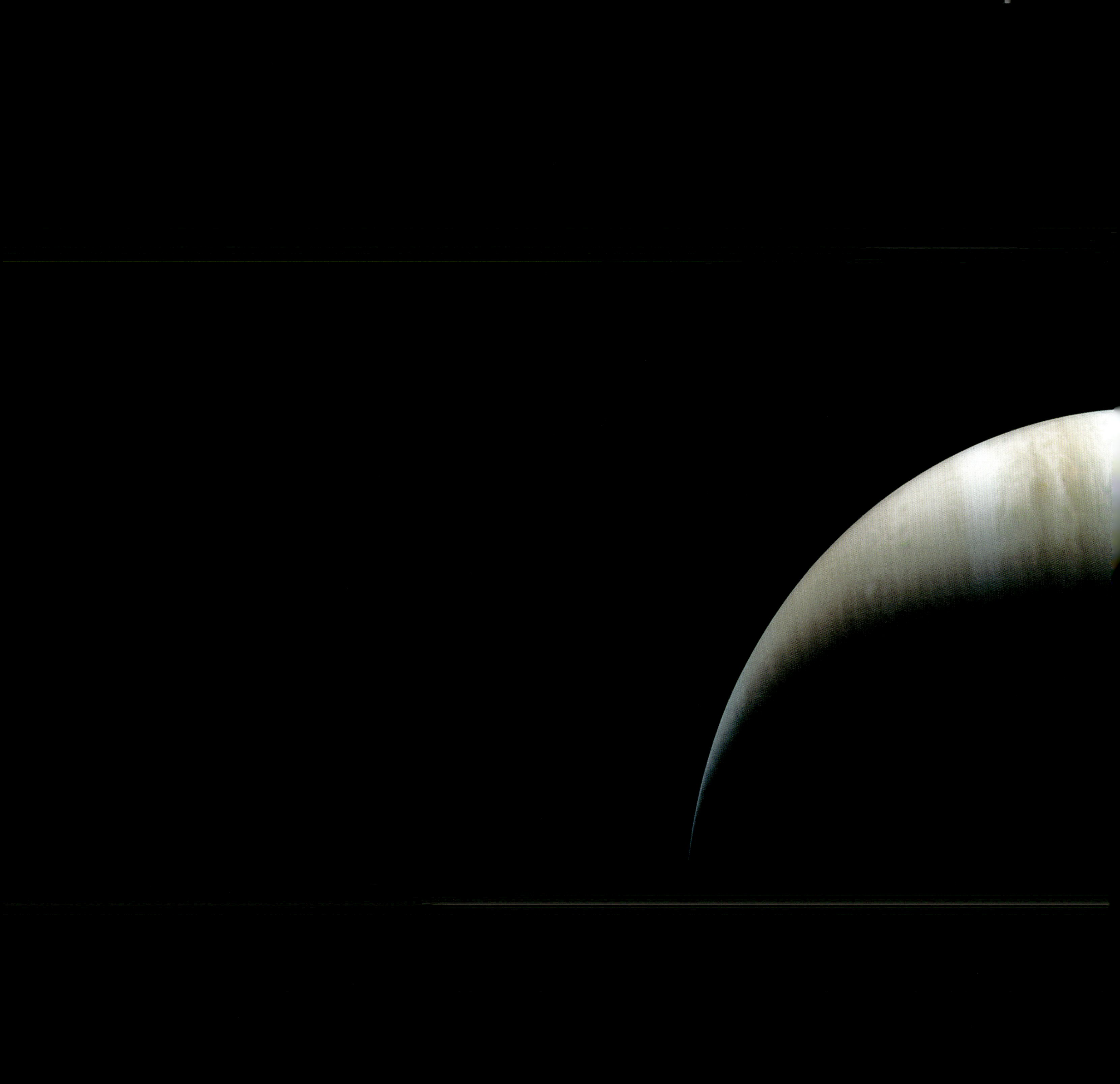

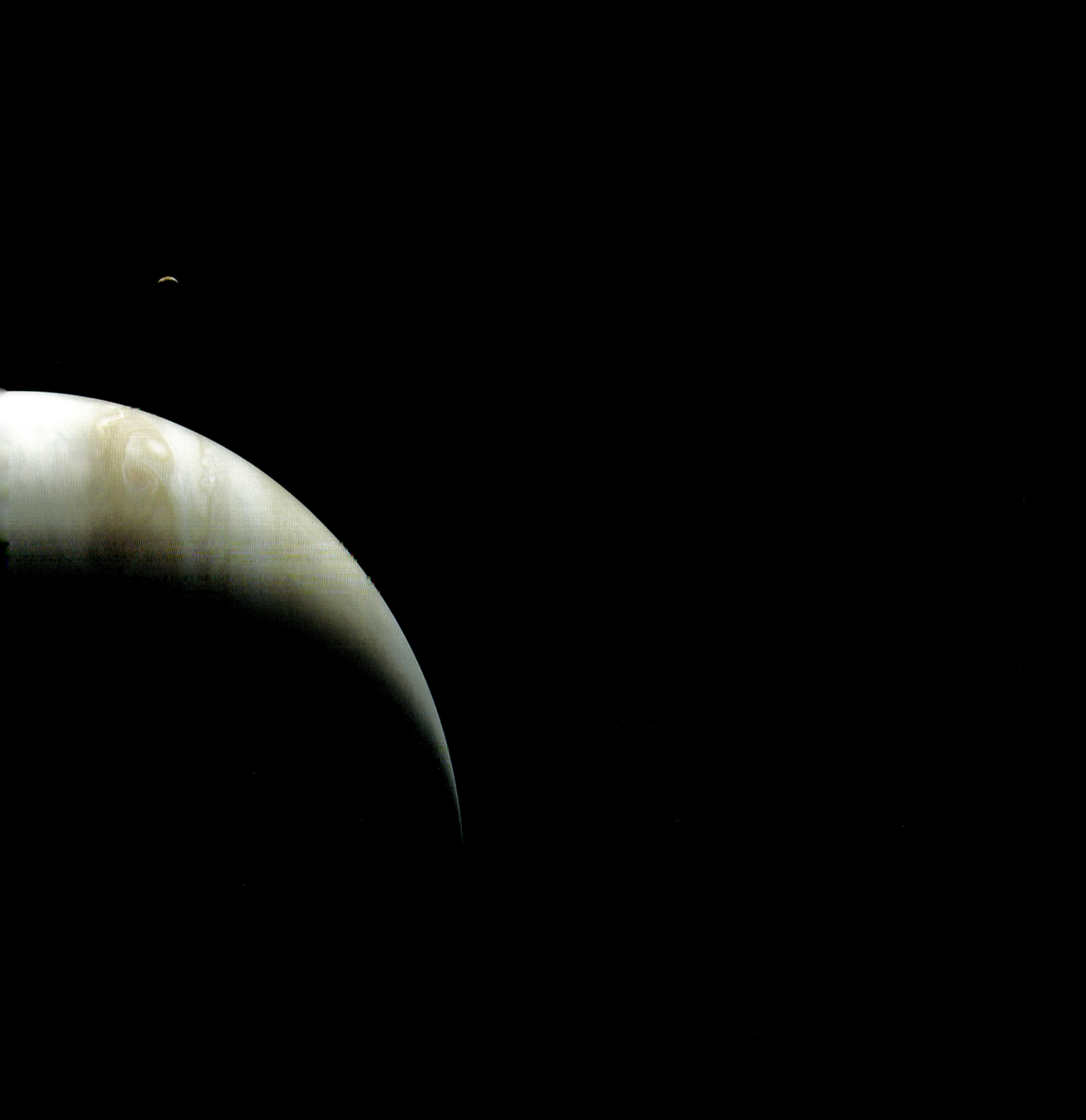

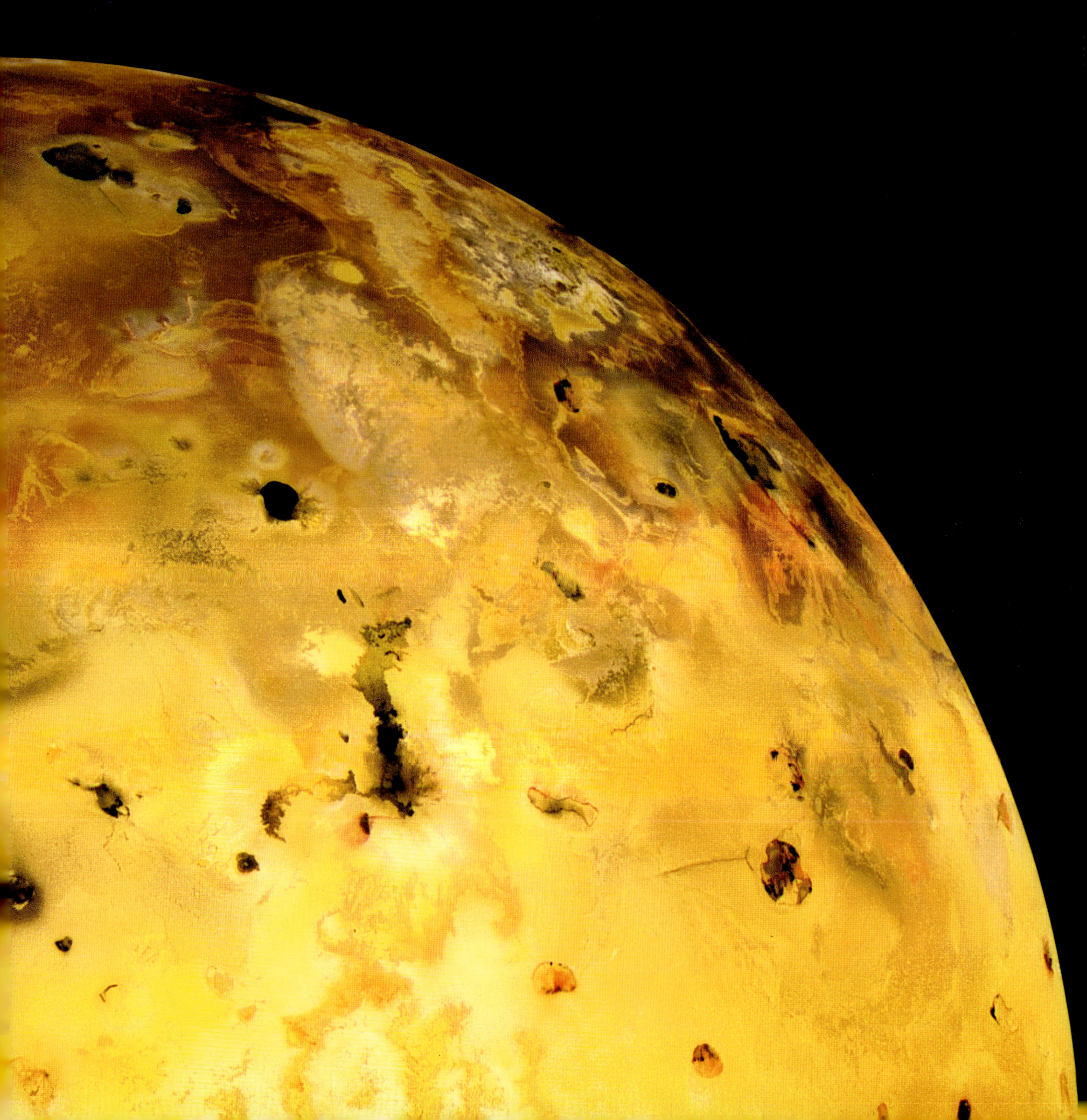

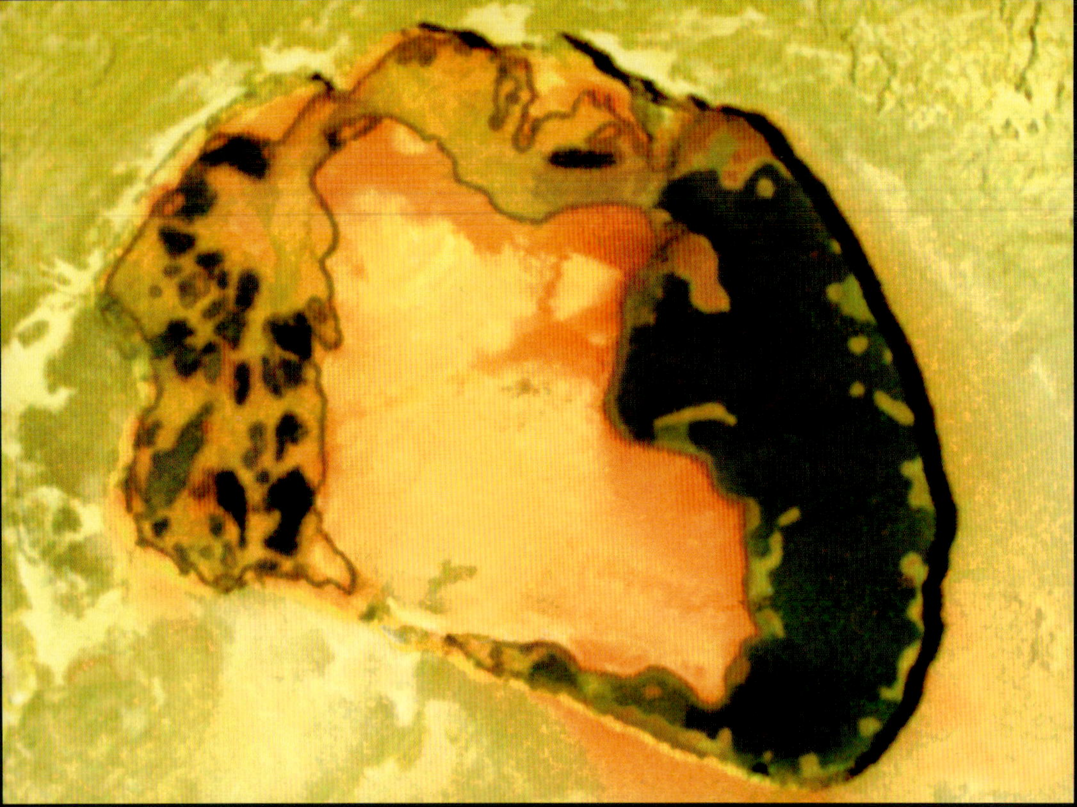

上：イオのトゥパン・パテラ［不規則で複雑な形の火山性クレーター］。
ガリレオ、2001年10月

右：イオのクラン・パテラと溶岩流。
ガリレオ、1999年11月25日

右ページ：イオのパテラ地形、トゥパンとクラン。
マルチフレーム合成画像。
ガリレオ、1999年7月3日

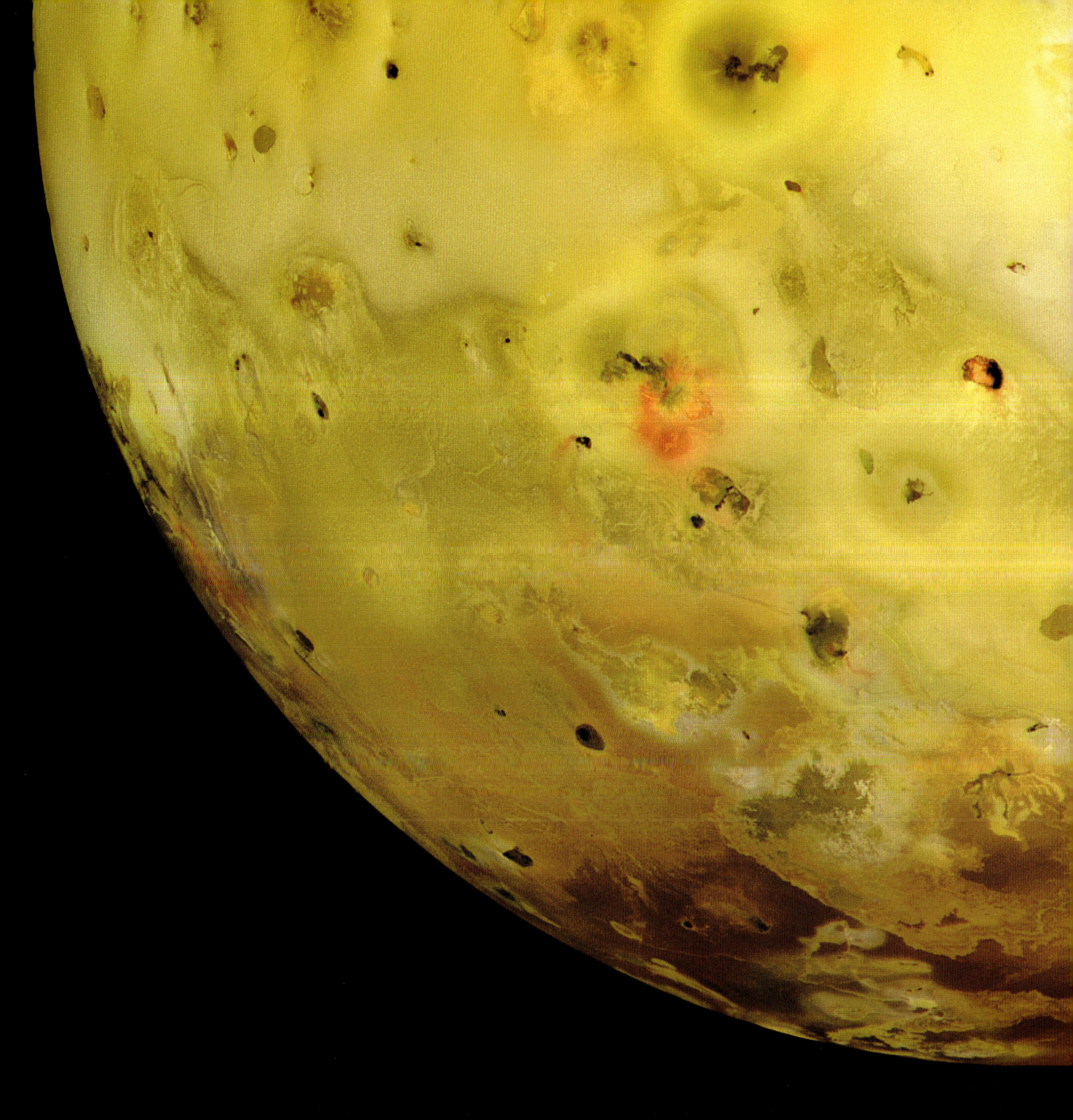

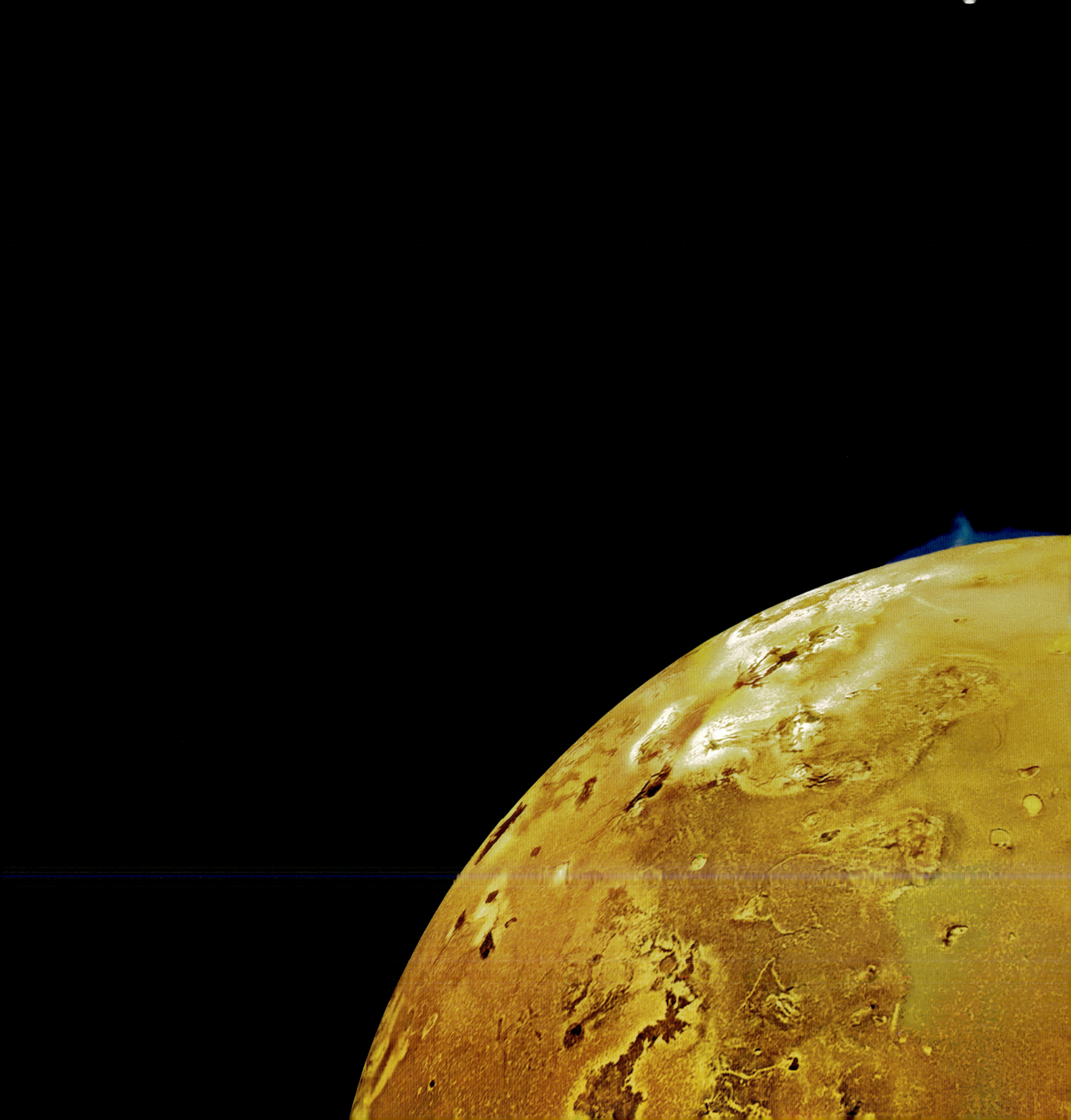

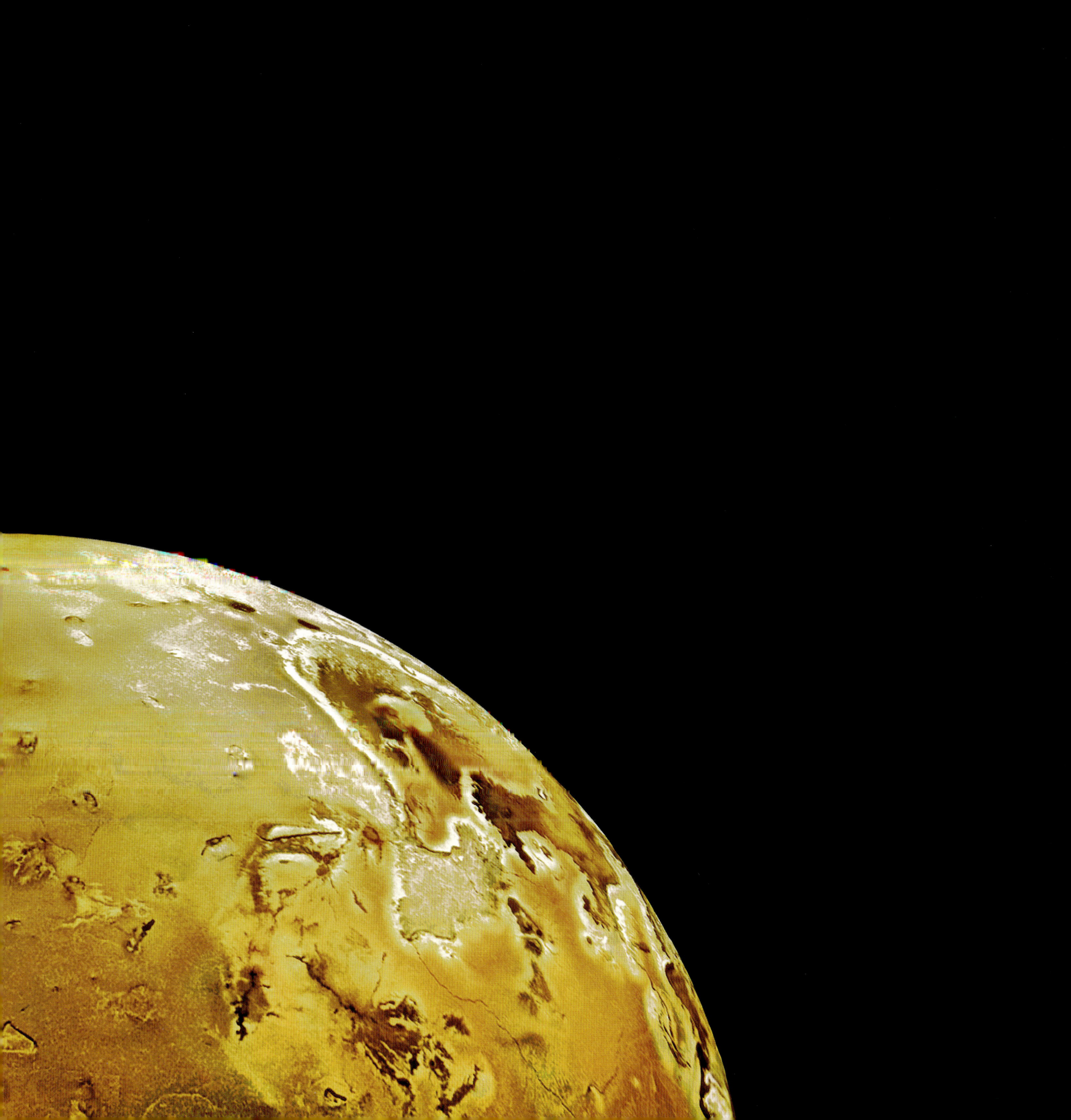

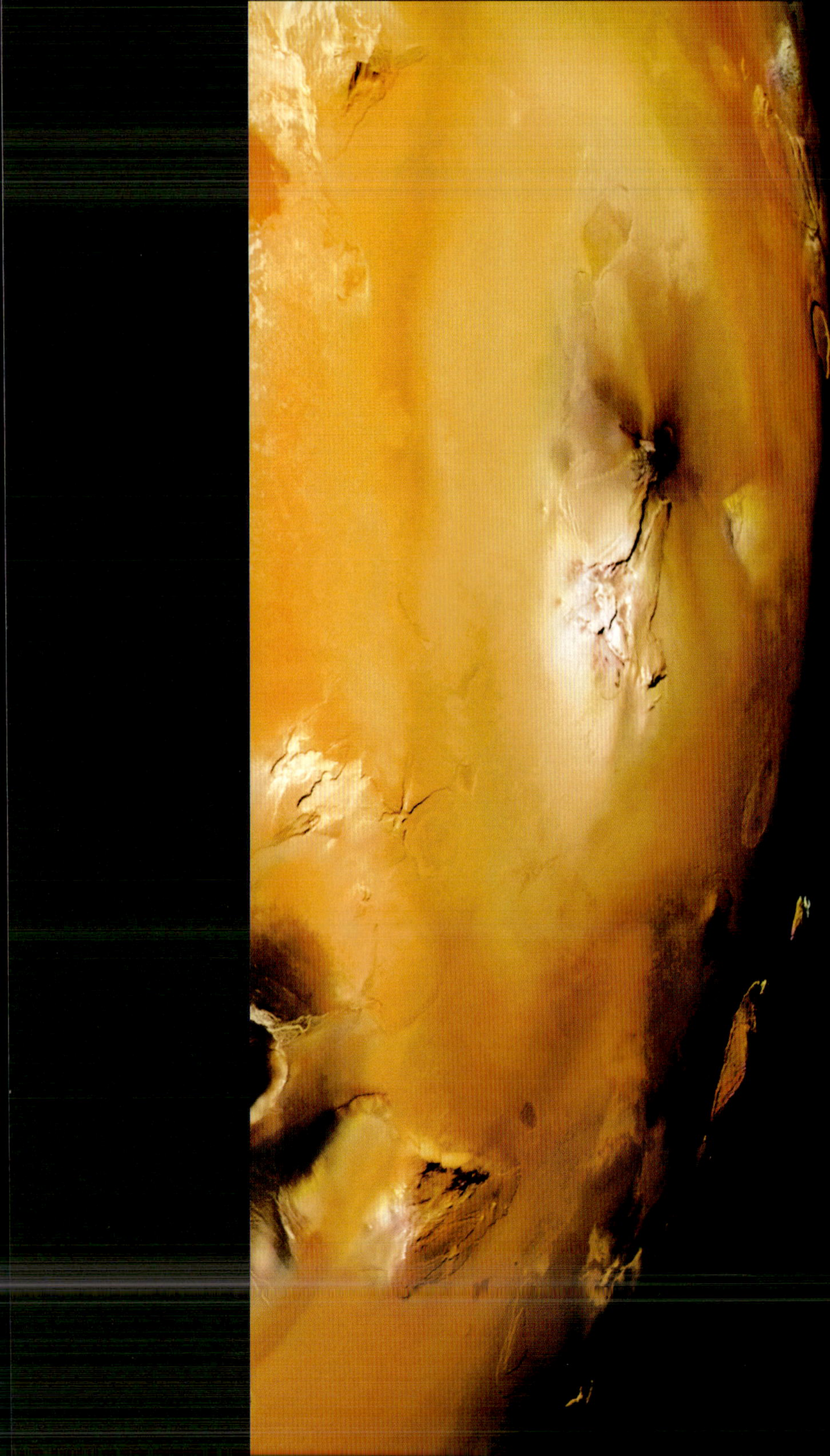

イオ。マルチフレーム合成画像。
ガリレオ、1999年７月３日

左ページ：噴火するイオのペレ火山。
ボイジャー１号、1979年３月５日

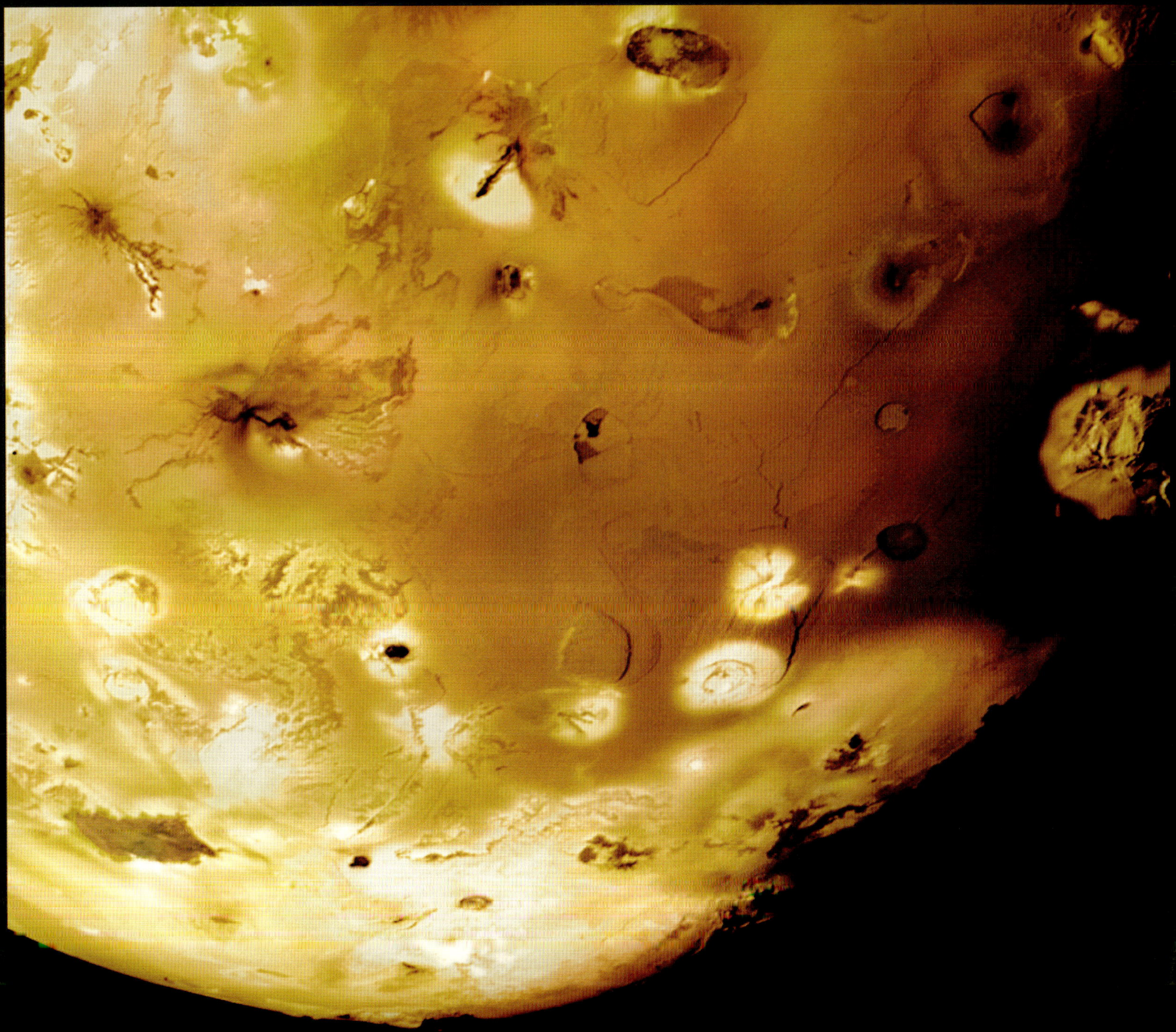

イオの火山群。マルチフレーム合成画像。
ボイジャー1号、1979年3月5日

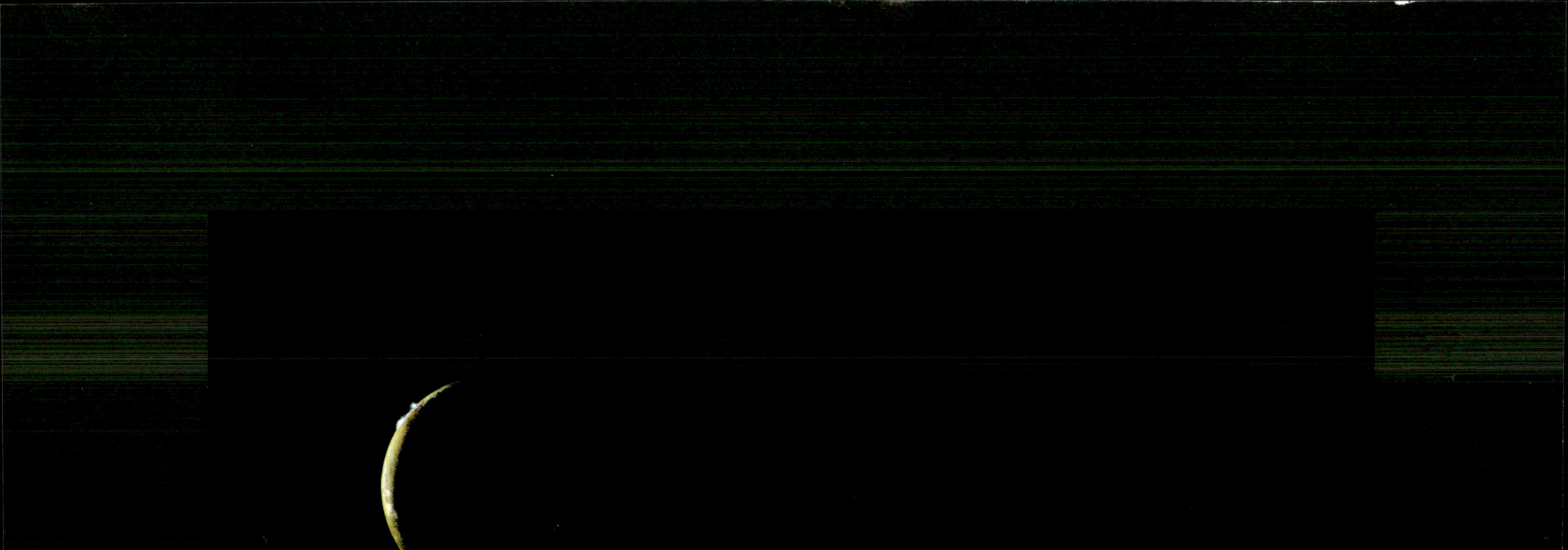

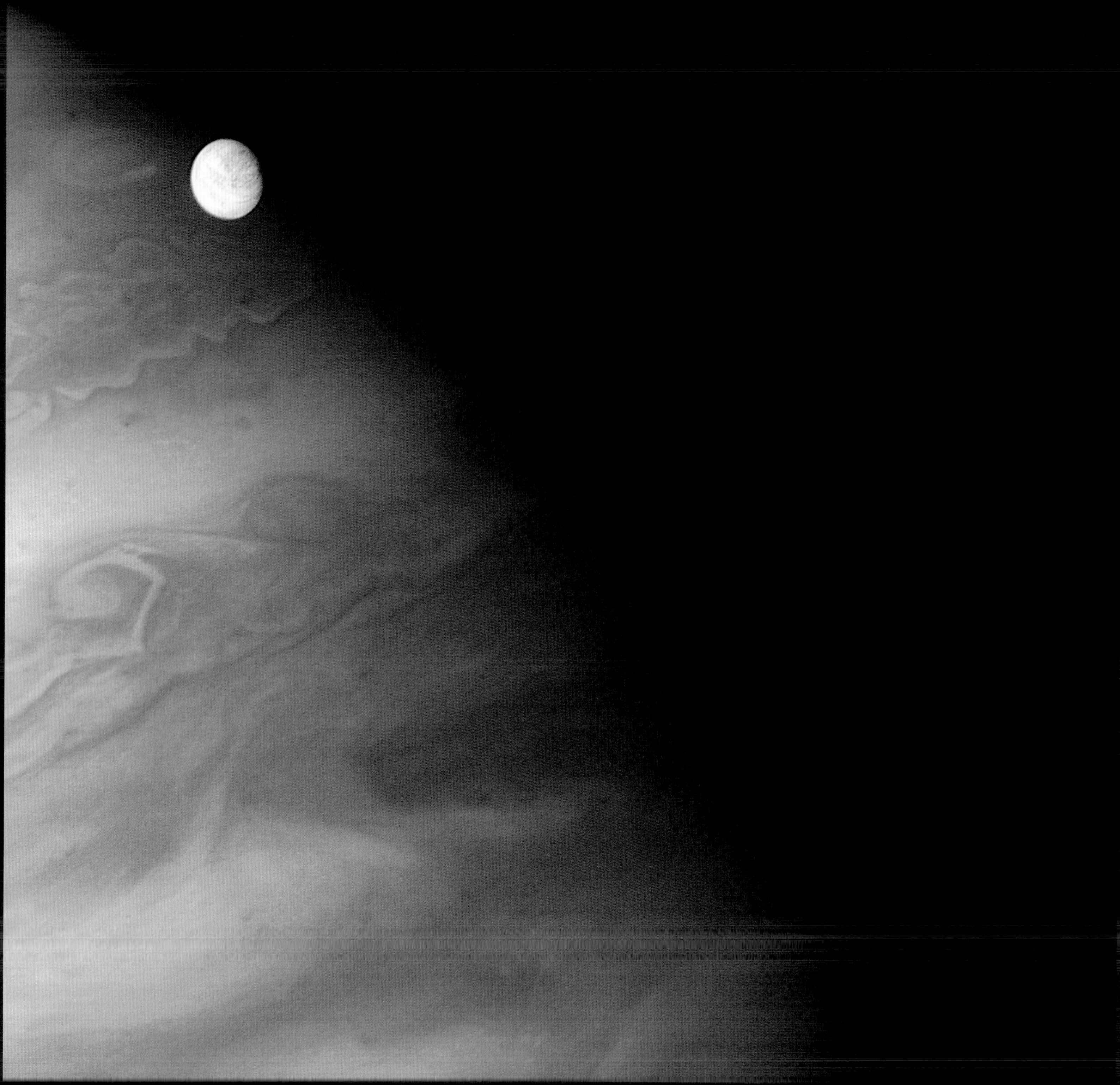

木星の明暗境界線上に浮かぶエウロパ。
ボイジャー1号、1979年2月27日

右ページ：凍って亀裂のはいったエウロパの表面。マルチフレーム合成画像。
ガリレオ、1998年9月26日

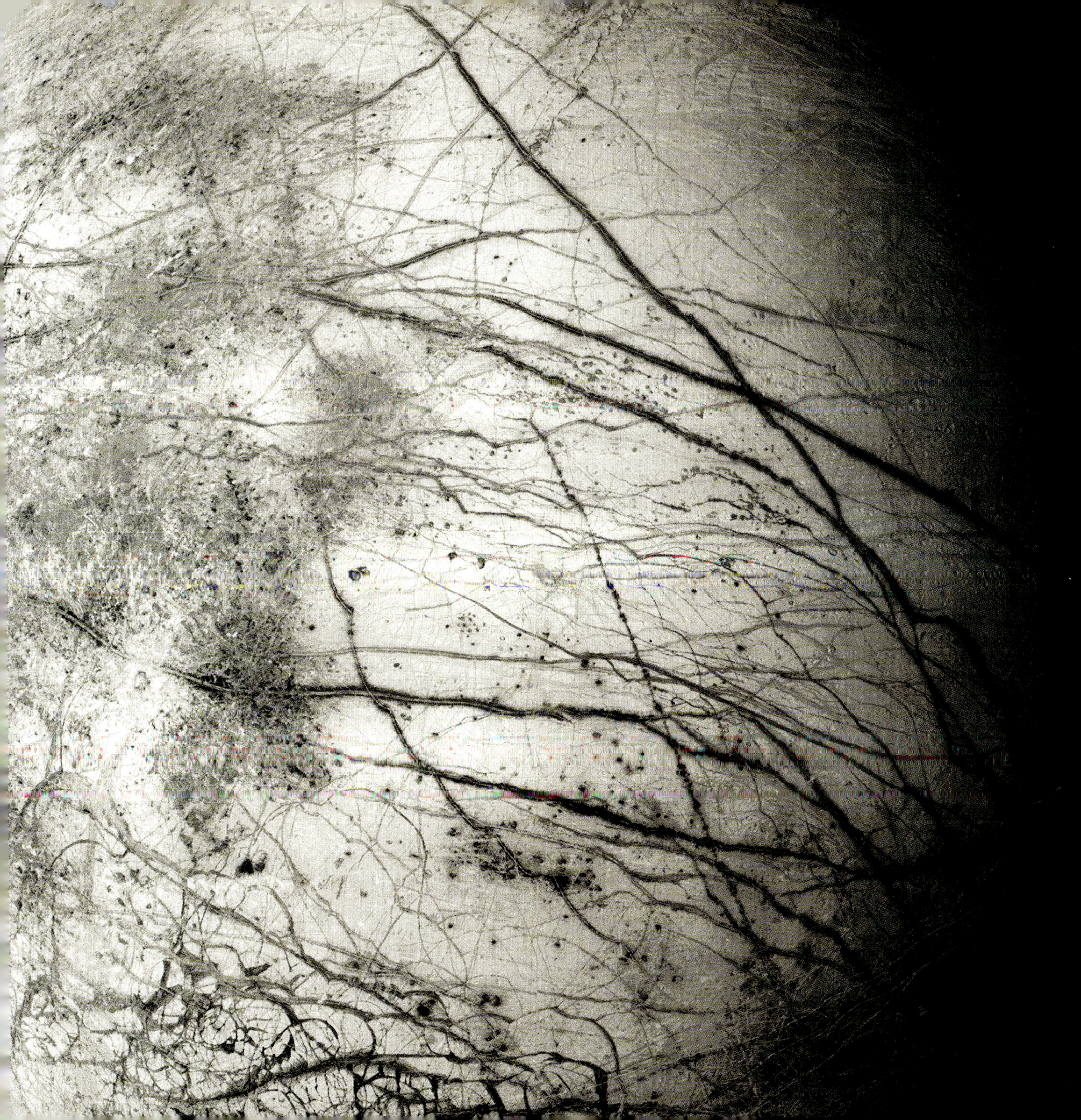

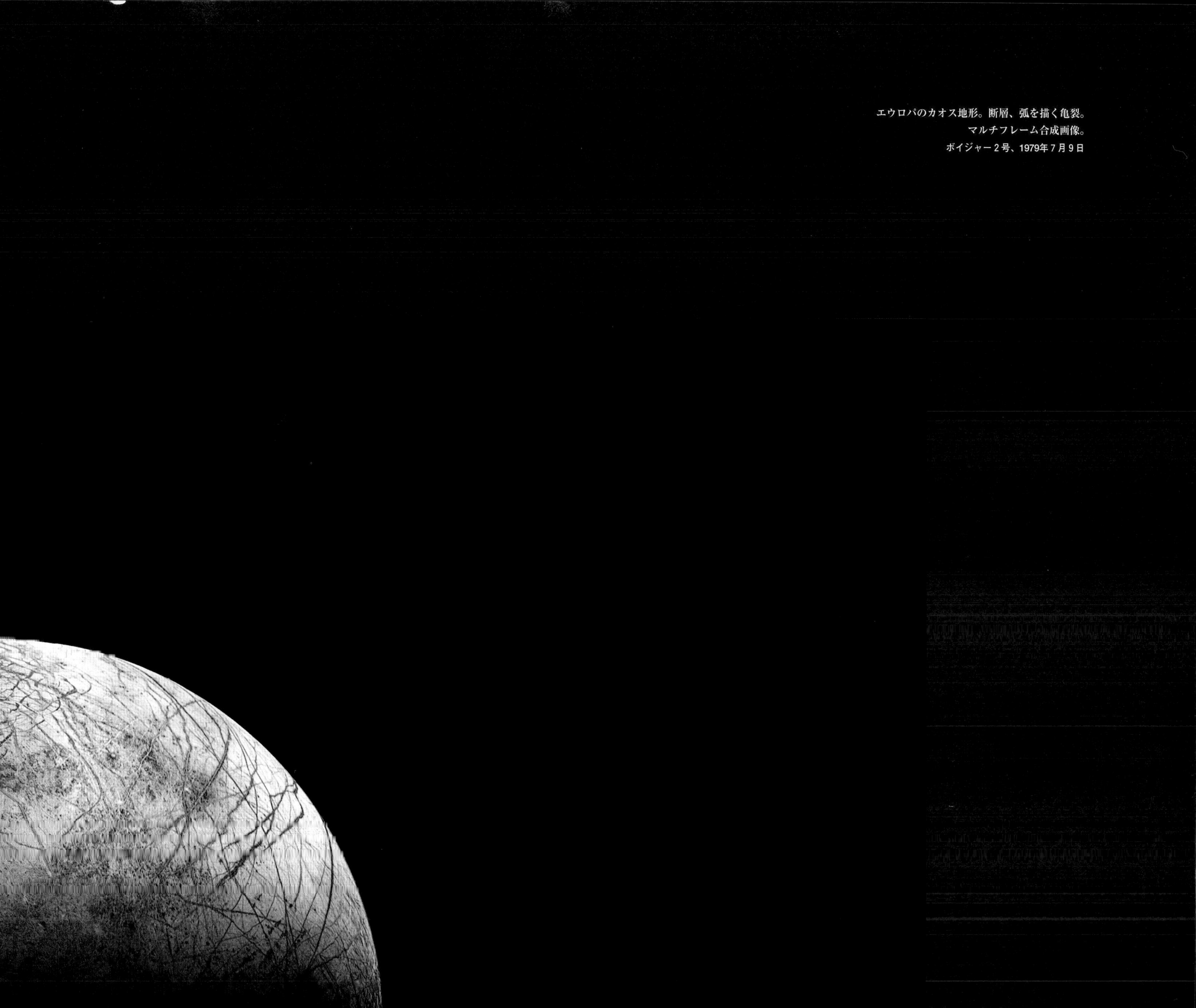

エウロパのカオス地形。断層、弧を描く亀裂。
マルチフレーム合成画像。
ボイジャー2号、1979年7月9日

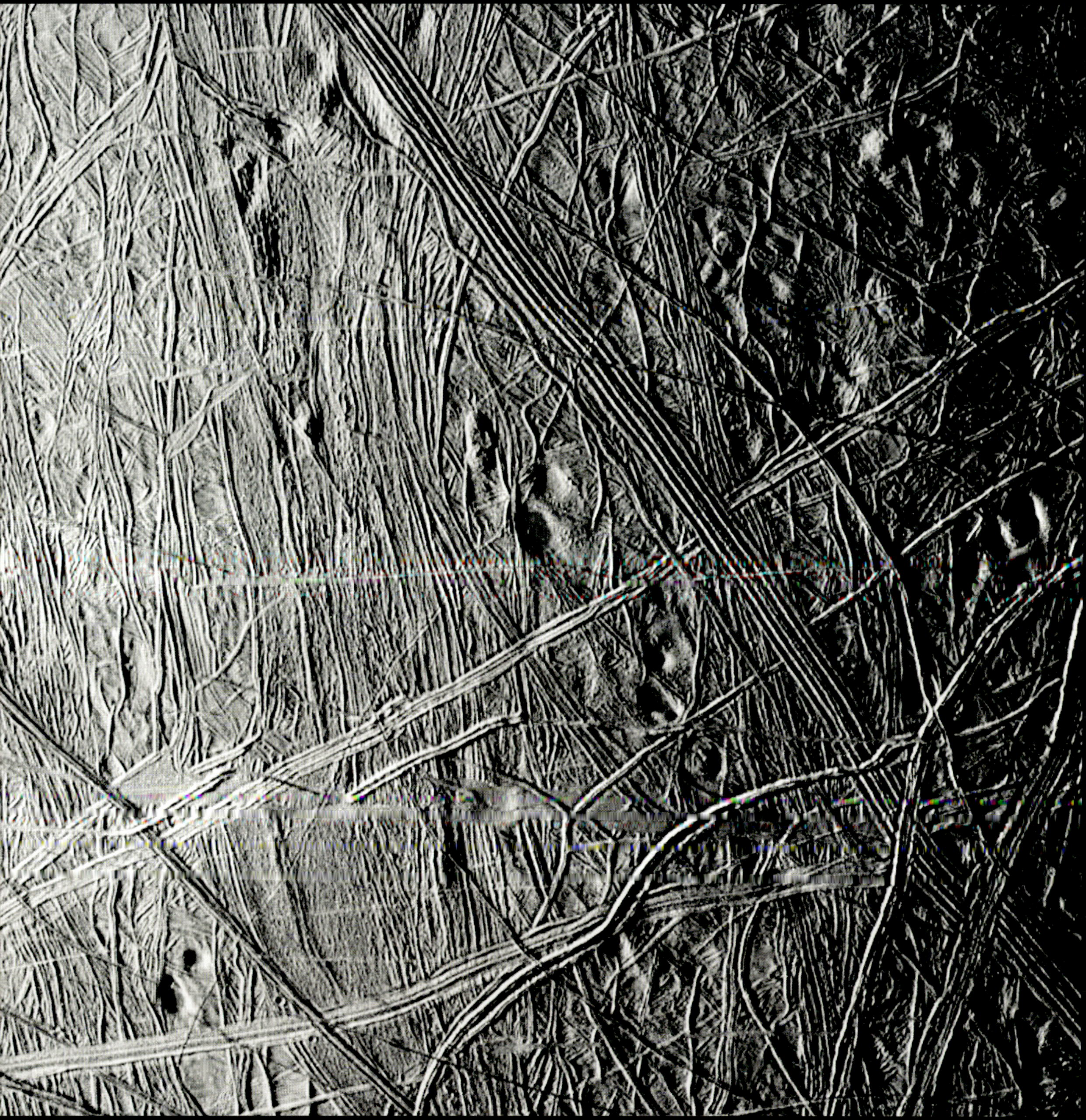

エウロパの、裂け目が入った氷の地表。
ガリレオ、1998年９月26日

左ページ：エウロパの断層、弧状リッジ、カオス地形。
マルチフレーム合成画像。
ガリレオ、1998年３月29日

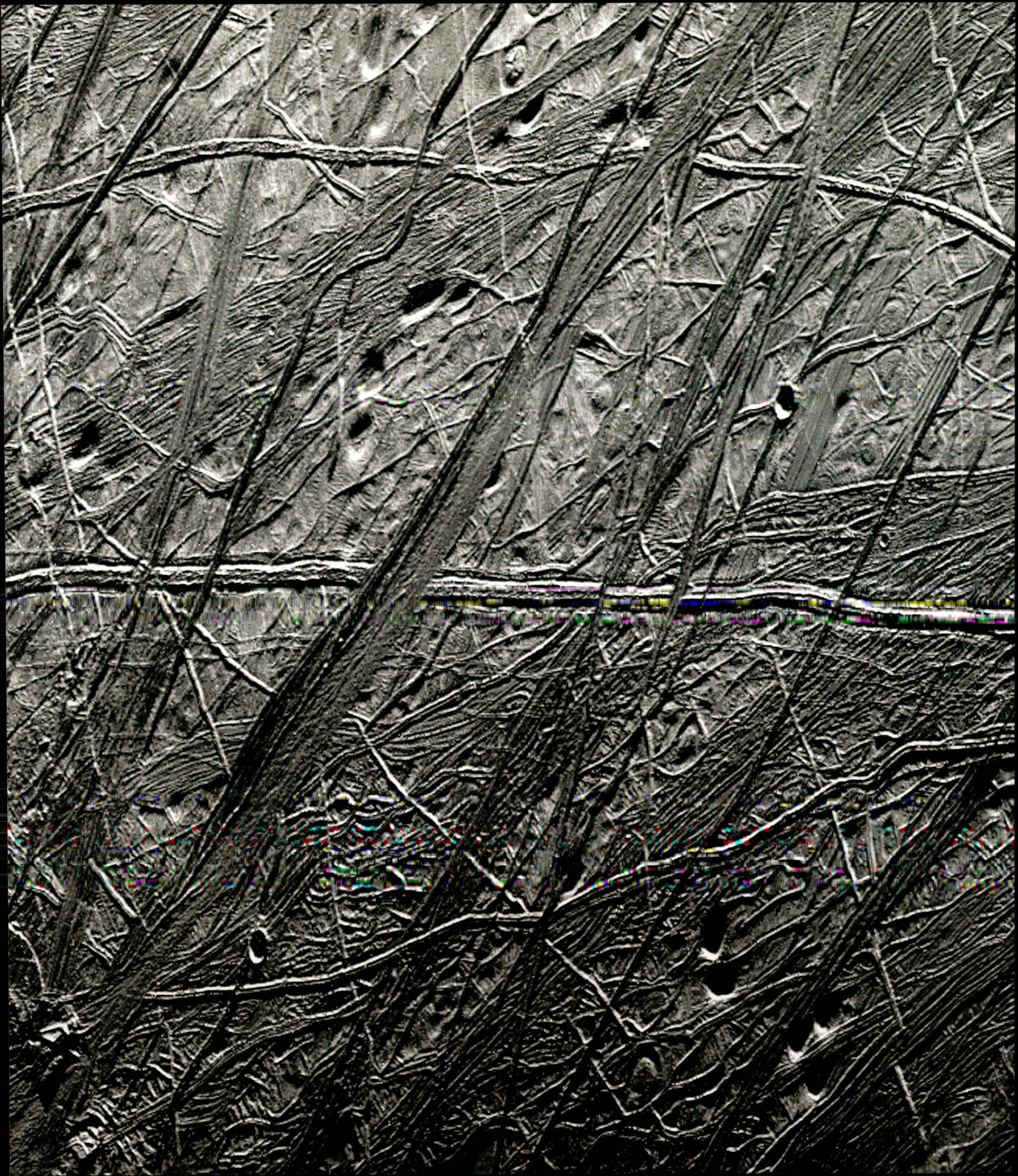

エウロパの地殻表面。
マルチフレーム合成画像。
ガリレオ、1998年９月26日

エウロパ。より古い時代に形成された平原を
東西に横切る２本のリッジ。
ガリレオ、1996年11月６日

右：同じ場所に近づいて撮ると、
エウロパの地殻の裂け目がはっきり見える。
マルチフレーム合成画像。
ガリレオ、1997年12月５日

エウロパ、コナマラ・カオス地形領域の地殻プレート。
ガリレオ、1997年12月16日

左：エウロパの縦横に走る黒い筋は、裂け目が広範囲にわたる崩壊をひきおこしたことを物語っている。
マルチフレーム合成画像。
ガリレオ、1998年９月26日

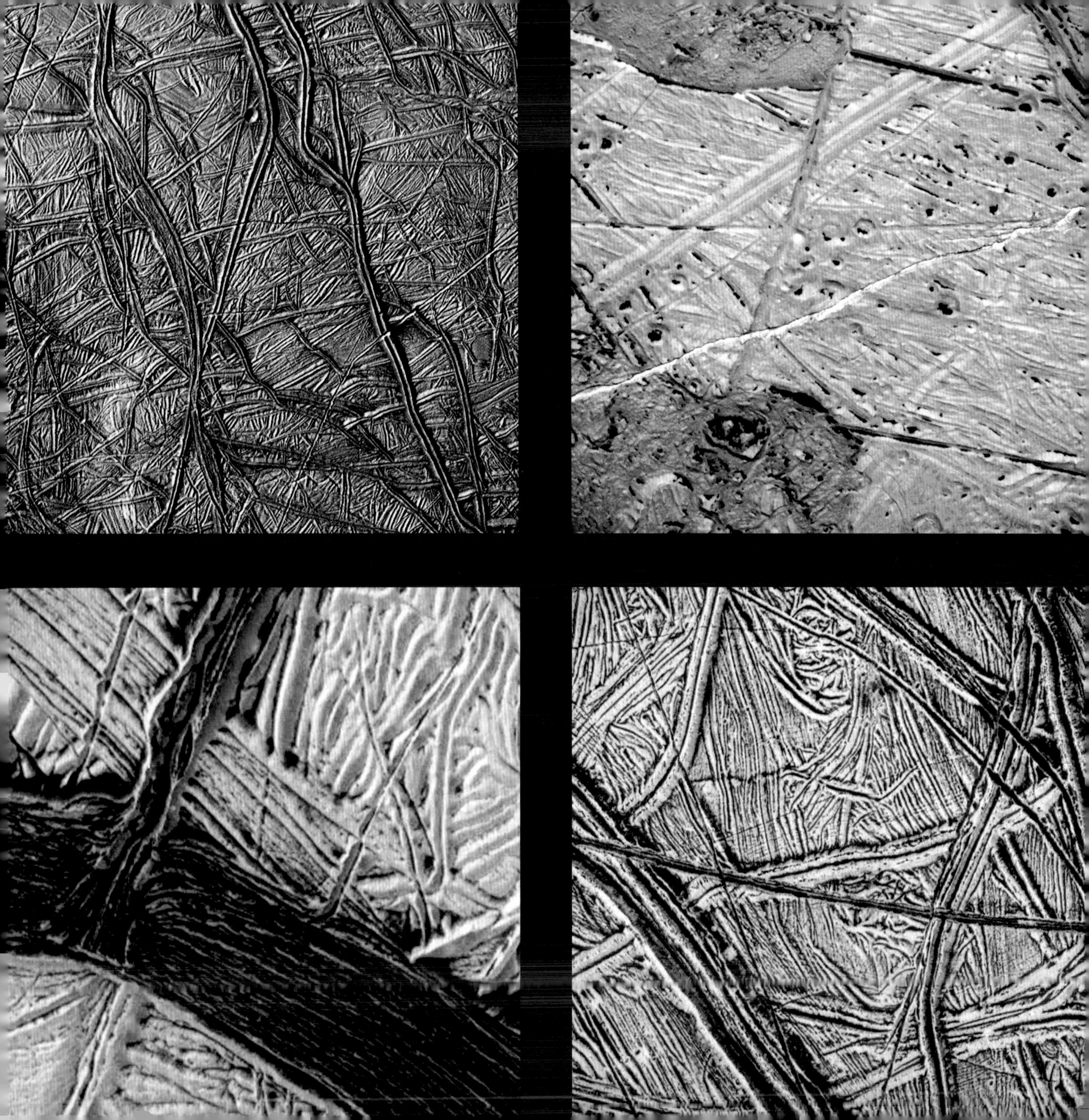

本ページおよび左ページ：
エウロパのリッジがある平原、
カオス地形、弧状の亀裂。
ガリレオ、1996〜1998年

*次見開き：*木星の大赤斑上空に浮かぶエウロパ。
マルチフレーム合成画像。
ボイジャー1号、1979年3月3日

本ページおよび右ページ：
木星上空のエウロパ。赤外線撮影。

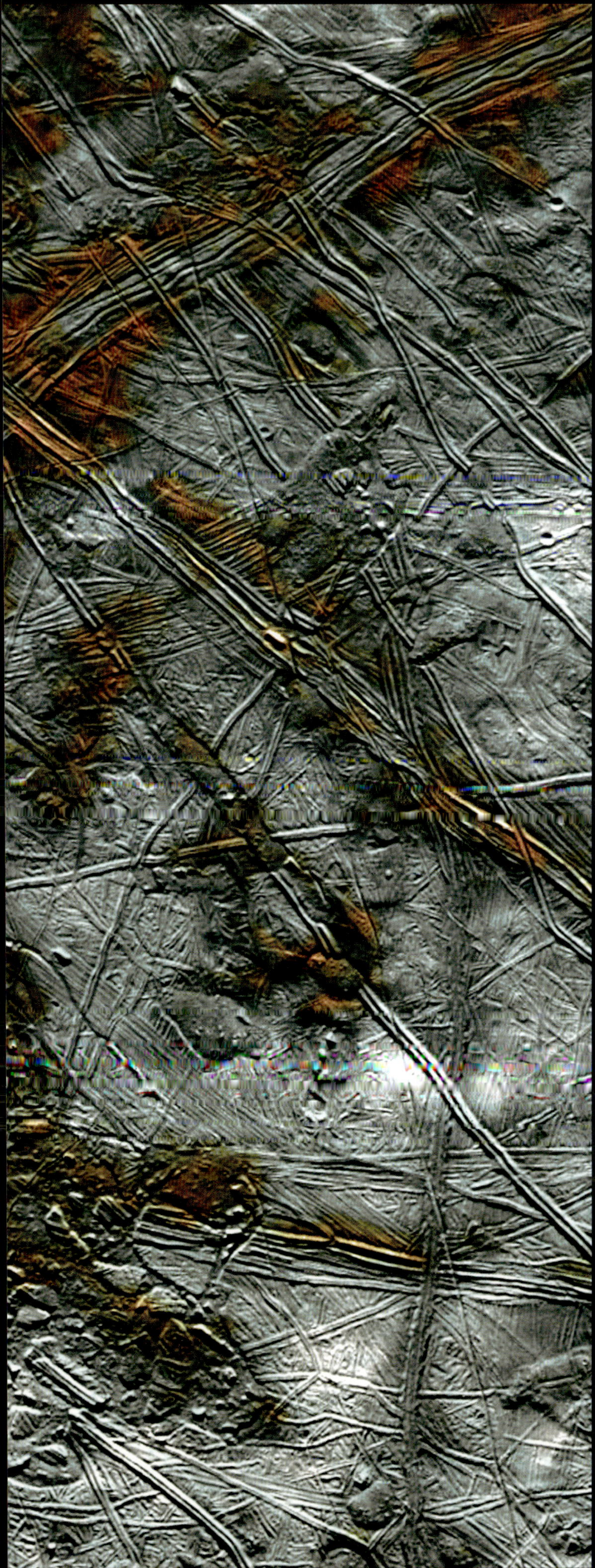

左ページ：エウロパ、コナマラ地域。十字にはしる断層と、割れて離れたあと、新しい位置へ“いかだのように流れた”と考えられる塊状の地形。マルチフレーム合成画像。
ガリレオ、1996年9月・12月、1997年2月

本ページ：コナマラ地域。同じ時期に移動した氷の断片のアップ。

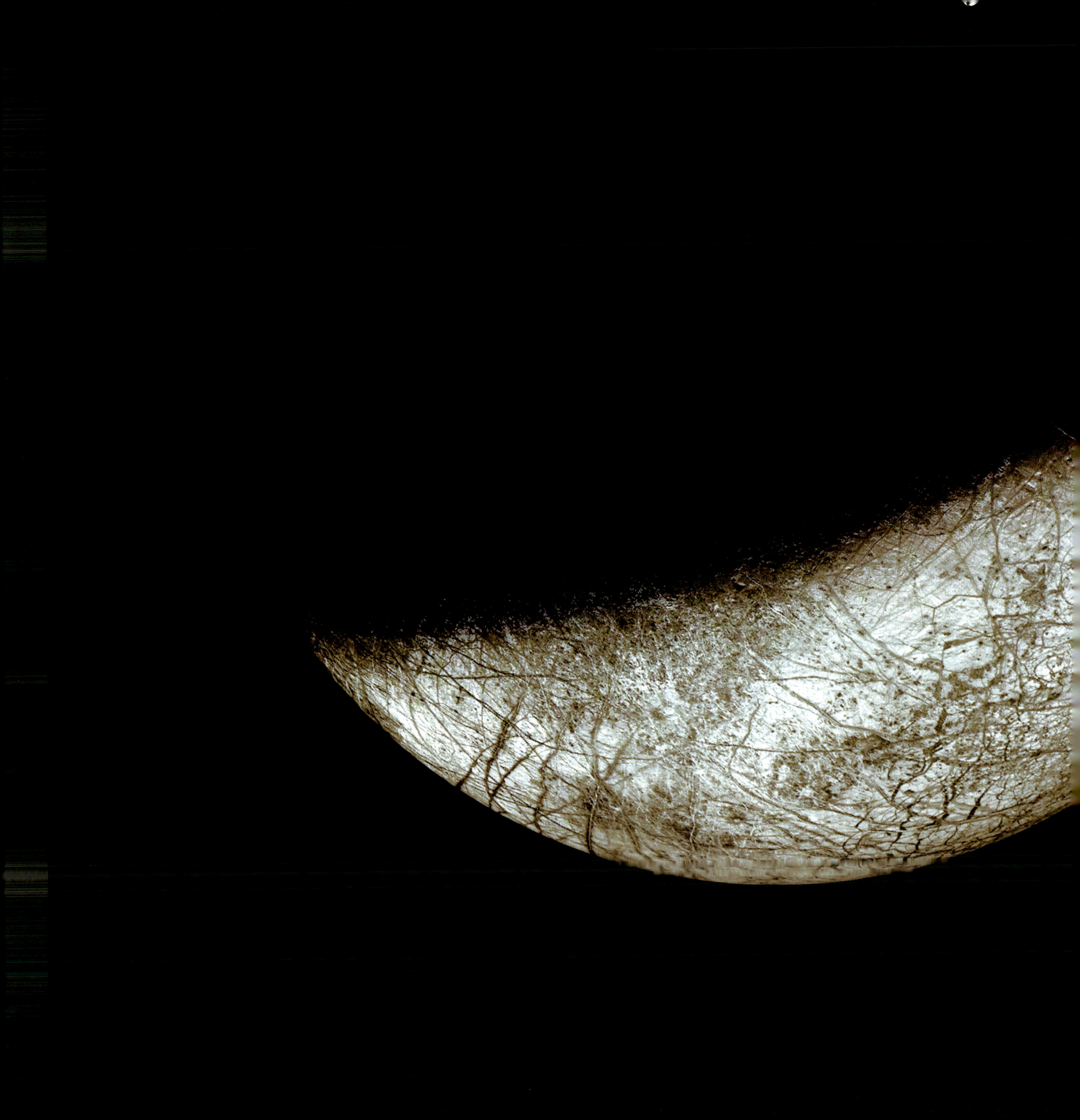

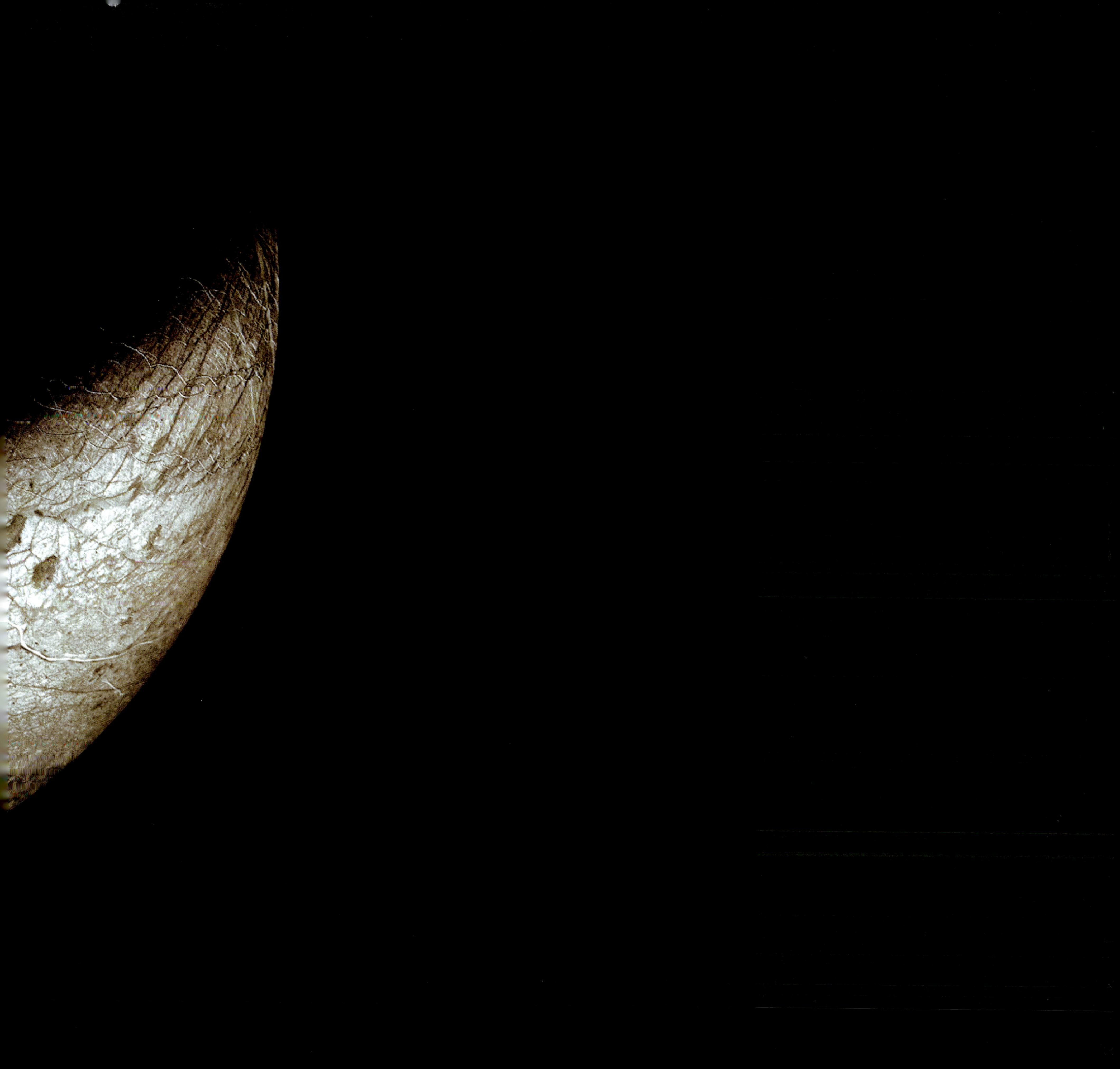

エウロパ。マルチフレーム合成画像。
ボイジャー2号、1979年7月

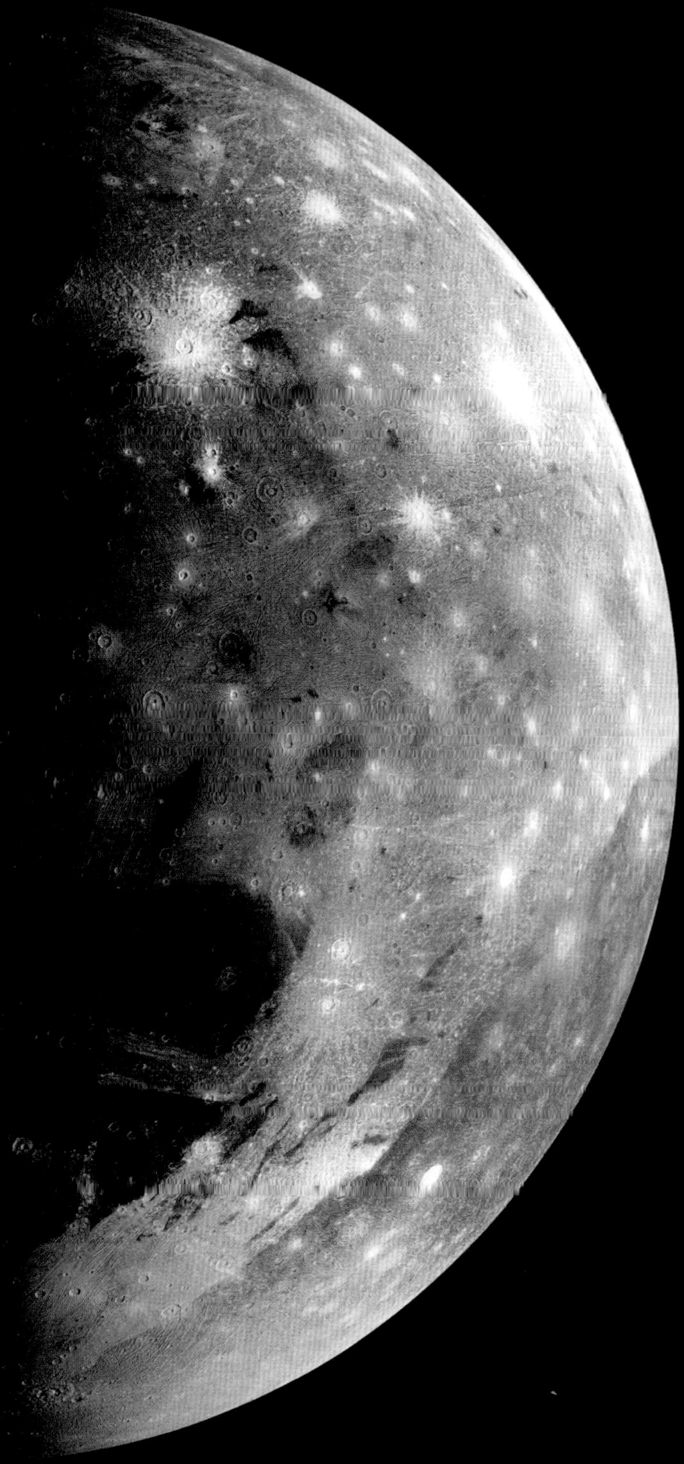

ガニメデ、明るい筋のついた地域。マルチフレーム合成画像。
ガリレオ、1997年6月26日

左ページ：木星上空のイオとガニメデ。
ボイジャー1号、1979年2月22日

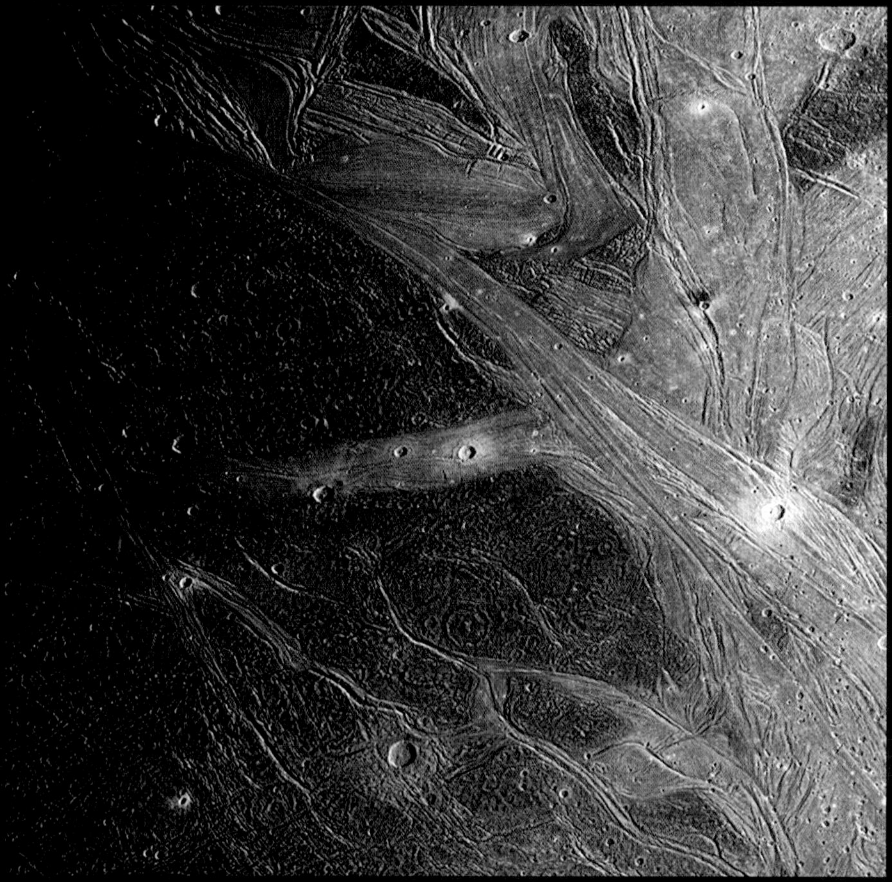

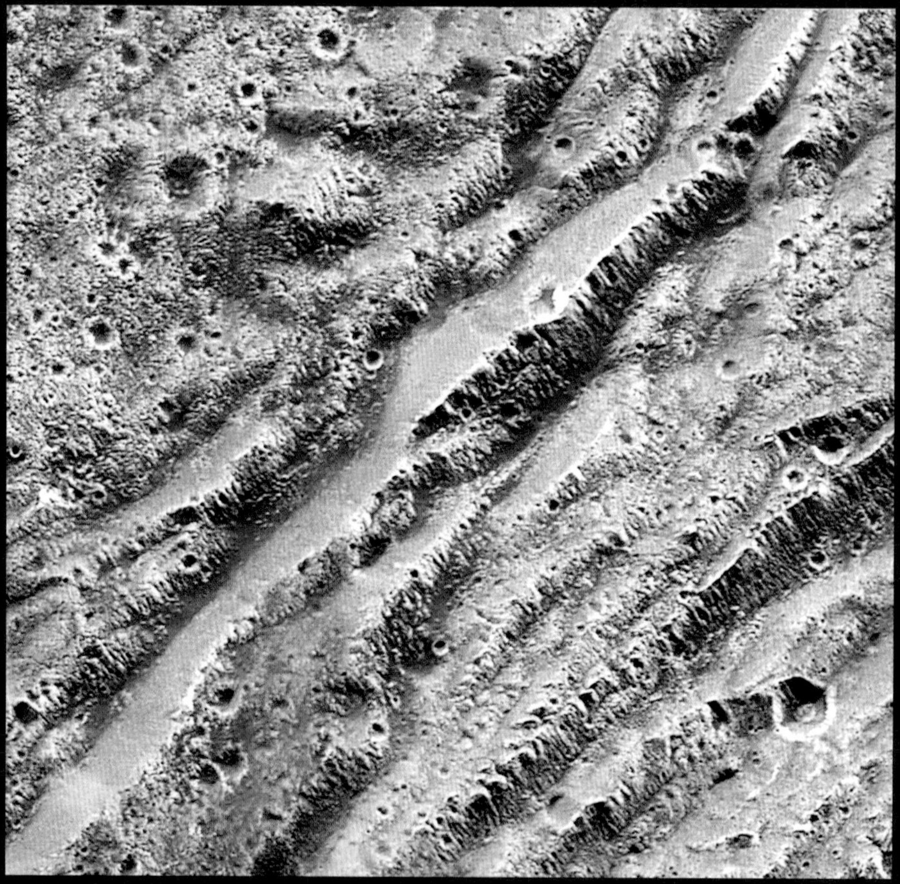

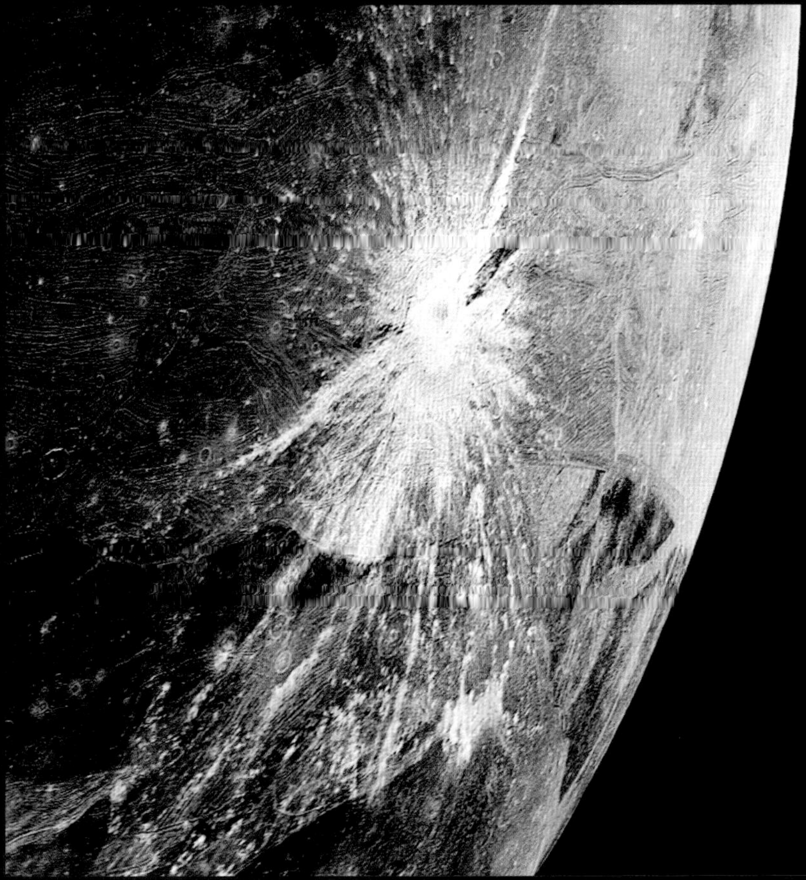

左：ガニメデ、マリウス・リージョを走る
溝状地形と[illegible]。
ガリレオ、1997年5月7日

中央：ガニメデ、ニコルソン・リージョの古く、
クレーターの多い急斜面地域。
ガリレオ、2000年5月20日

右：ガニメデ、フリギア・スルクスの
トロース・クレーター。
ガリレオ、2000年5月20日

カリスト、ヴァルハラ衝突盆地と衝撃によってできたリッジ。
ヴァルハラの直径はおよそ3000km。マルチフレーム合成画像。
ボイジャー1号、1979年3月6日

右ページ：太陽系でもっともクレーターの多い天体のひとつに
数えられる、カリスト。マルチフレーム合成画像。
ボイジャー2号、1979年7月7日

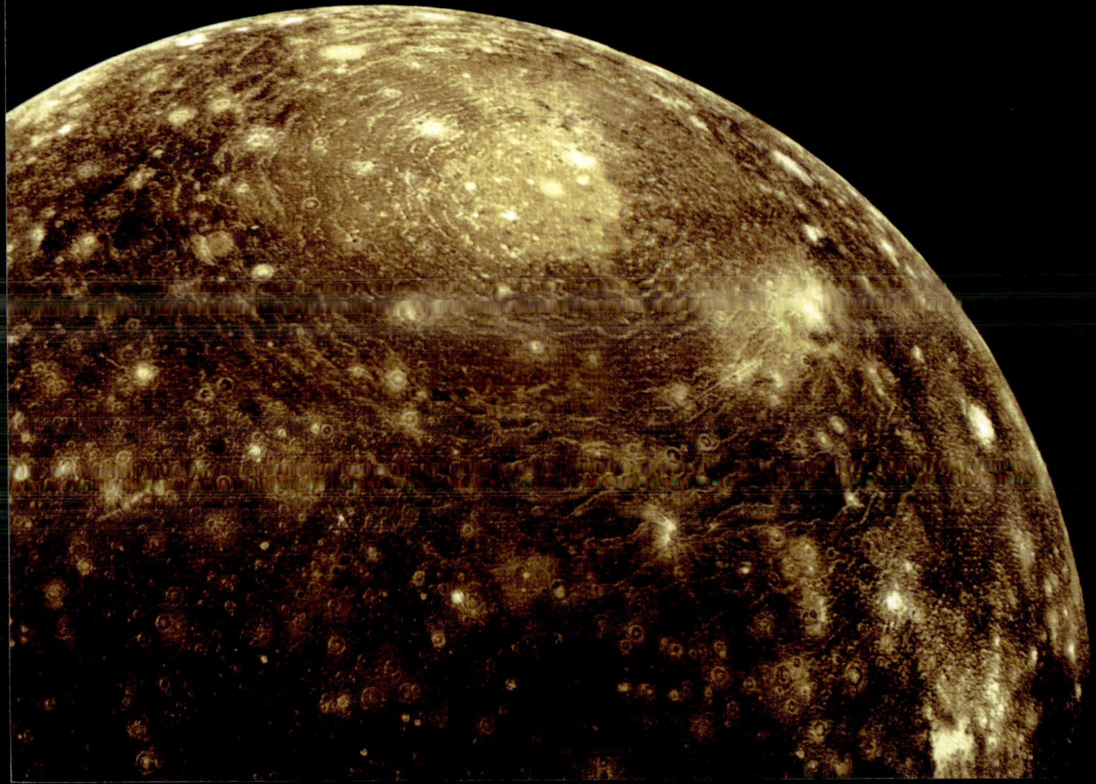

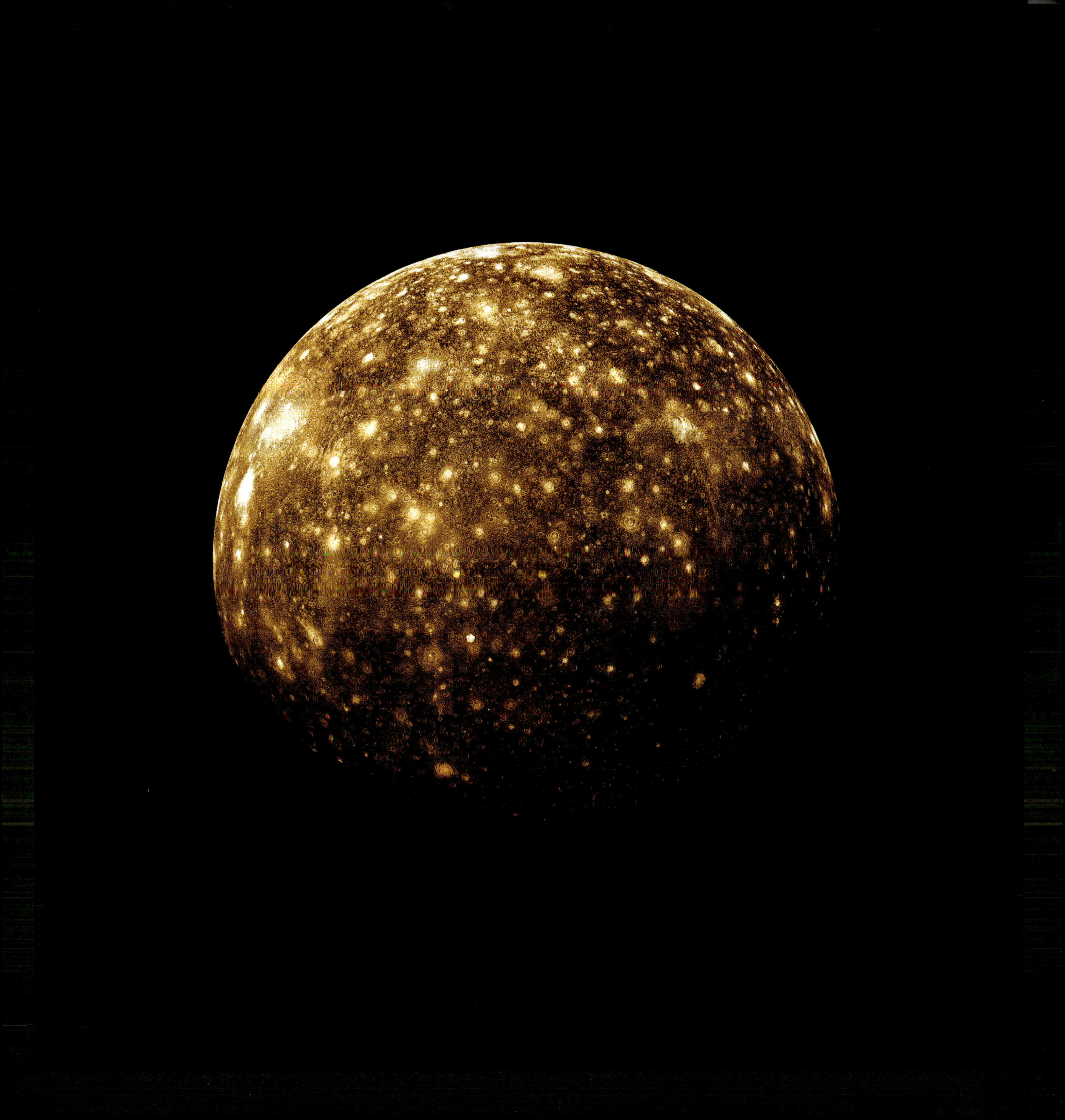

SATURN

土　星

左ページ：土星。
ハッブル宇宙望遠鏡、1996年10月

1610年、ガリレオ・ガリレイは壮大な土星の姿に初めて望遠鏡を向けたが、この時ほど困惑したことはなかった。月面の山々やクレーター、金星の満ち欠け、木星をまわる衛星、また天の川は無数の星の集まりであることなど、それまで彼が観測・発見したことはすべて簡単に理解できることがらだった。ところが、この星についているものといったら——いや、一体何がついているのだ？　取っ手か、耳か、等間隔に並んだ大きな衛星か？　さらに厄介なことに、この左右対称の奇妙な物体は2年後、跡形もなく消え去ってしまったのである。ガリレオは1612年、「これほど意外で思いがけない、奇抜なことには、何を言えばいいのかまったくわからない」と書き記している。はっきり理解してはいなかったものの、彼はこの時、土星の環の消失を目撃した初めての天文学者となった。これはほぼ15年ごとに起こる現象で、この6番目の惑星が傾いて、その非常に薄いリングの縁を地球から真横に見ることになると、しばらくの間、リングはほとんど消えたようになってしまうのである。

言うまでもなく、ガリレオは優れた想像力をもつ人物だった。しかし、彼の望遠鏡は20倍ほどの倍率しかなく、また彼が観測していた時期の土星の角度では真相を理解するのは無理だったのだ。太陽系で2番目に大きなこの惑星が、「薄く平らで、どこにも触れていない環」に囲まれているという正確な結論が導き出されるのは、1655年、オランダの天文学者クリスティアーン・ホイヘンスが自作の50倍望遠鏡で観測するまで待たなければならない。また1675年には、ガリレオと同じイタリア人のジョヴァンニ・カッシーニが、今日「カッシーニ間隙」とよばれるリングのあいだの境界を発見する。以来、土星の環はAリング、Bリングに分けられるようになったのだが、それはまだほんのはじまりにすぎなかった。

ティモシー・フェリスが傑作『Seeing in the Dark（暗闇を見つめて）』で指摘しているように、土星ほど人を天文学に惹きつける星はないかもしれない。なにしろその姿を初めて見た誰しもが感嘆の声をあげずにはいられないのだ。土星そのものは、木星を小さくして雲の縞模様をぼんやりくすませたような惑星なのだが、軽やかなリングをまとっているおかげでまったく別種の星としての地位を確立している。土星という星は、時として宇宙の驚異的な完璧さを体現しているように、また完全無欠に“デザインされた”ように思えてしまうのである。だが、その構造の真の複雑さが明らかになったのは、探査機（とりわけD、F、Gリングなど、いくつもの環を発見した1979年のパイオニア11号）が到達するようになってからだった。フェリスは

ボイジャー２号、1981年８月21日

次のように書いている。

> 観測者たちは何世紀もの間、カッシーニ間隙のほかにもリングに隙間があるのを見つけたと報告してきた。またリングが恒星を横切るように動くとき、星の光がちらちらとまたたく食の様子が観測されることも、リングの構造が複雑であることを裏付けていた。1980年の末にボイジャー１号が土星に接近したとき、一部では、リングと間隙が数十ほど発見されるかもしれないと予測されていた。ところが、ボイジャーの撮影した画像には何千というリングが写っていたのである。Ａリングの外側にも環はあった。地球から見えるリングの中にも多くのリングと隙間があった。ひしゃげたリングもあった。ねじれた形の“よじれ”リングさえ発見された。

これらの環は、しっかりとした固体ではない。石や塵や雪が無数に集まり、またそのすみずみまで氷の粒が密集して構成されている。起源についてはいろいろな説があるものの、衝突によって粉々になった衛星の残骸であろうと考えられている。環はその大きさに比べて非常に薄く、直径25万kmに対して厚さわずか20mと、まるで１枚の紙といってもいいほどだ。また前述したような複雑な構造以外にも、Ｂリングには時折、車輪のスポーク状の奇妙な形があらわれる。土星磁場のはたらきで発生する静電気が、このリングの帯電粒子に干渉した結果である可能性が高い。これは、“スポーク”が、内縁と外縁で違いが生じてしまう環の自転スピードとではなく、中心にある土星の自転と同調して動いているという事実によって確認できるように思われる。ボイジャー１号、２号はまた、Ｆリングにふたつの小さな“羊飼い衛星”を発見した。全体として見ると、土星は、地球と月の距離の３分の２に相当する直径に対して街路灯の高さほどしか厚みのない周回物をもつ、自然の巧みな技術がつくりだした極めて複雑な天体なのである。

ボイジャー

こうした興味深いディテールや、細い糸が絡み合ったような環の様子が明らかになったことで、さまざまな探査機の発見に呼応して起こった惑星学には、当然のことながら“環に関する理論”という重要な領域ができ、活発な議論がおこなわれている。もちろん最優先の研究対象は土星だが、木星や天王星、海王星にもはるかに薄いとはいえリングがあり、大きな関心が寄せられている。2004年、それにふさわしい名前がついた大型探査機カッシーニが土星に到達すれば、その後長い年月にわたってこの分野に大

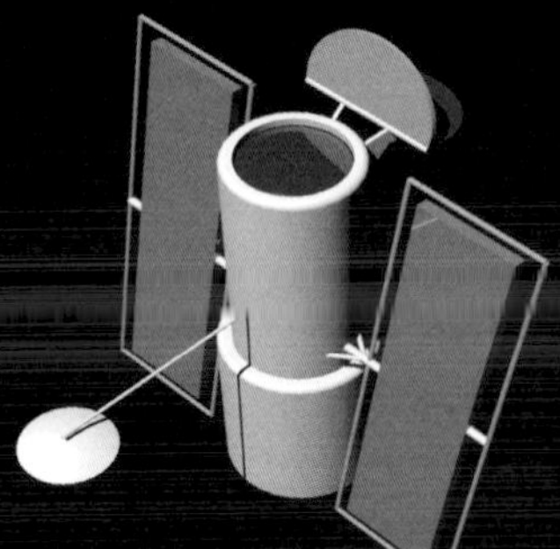

土星本体についていえば、木星のあのくっきり見える状態にはおよばないものの、やはり嵐が吹き荒れていることがボイジャーによって明らかになった。その後、ハッブル宇宙望遠鏡によって、記録に残るなかで最大級の嵐の出現がとらえられている。フェリスが書いているように、この嵐が土星表面にわきあがるのを初めて確認したのは、ニューメキシコのアマチュア天文家スチュアート・ウィルバーで、裏庭から自作の30cm望遠鏡を使って観測していたのだった。その後、この嵐は天文学会によって「ウィルバー白斑」と名づけられた。（本章冒頭におかれたハッブル撮影の写真にも、これと同じような嵐が写っている。）土星を構成する物質は主に水素で、ほかにヘリウムとメタンが含まれているのだが、どのウェブサイトや紙媒体を見ても大抵は「だから土星は水に浮く」と書かずにいられないようだ。もちろん十分な広さをもつ海と重力場が存在した場合の話だが、そんな場所が見つかるとは考えにくい。というのも、土星は高速で自転しているためにいびつな形をしており、極地帯の直径が地球直径の“わずか”8.5倍にすぎないのに対して、赤道は地球を九つおいてもまだ余るほど大きいからだ。この高速スピンは、はっきりとした卵状の形以外にも、毎時1500km以上におよぶ赤道風をうみだしている。

土星はおよそ30個のそれぞれに興味深い衛星――そのうちこれまでに名前がついたものは18しかないが、太陽系全体から見ても非常に興味深く、また、そのなかには濃い大気をもつ唯一の天体、タイタンもある――を従えているのだが、本書では紹介しなかった。土星そのものと、ほかに例をみないそのリングの真の美しさを伝えることを優先したためだ。だからといって、それほどの損失はないだろう。太陽系で２番目に大きな衛星タイタンは、黄褐色ののっぺりとした厚いもやに常におおい隠されていて、見た目にはさほど面白くないのだ。だが、カッシーニ計画では2004年末、カメラ付きの空飛ぶ円盤型探査体「ホイヘンス」を大気圏に投入する予定である。（カッシーニがタイタンに送り込む探査体の形状を最近知ったアーサー・Ｃ・クラークは、しばらく考えこんでからこう言った。「もしかしたら、これが正体なのかもしれないな」。）

ボイジャー１号――現在は黄道面をはずれ、太陽系外へと向かっている――は土星に最接近した２日後、スキャン・プラットフォームに取り付けられたレンズを回転させ、リングのついた惑星を500万kmも離れたところから振り返った。この時の写真は惑星のポートレートとして最高傑作のひとつに数えられるものとなった。地球からでは決して見られない、片側から太陽の光を受けた土星と、その影がまるで厚い壁のように完全無欠のリング

土星の環の外縁部。
外側の細いＦリングがはっきり見えている。
ボイジャー１号、1980年11月16日

右ページ：内側のＣ、Ｄリング構造とその影。
ボイジャー２号、1981年８月25日

次見開き：土星。ハッブル宇宙望遠鏡、2000年10月
262ページ：土星の環と大気の縞模様。ボイジャー２号、1981年８月25日
263ページ：土星の縁の手前に見えるＦ、Ａ、Ｂ各リングと
エンケ、カッシーニの各間隙。ボイジャー２号、1981年８月24日
264ページ：ＡリングとＢリング。ボイジャー１号、1980年11月12日
265ページ：ＢリングとＣリングの複雑な境界。
ボイジャー２号、1981年８月23日

土星の環の明るい側を斜めに見る。
一番手前はFリング。
ボイジャー2号、1981年8月26日

右ページ：明るい方から見た環。
ボイジャー2号、1981年8月24日

環の明るい面と陰になった面。
ボイジャー１号、２号、1980年11月、1981年８月

リング、土星の周縁部、影。

ボイジャー１号、２号、1980年11月、1981年８月

左ページ：土星の環と大気の縞模様。

ボイジャー２号、1981年８月21日

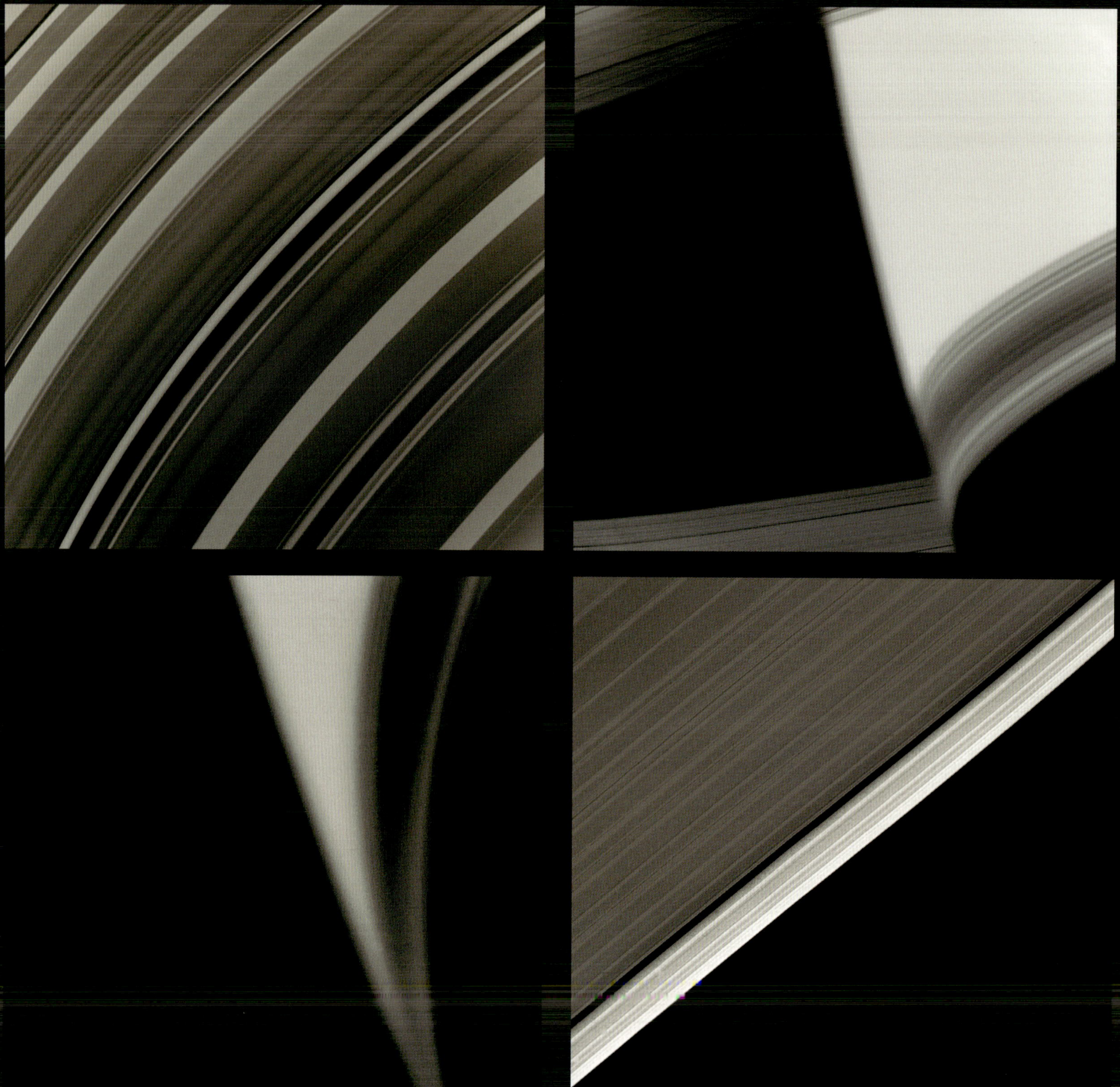

URANUS

天　王　星

左ページ：天王星の極地域。
ボイジャー２号、1986年１月10日

太陽系で３番目に大きな惑星である天王星は“横だおし”になっているため、片方の極はほとんどまっすぐ太陽を指し、赤道は、昼の半球と夜の半球の境目である明暗境界線とほぼ一直線に重なっている。惑星として大変めずらしいこの傾きは、天王星が早い時期に惑星規模の巨大な天体と衝突したためと考えられている。しかし、探査機が撮った天王星の写真にそうした特異性のあらわれを求めても失望するだけだ。水素とヘリウムから成るこの星は、1986年１月24日、ボイジャー２号が時速約８万kmで接近通過したときも、ほとんどまったくの無表情を貫いていたのだから。涼しげなブルー・グリーン（大気の上の方のわずかなメタンが赤い色を吸収してしまうため、このような色になる）の表面に視線を滑らせてみても、何にぶつかるということもない特色のなさ。ロシア絶対主義の画家カジミール・マレヴィッチの作品にありそうな、純粋な抽象的フォルムのもつ特性を天王星はそなえているのだ。つまり、まるで自らの輪郭を決めるためだけに、またその背景となっている漆黒から自らを際立たせ浮かび上がらせるためだけに存在しているようで、これほど大きな天体（直径は地球の４倍）であるにもかかわらず、それ以上の視覚的情報を与える必要など、天王星はまったく感じていないのである。

金星と同じく、天王星も自転方向が逆である。つまり太陽系のほとんどの惑星とは反対に、東から西へと回転していると言われることが多いのだが、実は天王星の極のどちらが太陽を向き、どちらが常に星間宇宙を指しているのか、まだ決着がついたわけではない。天王星の自転軸は90度以上傾いている可能性もあって、その場合には、回転方向はほかの多くの惑星と同じということになる。反対に傾きが90度未満であれば、正式に逆回転となるわけだ。いずれにせよこの論争も、天王星の完璧な外見が妙に特徴をつかみにくくしていることと無関係ではない。そもそも、一方の極がつねに太陽に向いているような惑星のどちらが北極でどちらが南極か、決める方法などあるだろうか？　何十億年も前に倒されるまで、どちらの極が“上”だったのかもわからずに、一方を選ぶことなどできるだろうか？

天王星は、はるか遠くにある。太陽からの距離は28億7000万kmで、接近飛行をおこなったボイジャー２号の信号が地球に届くまでに光速でも２時間45分かかったほどだ。そう考えれば驚くことではないが、天王星は、本書に登場する惑星のなかで古代人に知られていなかった最初の星である。地球から澄んだ星空を見上げたとき、目に見えるぎりぎりのところで瞬いていることはあるにせよ、その姿はかすかな星のなかでも

ボイジャー

本当にかすかなもので、惑星と識別できるほどにははっきり見えない（動きも遅すぎる）のだ。天王星が太陽のまわりを１周するには、地球年に換算して84年かかる。イギリスの天文学者ウィリアム・ハーシェルによってようやく発見されたのは1781年のことだった。それまでもほかの天文学者たちに観測されてはいたが、恒星として分類されていたのだ。

天王星に接近した唯一の探査機ボイジャー２号は、記録破りの猛スピードを出しながらも、天王星の21個の衛星の一部を高質な画像におさめていった。これらの衛星はすべてシェイクスピアとポープの作品から名づけられ、黄道面とはほぼ垂直に、天王星の赤道に沿った軌道をまわっている。もっとも興味深い衛星はミランダだろう。戯曲『テンペスト』で「ああ、素晴らしき新世界」と声をあげる登場人物の名にちなむ。ミランダは、木星以遠でもっとも変わった衛星のひとつに挙げられる。天王星の大きめの衛星のなかではもっとも小さく、地球の月の６分の１ほどしかないが、傷だらけのこの岩塊は、断層による崖や山形の模様、大規模な崩壊を示唆する割れ目など、異様なほどさまざまな地形を擁している。そのためミランダは一度いくつかに割れ、その後自らの重力がはたらいて再び集まったとする説さえあるのだ。それは、天王星をほかの惑星に対して横だおしに傾けた衝突と何か関係があるのだろうか？　皆無とはいえないが、可能性は低い。衛星が形成されたのはもっと後のことと考えられるからで、そうでなければ天王星の赤道面をまわるようなことにはならなかっただろう。

ウィリアム・E・バロウズは著書『This New Ocean（新たな大洋）』で、ボイジャー２号をはるか天王星まで送った工学技術と航行術の業績は、接近飛行で得られる知識にも十分匹敵するものだと指摘した。これほどの高速で撮影された画像が鮮明であること、また約30億㎞もの宇宙空間をまちがいなく送信できることにも同様の価値がある。「太陽から７番目の惑星の間近からの様子を地球の人々に初めて見せてくれたロボットは到着時、５年前に計算されたスケジュールからわずか1分ちょっとしか遅れていなかった」、バロウズはそう書いている。

ボイジャー２号は、ギリシア・ローマ時代には記録されず、その後の天文学者たちには無数にある恒星のひとつと考えられていた惑星系が実際に存在していることを明らかにした。それはたとえ「素晴らしき新世界」でないとしても、私たちにとって少なくとも“新世界”ではあったのだ。しかし、ボイジャー２号による到達範囲の急速な拡大は、これだけの距離を旅しても人類はまだその占有圏内を出られずにいることをも知らしめたのである。

三日月形の天王星。
ボイジャー２号、1986年１月25日

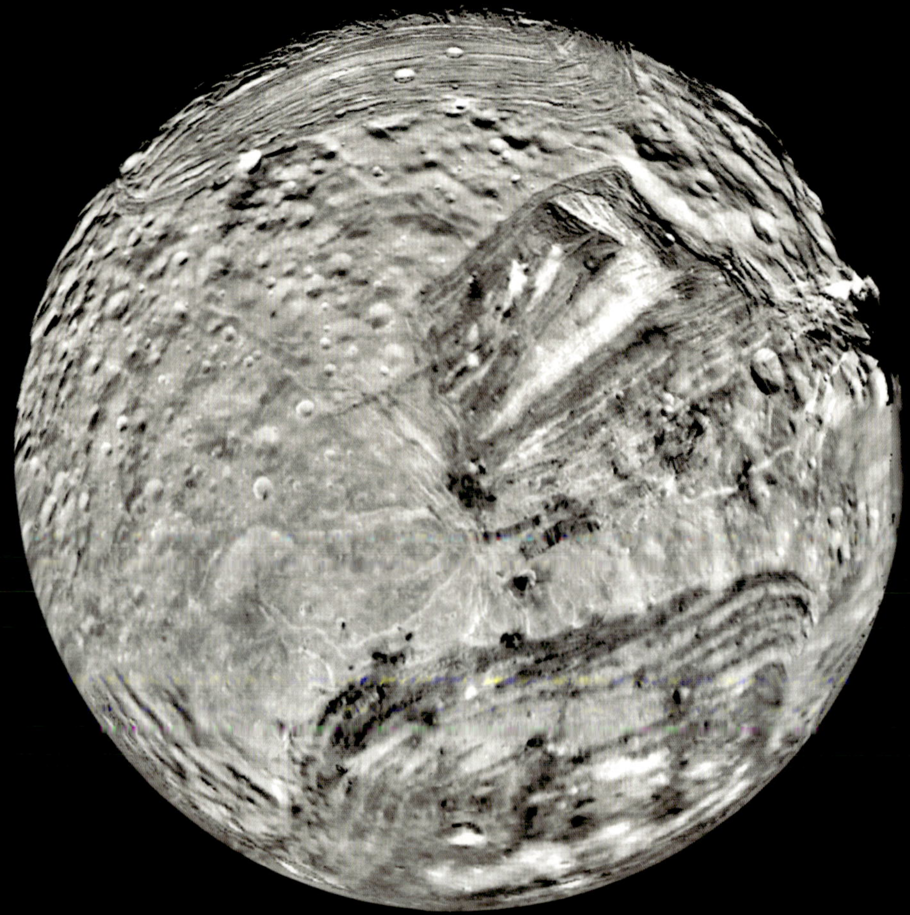

上：天王星の衛星アリエルの
リフトバレー［大地溝］と峡谷。
ボイジャー２号、1986年１月24日

右：天王星の衛星ミランダの南極。
マルチフレーム・サンソン図法による全図。
ボイジャー２号、1986年１月24日

右ページ：ミランダのシェヴロン
［山形の急カーブ］と溝状地形。
ボイジャー２号、1986年１月24日

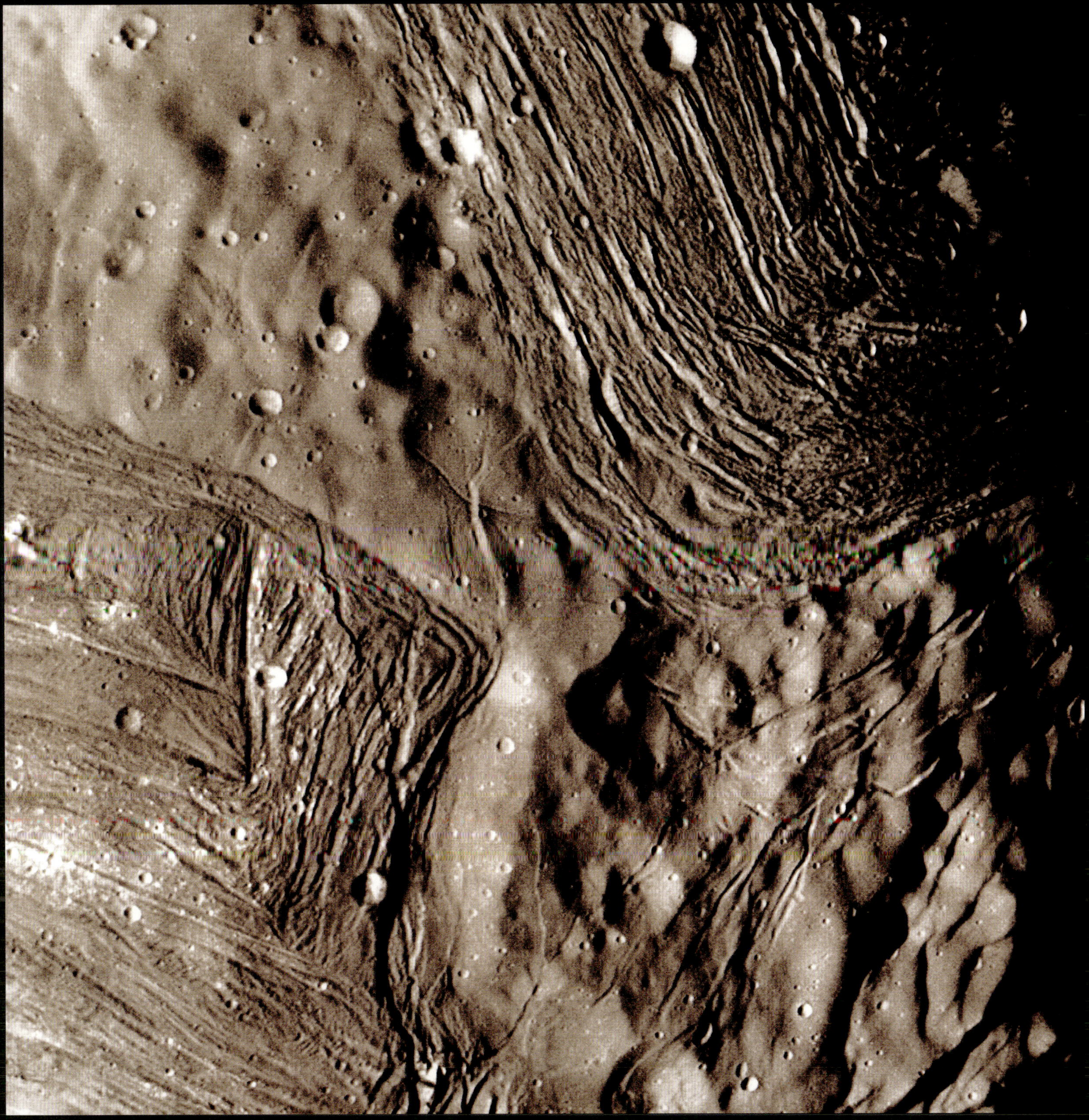

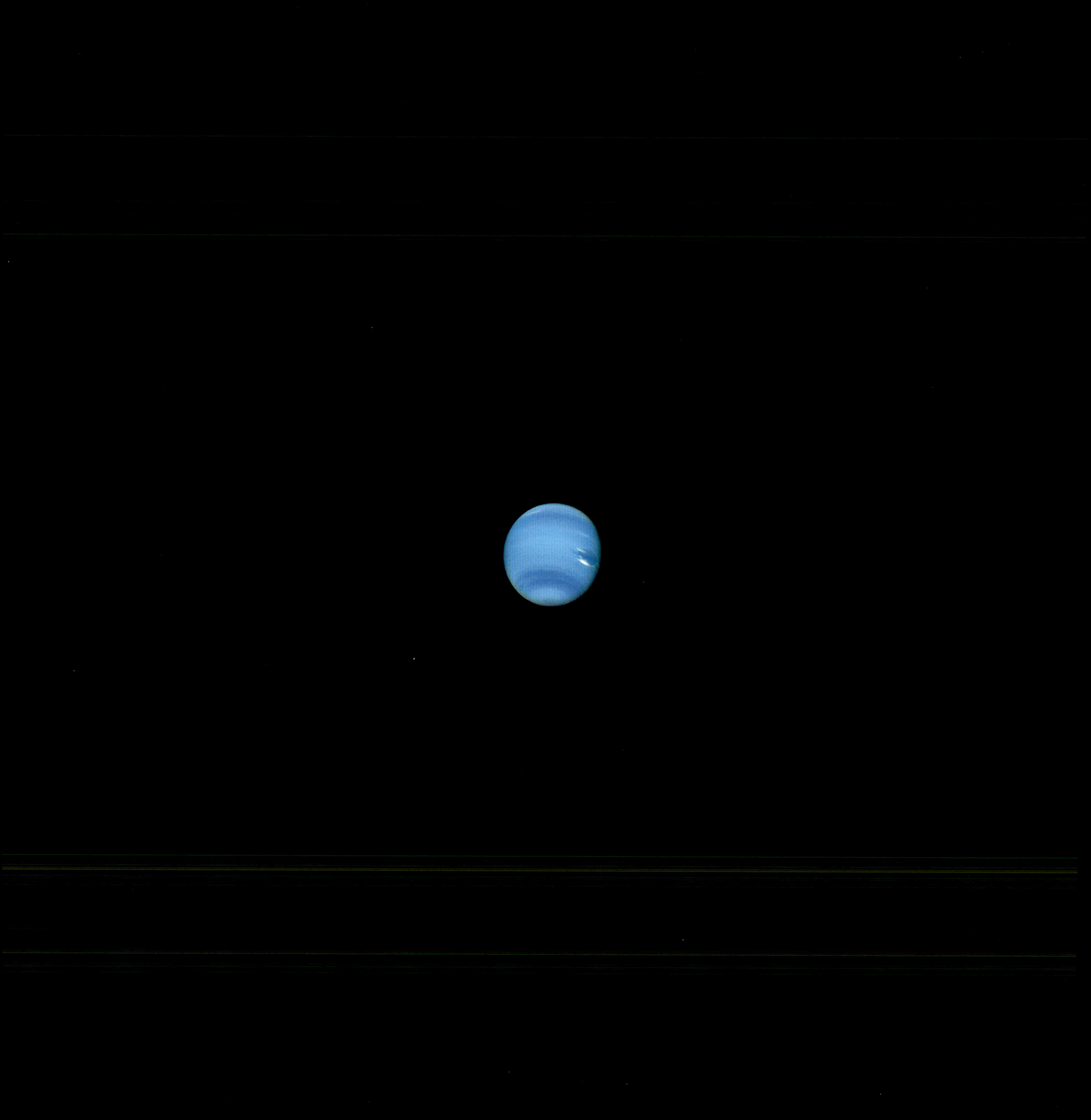

NEPTUNE

海王星

左ページ：海王星。
ボイジャー２号、1989年８月14日

深海を思わせる濃いブルーが魅惑的な惑星、海王星は、その親戚にあたる天王星とくらべると太陽からの距離は1.5倍遠く、直径はほぼ同じである。あまりに離れているので、海王星から見た太陽は、星々が群をなす空のなかで一番明るく光っている点にすぎない。それほど遠くにある星なので、1989年８月のボイジャー２号到達時、探査機のコンピュータは完成から17年を経ており、設計者たちの多くはすでに引退していた。また太陽から遠く離れている分、あまりの寒さに眠気を催させるほど表情の乏しい星だろうという予測もあった。時折その楕円軌道が内側に入り込んで、一時的ながら海王星を太陽系でもっとも外側の惑星にしてしまう小さな冥王星とともに、この最深部にあるガス型惑星は、太陽系のはずれをそれにふさわしいゆっくりしたスピードで回っている。海王星が太陽のまわりを１周するには165年かかるのだ。（冥王星にはまだ惑星探査機が訪れていないので、その写真を本書におさめることはできなかった。）

だがボイジャー２号は、天王星よりもっと不透明で不可解な星のかわりに、惑星のなかでも極めて好奇心をかきたてる星を見つけた。海王星は大抵の予想をくつがえす。まず第一に、海王星は遠目には気味が悪いほど地球と似ている――だが、この海の色はその名に反して水とは関係がなく、上層の大気が赤い色を吸収してしまうために見えるものだ。天王星とは違って、土星や木星といった巨大ガス型惑星と同じように、海王星は太陽から受ける以上のエネルギーを放出している。ということは、内部になんらかの熱源があるのだ。また海王星は視覚的にも天王星よりはるかに興味をそそる。近くから見ると、地球に似ているという印象は薄くなり、いくつかの点においては木星や土星に似た表情を見せ始めるのだが、同時に独特の個性をもち、全体的に涼しげなその色合いと調和してもいる。1989年の探査でもっとも注目を集めたのは、すぐに「大暗斑」と名づけられた、大きな嵐の模様だった。木星の大赤斑に似た楕円形の模様が、海王星上をさまよっていたのである。面白い特徴としてはほかに、人を不安にさせる目のような形をした小さい暗斑や、よく動くいくつもの巻雲がある。巻雲の一部は対流によって大きく膨らみ、大気の下の方の層に影を落としている。海王星の気象は地球のそれと同じくらい変わりやすいが、規模ははるかに大きい。暗斑だけでも地球がひとつ丸ごと入ってしまうくらいあるのだ。海王星はまた、太陽系のなかでももっとも速い風が吹くところで、ボイジャーの計測では風速は実に毎時2000㎞に達した。

それを考えれば、ボイジャー２号が接近飛行をおこなってからの数年間で、主として水素からなるこの惑星の大気が激しく動きつづけてきたことも驚くには当たらない。1994年、ハッブル宇宙望遠鏡によって、暗斑が消えてしまったか、似たような大きさの嵐が見つかった北半球へと大移動したことが観測されている。こうした急激な変化は、場所によって温度が不均等なために生じているとも考えられる。つまり、海王星内部の強力な熱源が生み出すとてつもない上昇気流が、表層にあるマイナス160℃の冷たい雲と混ざり合っているということだ。また同じように、上昇気流がわきあがって澄んだ明るい場所をつくりだし、その一方で下の部分の暗い雲の層が見えてしまうことから、暗斑ができるのだろうとも考えられる。

ボイジャー2号は海王星の北極上空5000km（これは同機がおこなった四つの惑星へのアプローチのうちもっとも近い）を5時間ほど飛行した後、トリトンに接近した。トリトンは海王星最大の衛星だが、非常に意外な、驚くべき天体であった。表面温度はマイナス235℃で、これまでに自然界で観測されたなかでももっとも寒い場所であったため、クレーターの多い、氷で覆われた岩の塊のような姿だろうと想像されていたのだが、実際は、さまざまな点で木星のもっとも内側の衛星イオに似た、クレーター痕のほとんどない若い地表面をもつ星だったのである。またその薄い大気のなか、極地にはかすかな雲さえ浮かんでおり、しかもその一部は黒い窒素ガスと思われる低温プリュームであった。つまりトリトンは太陽系に四つしかない、活火山を擁する天体だったのだ（あとの三つの天体はイオ、地球、金星である）。ボイジャーの写真には、こうした氷の火山が四つ写っていた。そのひとつからは噴出物が地上13kmほど立ち上り、地表面にそってほぼ150kmもたなびいているのがよく見える。2機のボイジャー探査機は四つの大きな外惑星と多様な衛星たちについてたくさんの意外な事実を教えてくれたが、これはどう控えめに言ってもまったく予想外の光景だった。

ボイジャー

トリトンの軌道は海王星に逆行しているが、これは太陽系の大きな衛星ではほかに例を見ない。このため、小さな冥王星と同じくトリトンも、かつて「カイパー・ベルト」にあった可能性がかなり高いと考えられる。（カイパー・ベルトとは、海王星や冥王星の軌道よりも外側にある氷の小惑星帯のようなもので、岩よりも氷を主とした、彗星と同じ物質でできている。冥王星もトリトンも、ここが起源であると考えられている。）もしトリトンがカイパー・ベルトからやってきて海王星にとらえられたのだとすると、重力熱によっていくらか溶かされ、やがて再び冷えた際に――おそらくこの星のもっとも古い地層である――独特の“メロン状”地形ができたのかもしれない。海王星に捕らえられてから10億年ほど、トリトンはその名にふさわしく液体の地表面をもっていた可能性がある。それは液体窒素だったかもしれないし、水だったかもしれないが、現在地表をおおっているのは主に凍った窒素と二酸化炭素である。

トリトンが海王星の原子惑星系円盤（円盤状になった塵や岩くずの雲で、そこからそれぞれの惑星が形成された）からできたのではないことを示すもうひとつの証拠は、その傾いだ軌道面である。ボイジャーが3万8000kmほどまで接近したとき、天王星同様、トリトンも片方の極が太陽を指していた。だが、天王星と違ってトリトンはゆっくりとその角度を変え、海王星をまわりながら両方の極をかわるがわる太陽に向けていたのである。その結果、季節による気温の変化が生じ、さらにその変化によって――40年つづく春の間に、蒸発したガスが暑い方の極から日陰になっている方の極へと移動することで吸引力がはたらき――氷の火山と大気が生み出されているのかもしれない。

ボイジャー2号のトリトンへの接近飛行をしめくくったのは、フレームのなかで急速に遠ざかる三日月形をした紺碧の海王星の前面を、トリトンが横切っていく連続写真だった。打ち上げから12年で72億kmも旅したこの複雑なマシンは、その後太陽系外縁部の彼方、広漠とした漆黒の虚空をまっすぐに目指す。外惑星系の観測を終えて間もなく、探査機のカメラはその機能を停止した。ボイジャーから洪水のように届いていた惑星の画像は、ついにその流れを止めたのである。

海王星とふたつの暗斑。
マルチフレーム合成画像。
ボイジャー2号、1989年8月16、17日

上：海王星の大暗斑。
ジャー２号、1989年８月22日

：大暗斑の南にある小暗斑。
ジャー２号、1989年８月22日

左ページ：海王星。
ジャー２号、1989年８月19日

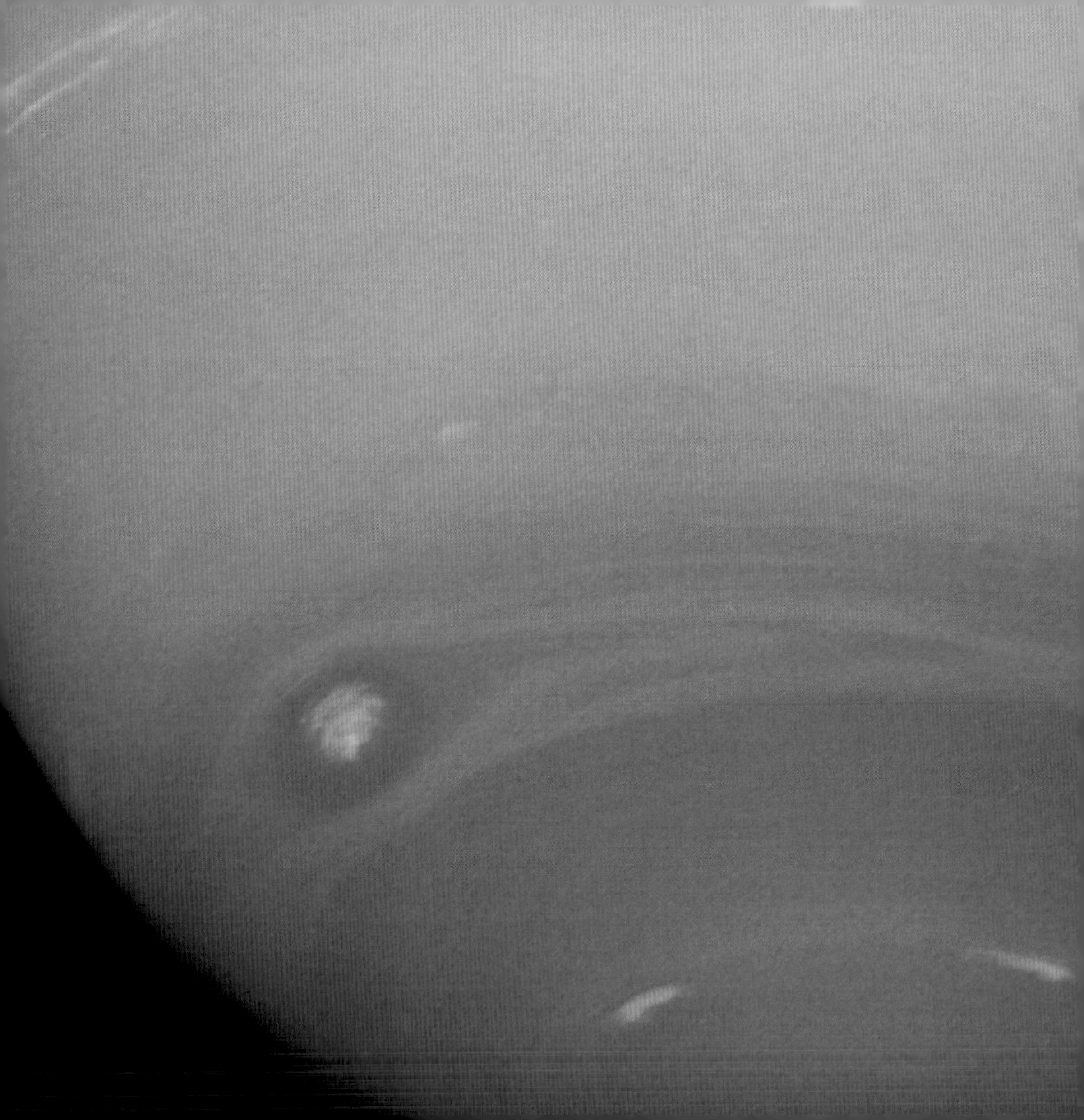

海王星の明るい雲の筋。
ボイジャー2号、1989年8月24日

左ページ：海王星の南半球。
ボイジャー2号、1989年8月23日

次見開き：海王星の衛星トリトン。
氷の間欠泉が噴き出した筋と
“メロン状”地形がはっきり見える。
マルチフレーム合成画像。
ボイジャー2号、1989年8月25日

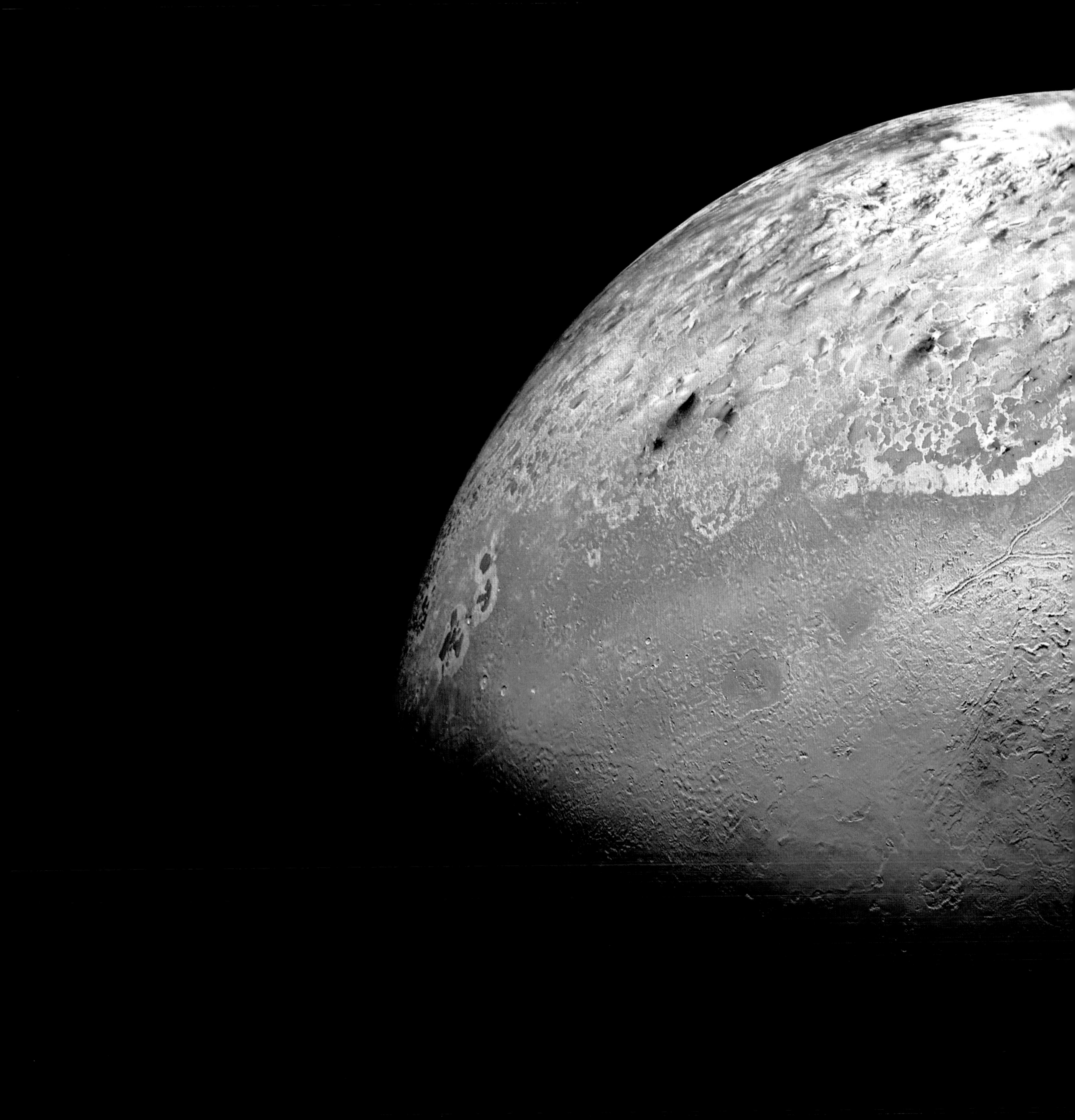

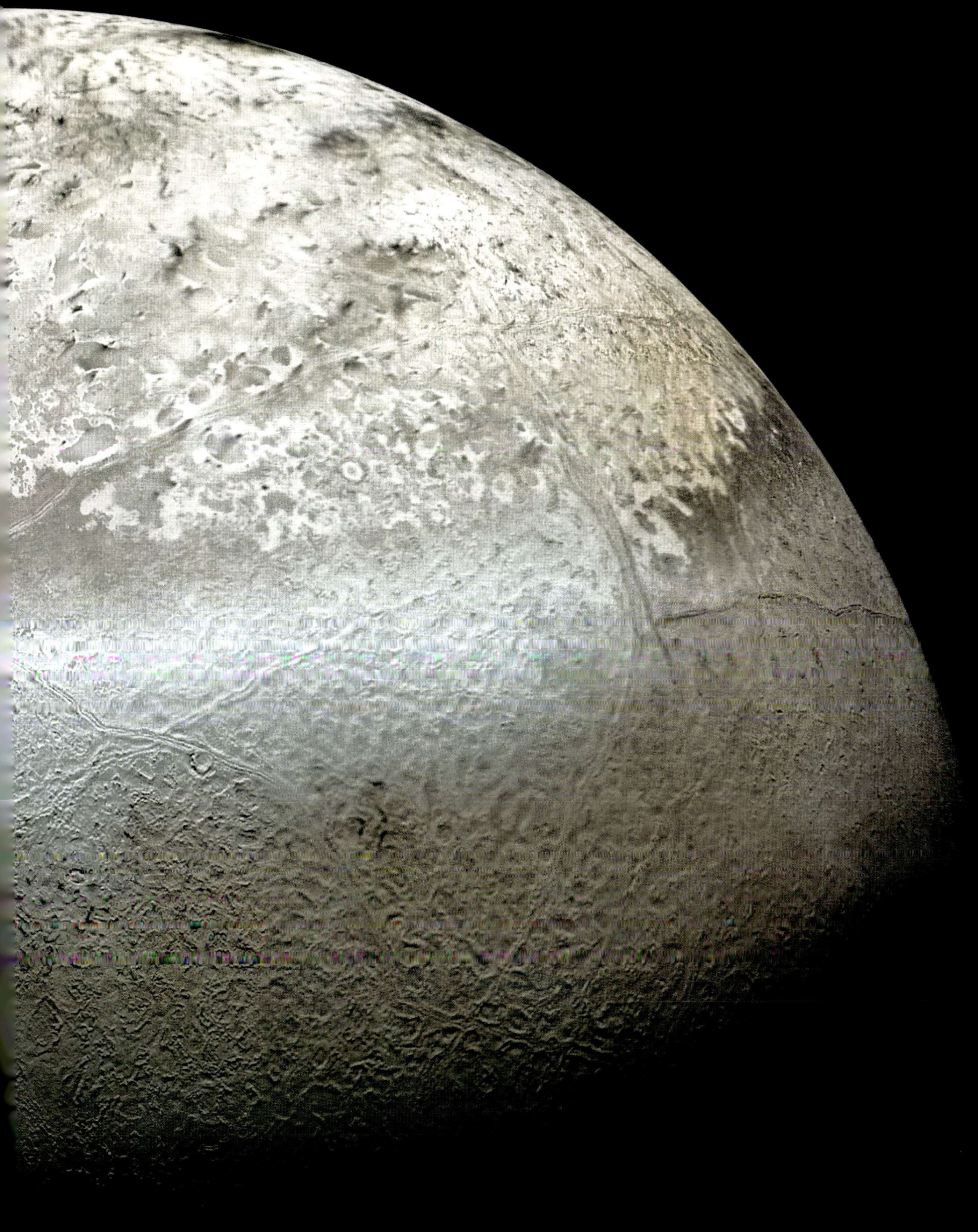

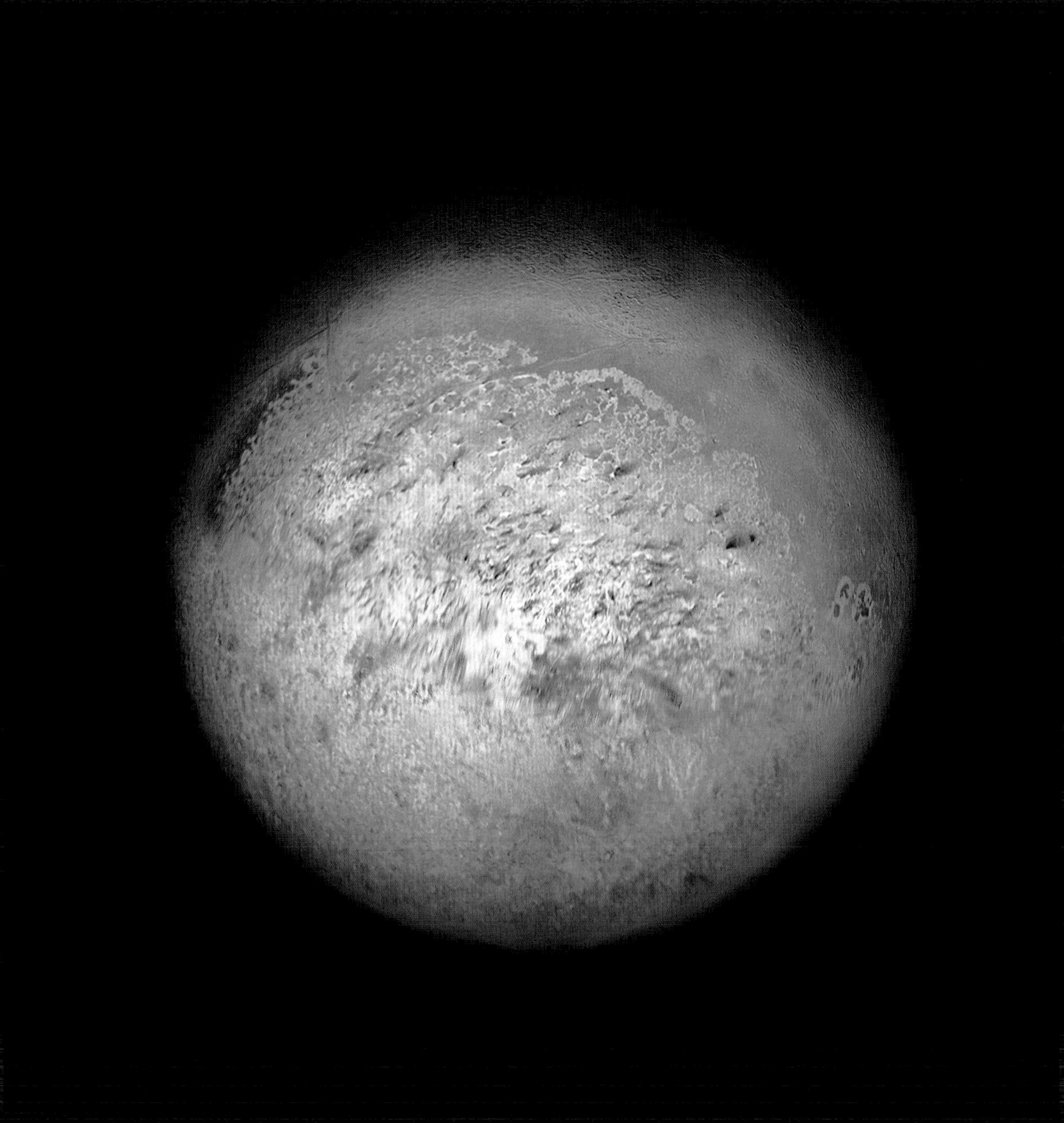

トリトンの正射投影法全図。
マルチフレーム合成画像。
ボイジャー2号、1989年8月25日

右ページ：三日月形をした海王星とトリトン。
ボイジャー2号、1989年8月28日

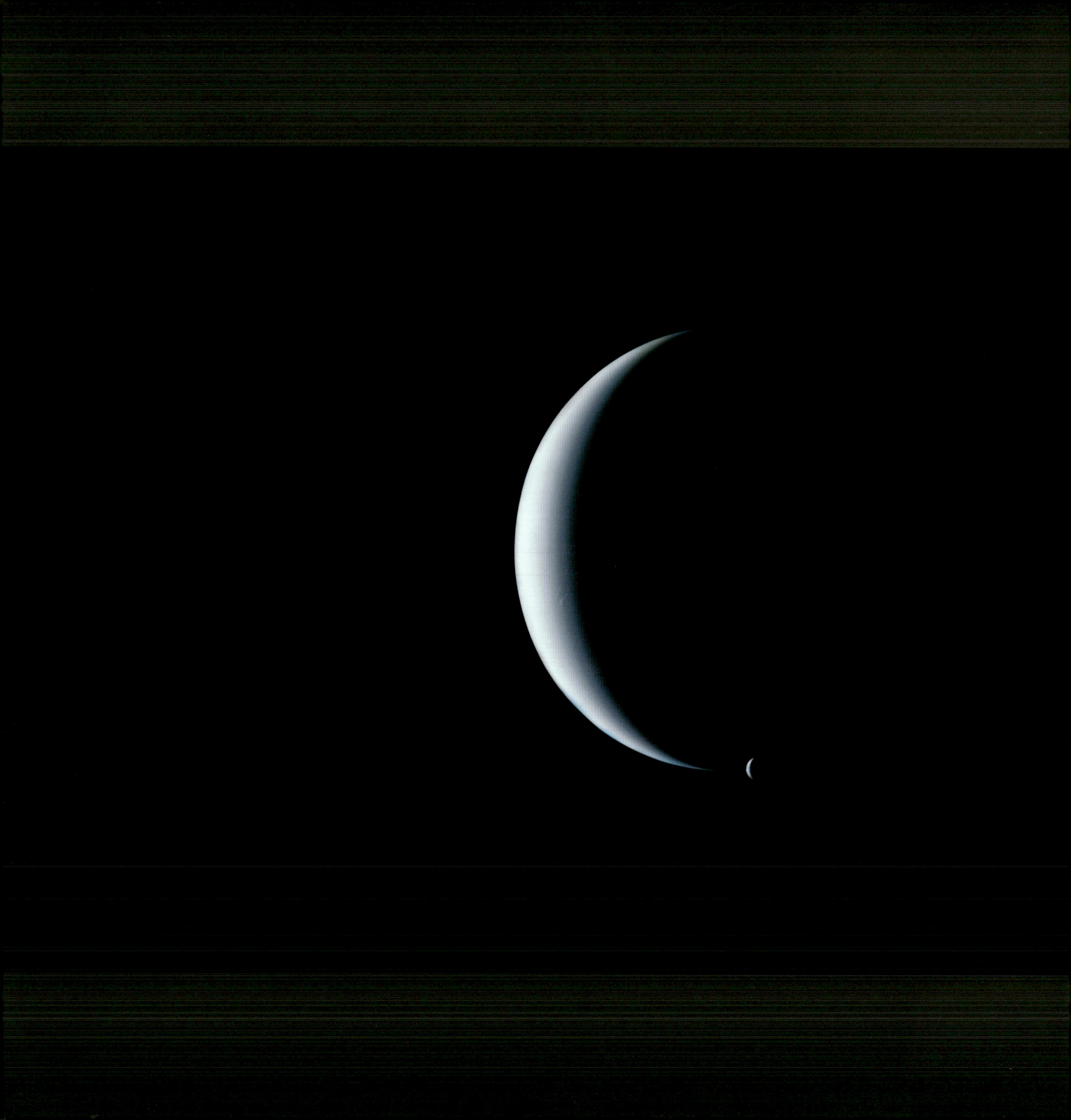

海王星とトリトンの二重三日月。
ボイジャー２号、1989年８月31日

生まれて初めて口にした言葉が「ムーン（月）」だったダニエルに、この本を捧げる。

時間と空間の旅

夜、地球の私の居場所が太陽に背を向け、宇宙の反対側を向く頃、私はキーボードの前にすわり、ログオンして惑星や恒星の姿をうつしだしているウィンドウを探す。紙の上に焼かれた写真を見るのとは異なる体験だ。私が見ているものは、より情報源に近い。実際、情報源そのものと区別できないほどだ。それらは一度としてネガに焼き付けられたことのない画像である。インターネットそのものと同じく、その画像はデジタル時代の産物なのだ。この２年以上というもの、宇宙空間を越えて送信されてくる火星表面の細長い画像を私はモニターしつづけてきた。それは、マーズ・グローバル・サーベイヤーとマーズ・オデッセイの傘型高利得アンテナから、０と１の波となって、規則的に送られてくる画像である。撮りたてほやほやの、湯気が立つような新鮮さ。これを“時間的透明性”と呼んでおこう。たとえば、火星東半球に位置するエリシウム火山地域のあばたになった地表面にはヘカテ・トーラス火山がそびえたっているが、その上空に青みがかった細い雲がたなびいているのが見える――それは私、あるいはインターネットにアクセスしているほかの誰かに、その薄気味悪い美しさの全貌をさらす間もなく消えてしまう。火山がそそりたつ赤い火星の砂漠、それは有機的で柔らかくて、まるで人間の肌か、焼かれる前の土器のようだ。薄い雲は、噴火の前触れのように火口近くを漂っている。その画像は、モールス信号からほんの数段階進歩しただけの伝達技術によってつくられた、無数の「トン」と「ツー」からなるものだ。しかしそれは、古代バビロニアのはるか昔から惑星を観測しつづけてきた地球の天文学者たちはいうまでもなく、サミュエル・モールスにも想像すらできなかった光景なのだ。

疑うむきがあるといけないので断っておくが、1950年代から1960年代にかけて古き良きＳＦが予言したことの多くはいま、実現しつつあるのだ。1998年のインターネット版「ヒューストン・クロニクル」紙は「ロボットたちの新たな一団、火星突撃準備完了」という見出しをかかげ、若い頃読んだアイザック・アシモフの作品『わたしはロボット』の物語を、記憶の底からよみがえらせてくれた。アシモフ作品に登場する感情をもったロボットたちは、よく途方に暮れていた。いつも何か問題がおきそうな感じがあって、それにつづく大騒ぎは、ロボットを操る人間たちのプログラム・ミスに原因があると決まっていた。NASAが進行中の火星探査計画にも、二度の大失敗があって1990年代末に一時暗礁に乗り上げてしまったわけだから、小説と無縁とはいえないシチュエーションだ。（マーズ・クライメート・オービターは、ある技師のグループが、別のグループが出してきた数値をメートル法に換算しまちがえるという初歩的ミスによって、またマーズ・ポーラー・ランダーは着陸装置がなぜか十分にテストされていなかったために、失われたのである。）

アシモフも、同時代の作家アーサー・Ｃ・クラークやロバート・ハインラインも、未来を予見する素晴らしい力をもっていたが、彼らをもってしても、インターネットという名の、一大大衆フォーラムと膨大なアーカイヴ、そして地球規模の大劇場の驚くべき複合体を想像することはできなかった。私は帝政絶頂期のローマの、人があふれかえりさまざまな催し物がおこなわれていた円形競技場を思い浮かべ

上：ヘカテ・トーラス火山と雲。
その下に見えるのはエリシウム火山。
マーズ・グローバル・サーベイヤー、
1998年７月２日

左ページ：火星、西赤道地帯の地質図。
マリネリス峡谷の谷が紫色で縁取られている。西の方にはエリシウム火山地域の三大火山、北には広大な氾濫原が見える

上：太陽系最高峰のオリンポス山。
マーズ・グローバル・サーベイヤー、
1998年4月25日

下：月の北極。
ガリレオ探査機、モザイク合成画像、
1992年12月7日

てみる。空想のなかのローマ人たちは、神々の目にうつる景色を楽しみ、「赤い惑星」がまわるのを眺めている。彼らなら、そこを征服すべき地と考えただろうか？　軍隊を差し向けただろうか？　火星は何といっても、ローマの軍神であり、ロムルスとレムスの父であるマルスにちなんで名付けられたのだ。では、現代に生きる私たちはどうだろう——最終的にはどちらを目指すのだろう？　「地球は心のふるさとだ」と、宇宙飛行理論の先駆者であるロシア人コンスタンチン・ツィオルコフスキーは言った。「だが我々は、永遠にふるさとで暮らすわけにはいかない」。

コンピュータに取り付けられた小さなファンから、ブーンという低い音が響いてくる。ヴァーチャルな旅の装置から熱を放出するプロペラの音だ。画面の上では火星の錆色の砂丘がまだうねっているが、ふと外を見ると、気温零下の中央ヨーロッパの空に月がのぼっていた。その下にひろがる街は雪におおわれ、静まり返っている。立ち並ぶ煉瓦の煙突の上で、見慣れた冷たい光が氷のような天体の輪郭を描き出す。無数の衝突をうけたかすかな岩塊である地球の衛星は、太陽系の典型的天体であり、地表の様子は、太陽のまわりをずらりと取り巻くように並ぶほかの多くの惑星や衛星と似通っている。だがこの天体は、少なくとも人間にとっては、それ以上の意味をもっている。考えれば考えるほど、その潮汐力は大きくなるのだ。あの美しく光る物体が存在しなければ、この惑星から私たちを引き出すものなど何もなかったかもしれない。

もっと月に近寄ってみたくなった私は火星をぐんぐん遠ざかり、30年前の過去へと突き進む——アポロの記録データが積もり重なった層を急速に降下していくのだ。まもなく、4分の3ほど満ちた月の素晴らしい写真が見つかった。1970年代前半、有人宇宙計画の終わりも近い頃、大判のマッピング・カメラがとらえた画像だ。破壊された面の大半が見えていて、地表のきめも手触りがわかりそうなくらいにはっきりしている——クレーターは、昼と夜の境を休むことなく動きつづける明暗境界線の方へ少しずつその姿を隠し、やがて闇のなかへ消えてゆく。この写真には、三次元的凹凸がしっかりと再現されているのだ。それなのに、なぜか奇妙な感覚がぬぐえない。気づいてみれば、この月面写真には、常に地球を向いている側、いわゆる“ウサギのいる”側と、その反対側とが、両方写っていたのである。なじみのある東側の海のうちふたつが、ここでは写真の左にある。こちらが地球から見える方の半球だ。いつも大宇宙を向いた月面が写っている写真の右手では、「危難の海」の広大な円形盆地から東にずっと行った、衝突痕だらけの月の裏側が長い影のなかに沈んでいる。

突然、私はめまいのような感覚とともに、写真左端のかなたには故郷の惑星があるのだと気づいた。そればかりか、その星のどこかにいる10歳の、もしかしたらアポロでシャッターが切られた瞬間に空を見上げていたかもしれない私自身の存在さえも感じたのだった。宇宙空間を倦むことなく動く天球たちの、機械のように正確な変転のなかで、私の体は凍ったようにすくんでいた。ふたたび（いま、ここで、冬の夜の旅人が）窓の外を見ると、そこにある月もちょうど4分の3ほど満ちていた。

私自身とモニターの画面、そして窓との間に、ある種の時間的三角区分があった。では、あの時と同じでないとすれば、私はいま何をしているのだろう？　空を見上げているのだ、“ちょうど”いい時に。

私が地球に戻るとき、帰る先はいつもリュブリャナだ。ニューヨークに住む友人たちにしてみれば、ここはすでに外宇宙も同然らしい。スロヴェニアは世界の中心になったことなど一度としてないし、中央ヨーロッパとよばれる曖昧な狭間地帯の中心ですらない。私が200万人の高地スラヴ民族が住むこの小さな国に移ってきたのは1991年夏、ユーゴスラヴィアからの分離独立宣言後まもなくのことだった。スロヴェニアは連邦軍相手の10日間におよぶ散発的・パルチザン的闘いの末に、不安定な停戦状態となり、定期的に頭上でミグ戦闘機が音速障壁をこえるときの爆音を響かせ不安をあおった。だが、連邦軍はまもなく撤退し、クロアチア・ボスニア方面をめざして南東へ移動していった。殺意のこもった、プライドを傷つけられたような目をして。そのあとには、驚くべきことに無傷のままで、新しい国が独立を果していた。

悲惨な運命を負ったバルカン半島の片隅に私が引っ越したのは、映画をつくるためだった。4年後、その作品『Predictions of Fire』はようやく仕上がったが、世界各地の映画祭をまわる間、私はまさしくミニチュアのハプスブルク風の小首都リュブリャナに残った。そして、さまざまなプロジェクトや生活と関わりができた。結婚し、やがて息子も生まれた。ニューヨークへ戻るにはタイミングが悪いと思われる時がつづいた。深く考えもしなかったが、ふと気づくと、私は国外居住者になっていた。これが初めてというわけではなかった。

だが、もっと遠くへ行けるのだと気づくのにそう時間はかからなかった。1995年春、中古IBM機のカラー・モニター上で、ワールド・ワイド・ウェブが私のデスクトップに初めて命の光を灯したのだ。マンハッタンが眠っているうちに「ニューヨーク・タイムズ」紙を読める物珍しさにはすぐ慣れてしまい、やがて無人宇宙船の“ウィンドウ”から外を眺めることをおぼえた——それらの宇宙船は地球が真珠の粒ほどになり、さらにはほんの1ピクセルの点になってしまうのを目撃してきたのだ。人類が直接にはまだ見たことのない、はるか遠くへ、本当にはるか彼方へ進みながら。

別の言い方をすれば、ネット上でシャントにかかるごく短い時間に、スレート・グレーの排水管と割れた敷石のヴロホウツェヴァ街4番地から、開いた窓を通り抜け、時速4万㎞の脱出速度で飛び出していくようなものだ。そのプロセスは静かなもので、ロケットの発射につきもののカウントダウンや目のくらむような光、轟音などは一切ない。そして、地球の重力圏をひとたび抜ければ、そこには宇宙が広がっている。あまりに多様性に富み、あまりに意外で神秘的で畏れをいだかせるような、時空をまたいだその光景に接すると、この旅の手続きがすべて地方の電話会社のおかげでおこなわれていることに驚かされずにはいられない。

突然、画面上のすべての物語が現実に思えた。星のちりばめられた広大な闇を背景に展開された人類の物語とそれにつづく物語までも。この30年の間、地球の低い周回軌道上にどういうわけか閉じこめられてきた宇宙飛行士たちとは、何のかかわりもない。遠隔操作によって境界線がどんどん広がっているのだ。スカラベのような鎧を着せられ、スコープやスキャナーといった装置で飾られ、太陽電池や放射性同位体熱電発電機から電力の供給を受ける、複雑な仕組みの宇宙探査機が、人類の認識を広げつづけている。辺境の探査機たちは目を大きく見開き、精密な測量作業をおこなったのだ。かつて海の怪物たちであふれていた大洋が、地平線からこぼれおちていた未知の世界をはるかに越えて。

私はあっという間に夢中になった。引き込まれるように、宇宙を旅する機械たちの様子をモニターしはじめた。

リ[illegible]の塵に触れることもなく昇ってくるあの月は、憧れの地という役をもうずいぶん前に降りてしまった。最初の行動を起こさせたのは月だが、いまではそのはるか彼方の広大な宇宙を背景にして輝く、カメオ細工のようなものだ。それでも月は、人類があぶなっかしい足取りで地球を離れ、あたりを見回すのを手伝うという役割を、その小さな重力場をフルに活用しながら立派に果たした。宇宙旅行50年の歴史の冒頭、その調査を目的としたさまざまな機器は急速に能力を向上させていったのである。それらの機器はいま、深遠さにおいても多様性においても驚異的なものを見つめていた。

アメリカの全無人ミッションを受け持つNASA（アメリカ航空宇宙局）ジェット推進研究所は、近年の記録的数にのぼる衛星や探査機の動向をすべて追いつづけている。NASAと欧州宇宙機関が共同で打ち上げ、すでに６年以上も太陽の“地震”や暴風を見事なストップモーション・フィルムにおさめつづけている太陽観測衛星SOHO（ソーホー）や、２層構造の巨大探査機カッシーニもその対象だ。カッシーニ[1]は1997年10月の打ち上げ以来、遠回りのコースをとりながらいまも土星へと近づきつつあるのだが、目的地までの７年におよぶフライトでは、まず金星の近くを二度通過し、その都度重力を利用して推進力を増すと、ふたたび地球のそばまで舞い戻るというコースをとった。2001年１月１日カッシーニは、いまだかつてなく美しい木星とその衛星イオのカラー画像を地球に送信してきた（210〜211ページ参照）。ほかの新型探査機にくらべると、まるで巨大な怪物のようなカッシーニが設計されたのは、「より速く、より良く、より安く」という方針がNASAで採用される以前のことだ。ちなみに、この方針はNASAのダニエル・S・ゴールディン前局長が1990年代初頭、鳴り物入りで導入したものである。こうした低予算の経営哲学は、財政難に苦しむ国際宇宙ステーションや、打ち上げの度に５億ドルかかるスペースシャトルにはどうやら適用されないらしいが、ほかの宇宙船のコストは１億5000万ドル以下、設計から打ち上げまで36カ月以内でおさめることを命じていた。1999年にふたつの火星探査機が失われたことを受けて、非常に官僚的で細かいチェックがおこなわれていたのである——本書の印刷がはじまろうとしている2003年の春現在、シャトル計画に暗雲がたれこめているのと同様に。

とはいえ、NASAのディスカバリー計画クラスのミッションはこの方針にそっておこなわれたものであり、実にめざましい成果をあげてもいる。そのなかには2001年に打ち上げられ、アーサー・C・クラークの映画『2001年宇宙の旅（スペース・オデッセイ）』にちなんで名付けられたマーズ・オデッセイ・ミッションもあれば、地球の地図のなかでも最高レベルのものと競えるような出来映えの火星写真地図を完成させた、グローバル・サーベイヤー・ミッションも含まれる。その最初期の大きな成功といえば、1997年にメディアにちょっとしたセンセーションを巻き起こしたパスファインダーだろう。パスファインダーは、いくつものふくらんだエアバッグを使い、はずみながら火星表面へ降り立った。前例のない着地方法である。それから機械仕掛けの花のように花びらがひらき、昆虫に似たソジャーナーという名の、テレビ映りの良い小型探査車がころがり出はじめた。このソジャーナーは、NASAの歴史のなかでももっともカリスマ的な無人車といって間違いあるまい[2]。

2000年初頭、大手メディアではほとんど話題にもされなかったが、ジェット推進研究所はディスカバリー計画の一端としてNEAR（ニア：地球近傍小惑星ランデブー）という探査機を、433「エロス」と呼ばれる小惑星の周回軌道にのせた。この小惑星は長径34kmのピーナツ形で、規則正しく回転する岩石である。NEARは小惑星をまわる軌道にのった初の探査機となったわけだが、宇宙航空技術上、これは大きな意味をもつ偉業であった。エロスの重力場はきわめて小さく、この小惑星では宇宙飛行士がジャンプしただけで脱出速度に達することができるほどなのだ。１年後、このプロジェクトの担当科学者たちは、探査機を観測対象から数百mの距離にまで近づけ、さらにそっと着地させた。こうしてNEARは小惑星に着陸した最初の宇宙船となった。

NEAR計画の実行段階に問題がおきなかったわけではない。まるでエロティックな夢想の相手と初めて向かい合ってうろたえる若者のように、1998年12月、エロスへの最初のアプローチの際、NEARは突然、突飛な行動をはじめてしまったのだ。地球との交信が途絶えてしまうと、探査機のコンピュータはみずからの判断で動きながら、くるくる回転する機体をなんとか方向修正させた。その時まで

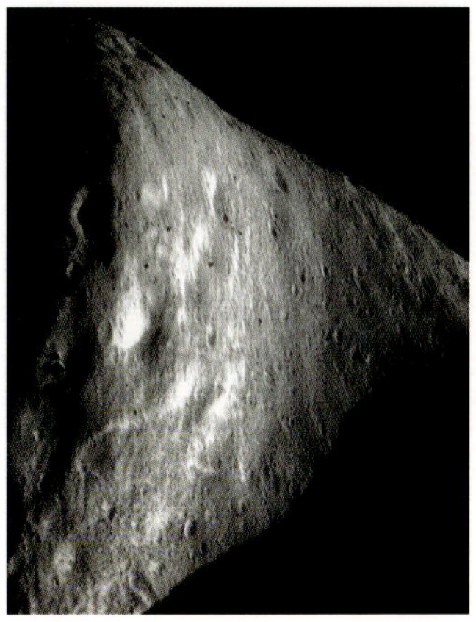

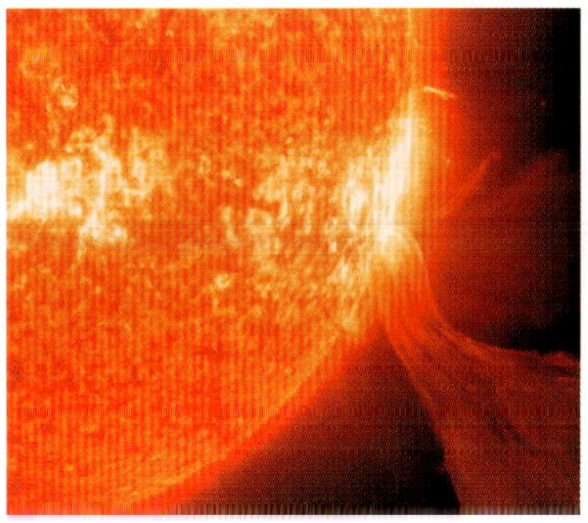

上：小惑星433「エロス」のサドル状地形西壁に日が昇る。
NEAR、2000年９月16日

下：太陽でおきた爆発。
SOHO、2001年５月15日

1 http://sohowww.nascom.nasa.gov/ および http://saturn.jpl.nasa.gov/index.cfm 参照。
2 http://mars.jpl.nasa.gov/MPF/, http://www.earth.nwu.edu/people/robinson/near.htmlおよび http://mars.jpl.nasa.gov/odyssey/ 参照。

上：火星の探査車ソジャーナー。
マーズ・パスファインダー着陸機、
1997年7月

下：ゴーゴナム・ケイオスのガリー［水による浸食地形］は地下に液体の水がある証拠。
マーズ・グローバル・サーベイヤー、
2000年1月22日

には、ジェット推進研究所のフライト・エンジニアたちも不具合の原因を見つけだしていた。ふたたび着陸を試みるため、彼らは探査機に太陽をもう1周——1年の道のりにあたる——させなければならなかった。

もしNEARがきちんと自力で飛んでいなかったなら、そんなこともできなかっただろう。私たちが天空に送り出す探査機の自律性がこうして高まっていく様子には興奮をおぼえる。1990年代の末、ジェット推進研究所から私に1通のEメールが届いた——これもまた自動的に、無数のルータやチップでできた別世界を通って送られてくるものだが——地球に対しての方向性をかなりの程度まで自分で決められる、初の無人探査機が打ち上げられるという内容だった。表現そのものが面白かった。まだ政治的方向性を決められるという話ではないとしても、だ。もし私が事情に通じていなかったら、地球を取り巻く大気のはるか遠くで、一種のバトンタッチのようなものがおこなわれつつあるのではないかと思ったことだろう。肉と血でできた“私たち”から、ナットとボルトでできた“彼ら”へと。それはサイエンス・フィクションなのだろうか？

マーズ・パスファインダーのサイトで自画自賛的な最後のプレスリリースを読んでいたとき、私は急に、思いがけなく心を動かされた。そこには、1997年10月初め、着陸機との交信が途絶えたと書かれていた。予定よりずっと長く、3カ月近くにおよぶ活動をつづけた末のことだった。交信が途絶えたのは着陸機のバッテリーの故障が原因だとされていて、そのためヒーターの動力が切れてしまったのだという。プレスリリースには次のように説明されていた。「その後、着陸機は夜間、次第に冷えてゆき、昼夜の気温変化の影響をより大きく受けるようになったと考えられる。この寒さか、あるいは寒暖差のために、ついには操縦不可能となったのだろう」。

だが、小さなソジャーナーの方は、ほぼ完全にソーラーパワーで動いている。地球との交信がすべて絶たれても、動きつづけてはいるのだ。私はこんな文章を見つけた。「探査車の状態と状況は……不明である、しかし……おそらく着陸機の周辺をまわりながら、交信を試みているだろう」。

なんたる痛ましさ！　もの哀しさ！　疲れ知らずの太陽から永遠に動力を供給され、寒さを感じることもなく、ソジャーナーは今日も黄土色の砂地に轍を刻みつづけているのかもしれない。それなのに人間は、自分たちがつくりだした人工頭脳の創造物を忘れ去ってしまい、文字通りかまうことなく放置している。私たちは身の回りにあるものを削ったり、叩いたり、くっつけたり、つなぎ合わせたりして、そこに目や耳や、さらにはみずから方向を決める能力を与え、まるで初期の生命体のようなものをつくった。そして、その人類のつくったものがどこまで行けるか、境界線をおしひろげるべく彼方へと超高速で進ませてきたのだ。その場で回りつづけさせているものもあれば、太陽系の外へ直進させたものもある——それはいまも指令を待ちつづけ、私たちと交信しようと試みつづけているのだ。

2、3年前のこと、火星で新たに発見された河床の、干上がった支流にそって画像をスクロールしていると、マーズ・ポーラー・ランダー打ち上げの生中継を伝える小さな見出しが、けばけばしいネオンサインのように点滅しはじめた。私はそのすぐ隣りにあるRealPlayerのアイコンにポインタを重ね、クリックした。するとすぐ、テレビに似たものがブラウザのウインドウにひとりでに開いた。大きさはだいたいマッチ箱くらい。テレビのヴァーチャリティーから次の段階へ——。なにしろ、テレビそのものがヴァーチャルになったのだから。この小さな“画面のなかの画面”は、とある地球表面のクローズアップ映像で一杯になっていた。それは草地でも土でも、波うねる太平洋でもなく、格子模様になった灰色のコンクリート、大きな梁とタラップとたなびく煙とが複雑にからみあっている。カメラはどうやらロケットの下段に取り付けられているようだ。私はつまり、ケープ・カナヴェラルの発射台17Bを見下ろしていたのだ。

コンピュータのスピーカーからカウントダウンの薄っぺらい音声が響いてきて、粒子は粗いがきちんと動くこっけいなほど小さな画面で、私はあの不運な探査機の打ち上げ中継を見つめた。明るいオレンジ色の炎が舌のように動き、私の極小テレビの下一杯に広がった。地面が猛スピードで遠のき、まもなく海岸線に、さらには雲景へとかわっていった。ちっぽけな画面を拡大しようと虫眼鏡の形をしたアイコンをクリックすると、モニターの半分くらいまで広がった。映像はまるで抽象画のようになっている。音の障壁を突きぬけ、すぐに大気圏外へと出ていってしまうロケットの、猛スピードの現実に負けないよう、“圧縮プロトコル”のスクランブルで必死についていっているせいなのだろう。弓の形をした、地球の縁があらわれた——先祖代々の記憶に組み込まれていたかのように、瞬間的にそれとわかった。離昇（リフトオフ）から66秒後、ペンシル型の固体燃料ブースター四つがデルタⅡロケットから切り離され、優雅に遠のいていった。らせんを描きながらフロリダへ帰っていくブースターからは、煙がリボンのようにたなびいていた。弧を描く地平線を際立たせているのは、漆黒の宇宙だった。

皮肉なことだが、私たちのふるさとの惑星がとらえられたこの映像は、サーベイヤーやマーズ・オデッセイが火星から送信してきた鮮明な画像にくらべ、解像度がはるかに低い。それは、空間に時間が加えられるからだ。つまり、少なくとも名目上は動画であり、そのうえライヴ映像だったからなのだ。私はテクニックがテクノロジーを追いかけ、ソフトウェアがハードウェアを引きずっていくこの状況に強い興味をおぼえ、ピクセルであらわされた地球を見つめた。大西洋に浮かぶ雲がのんびり流れていくかたわらで、みずからをひとつにまとめておくため常に回転しつづけなければならない青い球体を。ハチドリの翼のようなブーンという音をわずかに響かせるモデムを通じて、データが流れ込んでいた。フライトが4分半になる頃、視界は突如また紅にそまり、惰性回転もはじまった。ロケット下段――カメラがついている段――が落ちていったのだ。そして超小型テレビは二度ちらついたあと、ノイズのほかには何も映さなくなった。探査機はまもなく脱出速度に達するだろう。燃料の供給はもう終わりだ。私たち人類は、はるか後方に取り残された。これが初めてというわけではなかった。

地球に再突入するのはどうしても嫌で、私は打ち上げられたばかりの探査機の先回りをして火星周回軌道へ戻ることにした。そこから、太陽系最大の渓谷、北米大陸の大半を軽くカバーできる長さ4000kmほどの深い亀裂を見下ろした。発見者である1971年のマリナー９号にちなんで名付けられたマリネリス峡谷だ[3]。過去５年間、サーベイヤーはこの巨大な渓谷の、ところによっては10km以上の深さがある浸食壁をクローズアップ撮影してきた。これらの写真は解像度がきわめて高く、そのため科学者たちは渓谷西周縁部を形成する地溝の谷の複雑なつらなり、ノクティス・ラビリントゥスの縁に、たとえば小さな売店のようなものを見つけられたほどだ。コーラ?　フライド・ポテト?　それとも酸素になさいますか？　マリネリス峡谷からは古代の巨大な河床が発し、北へとのびている。その多くはクリュセ盆地の、巨礫が散乱する氾濫原に通じる。クリュセ盆地は、軌道船をあとに残して1976年に着陸したバイキング１号と、それから約20年後、ピーナホールのようにはずんで着地したパスファインダー[4]の着陸地点だ。

私はサーベイヤーが峡谷の北端を移動しながら送信してくる画像をじっと見つめていた。画像の縁近くに小さな衝突クレーターがはっきり見える。湖に雨だれが落ちた直後をとらえた写真のような、完璧なクレーターだ。この一帯はほこりっぽいほど乾燥して見えるのに、2000年に火星南半球のゴーゴナム・ケイオス地域を撮影した画像からは、驚くべきことに、起伏のある土地に最近形成されたガリー［溝］が蛇行していることがわかった。地球の地形と見分けがつかないほどよく似ているこれらのガリーは、地下水が流れている場所の上にしかできないものなので、地表のわずか数百m下に帯水層があることを示していると考えられる。

もちろん、これは誰も気づきませんようにと願いながら記事の終わりにささっと書いてしまえるような話ではない。地球からの数百年にわたる虚しい観測、探査機たちの30年におよぶ接近飛行、周回軌道からの観測、遠隔操作による３機の着陸成功といった長い努力の末、鋭い目をした低予算のグローバル・サーベイヤーが、火星に水があることを示す手がかりをようやくつかんだのだ。ユーレカ［発見した］！

光を浴びて輝くマリネリス峡谷の、ビュートやメサ［いずれも米国南西部にある切り立った丘］によく似ていて、見慣れているとさえ思えるのに生命のほんの小さなかけらさえ感じられない不気味な光景を見下ろしながら、私はアリゾナ州のメテオ・クレーター――地球上でもっとも保存状態の良い衝突クレーター――からグランド・キャニオンの端まで車を走らせた1996年夏のことを思い出していた。グランド・キャニオンは、新世界にやってきたヨーロッパ人が初めて地質学上はるか遠い昔に対峙した場所で、そのあまりの古さに、聖書に基づく年代記への疑いが生じたほどだった。グランド・キャニオンがアメリカ合衆国にとってこれほど象徴的な重要性をもつようになったのは、文化的な歴史をもたない（ネイティヴ・アメリカンのことは考えに入れられなかった）若い国にとって、ここが、地質学的な歴史を雄弁に語ることでその穴を埋め合わせてくれたからでもある。それから数百年後、地球上でいまやもっとも長く機能しつづけている政治体制を誇れるようになったこの国が、人類の痕跡が何ひとつ刻まれていない、はるかに華々しい新世界を探検するため労力と資金をつぎ込むことになったのは偶然なのだろうか。

自然は真空を嫌う、と言われる。だがそれは、いつでもガチャガチャいう器械やあれやこれやの解釈をもって闖入してくる人間にとっての話だ。火星の渓谷のぎざぎざした壁面は、アリゾナにあるそれの対蹠として存在しているのかもしれない。もしかしたら、アメリカを象徴する風景であるあの深い亀裂は、はるか上空から鏡のようにマリネリス峡谷に映し出されているのかもしれない――国の過去ではなく、未来を物語る場所として。最後のフロンティアではなく、次のフロンティアとして。

これまで世界中を転々としてきた人生の経験から、私には物事を宇宙的な見方でとらえる傾向があるように思う。30年前、月面をはずむような足取りで歩いた一握りの宇宙飛行士たちは、球体上にいることを感じとれたそうだ。地平線はごく間近に見えた。それは、空気のない不思議な透明感のなかで、非常にわずかではあるけれど明らかに傾斜していたという。たとえば私のように、国務省の外務職員の家庭で育つと、地球にいても同じような効果をもたらす。いろいろな時間帯の場所で多様なアングルの写真を撮影してみたが、ただひとつ共通していたのは空だった。

いくつもの街が、私の記憶のなかで走馬燈のように蘇る。1970年代半ばのトルコ、アンカラが浮かんできた。つんとする嫌な臭いがイスラム教寺院の尖塔をおおっている。この街の大気汚染は、地球上でもとりわけひどかった。大きなわが家の部屋のひとつひとつに静電気式の空気清浄機がついていた。私たちアメリカ人のひ弱な肺に微粒子がたどり着く前にやっつけてしまおうと、木目調プラスチック・ボックスの一団は必死になっていた。だが、褐色のもやは、炭を燃やす冬だけの煙だった。春にはアナトリア高原の薄く乾いた空気のなか、バルガトの丘の上空に明るく澄んだ星々がまたたき動いていくのだ。12歳の誕生日に、私は望遠鏡をもらった。闇につつまれた芝生にこの筒――ガリレオ・ガリレイが1609年の冬につくったものとほとんど変わらない装置だ――を置き、きらきら光る夜空に向けてみた。ピサ生まれの異端者と同じように、私もすぐさまいくつもの大発見を

上：ノアキス大地の衝突クレーターの浸食壁面に見られるガリー。
マーズ・グローバル・サーベイヤー、1999年９月28日

下：マリネリス峡谷の斜面。
マーズ・グローバル・サーベイヤー、1998年１月１日

3 http://nssdc.gsfc.nasa.gov/database/MasterCatalog?sc=1971-051A 参照。
4 http://nssdc.gsfc.nasa.gov/planetary/marspath_images.html 参照。

上：大赤斑上空に浮かぶ木星の衛星イオ。
ボイジャー1号、1979年2月13日

下：土星とその衛星テティス。
ボイジャー1号、1980年11月3日

した。たとえば月は、クレーターのある、山の多い天体だ。天の川は無数の星の集まりだ。薄い縞模様のある木星には四つの星が付き従い、木星のふくらんだ赤道と平行に細い線を描いて広がっている。

数日後、もう一度木星を見てみた。四つの“星々”は、木星やほかの星に対してその位置を変えていた。それらはガリレオ衛星である。

だが、そうした発見のいずれをもってしても、土星の完全なる美しさを見たときの喜びにはかなわない。一体全体どうやってこんなものができたのだろう。重量感のない傾きを見るとよくわかるが、この、現実に存在するとは思えない天体をとりまく幾重ものリングは、もっとも精密をきわめた工具と数学的に完璧な型を使って、宇宙最大の旋盤の上でつくられたもののように均斉がとれており、これほどまでの力が自然にあるのかと私たちの認識を新たにさせる。土星は、私がそれまで見てきた地球上のなによりも美しかった。それは宇宙の完璧さを、ライヴ、ノーカットで見せてくれているのだ。

私は接眼レンズから目を離し、望遠鏡の白い胴体を驚きをもって見下ろした。テクノロジーは、街を窒息させるもやを生み出すかもしれない。原油が海に流れ出すような事態も招くだろう。けれど、きらめく宝石でできた世界のヴェールも取り払ってくれるのである。

それから20年以上が経ち、サイバースペースを苦もなく突き進みながら、私は点滅する情報をチェックし、超小型回路やつなぎ合わせた電気通信機器に指示をして、惑星や恒星の間を航行していく。このようにひとりで、しかも自分で方向を決めながらはるかな宇宙空間を旅をすることなど、これまでなら決してありえなかった。実際に地球を飛び出し別世界へと旅した月面探検者たちでさえ、スケジュールに縛られ、指示系統の下におかれていた。体験したことを心に刻みつけようと窓の外を見つめる機会さえ、ほんのわずかしかなかった。帰還したとき、彼らの多くは現実離れした経験をスケッチ程度にしか記憶していなかった。私の旅は現実ではないかもしれないが、窓越しに眺めたものについて思いをめぐらす時間はたっぷり与えてくれる。

2001年5月、私の個人的な宇宙探検方法は有効であると、ほかならぬ全米研究評議会（NRC）も認めていたことを知った。というのも、NRCは6000万ドルを拠出して「国立仮想天文台」を設立するよう勧めたのである。空から降り注ぐデータの量が増えつづけ、手に負えなくなるほどにまでなっているいま、昔ながらの観測方法（天文学者や芝生の上のこどもたちが、見たいところに望遠鏡を向けるというやり方）は、データ・マイニングとよばれる方法（前もって記録された観測記録の層を研究者たちが調べるもので、これによって初めて日の目を見るデータが多い）に徐々にとってかわられつつある。ハッブル宇宙望遠鏡だけでも、1日あたり20億バイト以上のデータを地上に送信してきており、現在組立て中の高性能次世代宇宙望遠鏡が実用化されたときのことを考えれば、数百テラバイトのデータをおさめられる複数の記録保管場所が必要だ。探査機カッシーニが2004年に土星へたどり着いた暁には、その高利得アンテナが外太陽系からのデータを猛烈な勢いで送信してくるだろう。地球上の科学者たちを何世代にもわたって忙しく働かせるほどの情報量になるはずだ。空前の計算処理能力を手にしているにもかかわらず、科学者たちがやっているのは、深く広大なデータの大洋の波打ち際で引き網漁をする程度のことなのだ。

このようなデータ宇宙は、科学の世界にまったく新しい方法論をあみだすよう迫っているのかもしれないが、私のような傍から眺めるだけの旅行者には、これまでよりはるかに広い彷徨の場を与えてくれている。霜の降りたリュブリャナの窓の外では、すでに南中をすぎた月がのこぎりの歯のようなアルプス山脈に沈みかけているが、私ははるか遠くの探査機が撮影した画像のなかで彗星の尾をたどっていた。これらの写真は、カメラのプラットフォームが猛スピードで移動していることもあって、映画のような効果を生みだしている。それは、丸天井一杯を使って天界の説話を繰りひろげるカテドラルのフレスコ画のようなものではない。ページをパラパラめくると動いているように見える、絵本のようなもの——それも、かつてないスピードで動く移動撮影台で撮られたスチール写真を、複雑な軌道をたどるシークエンスに並べたようなものなのである。

1970年代末のヒットエンドラン探査機ボイジャーによって、驚くほど美しい写真が地球へ送られてきたが、この5年間ガリレオ——2003年現在も複雑な木星系内部を飛びつづけている、人工頭脳を装備した同名人物の子孫——からダウンロードされた大量の情報の前では色あせてしまった。1610年にガリレオが発見した四つの衛星のなかでも、とりわけ魅力的なのがエウロパだ。ロシア人監督アンドレイ・タルコフスキーの映画『惑星ソラリス』に登場する、意識をもった水の惑星を彷彿とさせる（だが断層線は、奇妙で複雑な模様を描くほど凍りついており、カオス地形もある）エウロパは、一度見たら忘れられない、霜のためにオフホワイト色をした天体で、その表面はぎざぎざに分れ、きらきら光る氷にすっかりおおわれている[5]。遠目にはビリヤードの玉のようにつるつるだが、近寄って見ると、楕円形の亀裂と隆起が見事に配列されていて、まるで解読せよと挑みかかってくる抽象表現主義の作品さながらだ。1999年、故ランディー・タフツ、グレゴリー・V・ホッパおよびアリゾナ大学の惑星学者チームは暗号解読に力を注ぎ、エウロパで見つかったもっともミステリアスな断層線——極付近の水晶のような地表に不気味な渦をまく、波状につらなった“弓形”の亀裂——はほぼ間違いなく、地表下の水に木星の潮汐力がはたらいてできたものだろうという説をたてた[6]。

実際、エウロパのひび割れが惑星学の研究対象として登場したのは比較的最近のことだ。この結果に、慎重ながらも興奮は高まる。この衛星は、地球外生命の存在する可能性がかなり高い場所のひとつとなったのだ。エウロパには地球の5

5 http://cdi.ucalgary.ca/~tstronds/nostalghia.com/ 参照。
6 http://pirlwww.lpl.arizona.edu/~hoppa/science.html 参照。

倍、あるいは10倍もの水があるとする説まである。ジェット推進研究所のリチャード・テリルはマスコミに対して、次のように言っている。「大洋はどのくらいひんぱんに発見されるものでしょうか。一番最近見つかったのは太平洋で、発見者はバルボア、500年前のことでした」。

画像をため込みつづけながら、私は太陽系の気まぐれな多様性について考える。ひとつだけ例をあげてみよう。エウロパはイオという名の衛星のすぐ外をまわっているのだが、このイオは、いままでに知られているなかでは宇宙でもっとも火山の多い天体だ。この炎と氷の衛星ペアは、互いに並はずれて異なっている。イオはオレンジ、緑、紫色をしており、とにかく奇妙だ。木星重力という巨大な手に押しつぶされるように、いくつもの非常に活発な火山が噴火し、プリュームが宇宙空間に何百kmもの高さで絶え間なく噴きだしている。中心部の火山マグマは地球のどこよりはるかに高温だろうと考えられているが、絶えず変化をつづける地殻の上に降り注いでいる。現在も進行中の、内から外へという地層変化によって、イオはその外側と内側をたえず入れかえているのだ。

土星のかすかに光るリングのそばを進みつづけると、リングにはスポーク状になったところやよじれた部分がたくさんあることに気づく。スポーク状の部分は、塵のような軽い粒子のなかの静電気によってできた可能性があり、よじれはおそらく、小さなふたつの"羊飼い衛星"の引力でできたのだろう。こうした複雑で、変化しつづける現象を説明しようと、ありとあらゆる学説が提示されてきた。さらに太陽系の最外縁部へ、天王星や海王星といった、宇宙探査機が訪れたもっとも遠い惑星へと画像を追っていくと、いくつもの異様な眺めが見えてくる。天王星の大型衛星のなかでもっとも小さいミランダも、そのひとつだ。直径472km、『テンペスト』に登場するプロスペローの娘にちなんで名付けられたこの天体には、深さ20kmほどの巨大な溝がある。ある仮説によれば、ミランダは未知の力によって破壊され、その後不可解にも寄せ集められるということが、謎の歴史のなかで何度も繰り返されたのではないかという。はるかな太陽から寒々とした光を受け、天空をただようミランダは、嵐に襲われたゴンザーローが「1000ファーロング［200km］の海をさしだしてもかまわないから、1エーカーの不毛の陸地がほしい」と切望した、まさにその不毛の地であったのかもしれない。

ようやく探査機の最終目的地、紺碧の海王星にたどり着いた私は、陰気な黒い嵐を見下ろした。これは、ボイジャー2号が1989年にこの惑星を急ぎ足で通り過ぎたとき、もっとも大きくはっきりと見えた特徴だった。「大暗斑」とよばれる地球サイズの渦で、ほかのどの惑星でも計測されたことがないほどの強風が吹き荒れている。その南では、不規則な形の白い雲——ボイジャー計画の科学者たちによって「スクーター」というかわいい名前がつけられた——が、渦とは同調することなく、海王星の赤道にそって時速2000kmですっ飛んでいく。

これまで探測してきた太陽系のはるか彼方へつづく冷え切った真空空間を進みながら、私はふと三日月形の海王星を振り返ってみた。それはまるで一点の芸術作品、さらに言うなら、巨匠が長いキャリアの果てに創造した作品のようだった。枯れた名人芸さながらに、目立たせようというような気負いが一切ないのだ。木星や土星の行き過ぎた派手さは、そこにはない。海王星のリングは細く、ほとんど見えないほどだ。衛星トリトンは一度見たら決して忘れられないメロンのような表面をしている。これまでのところ自然界のもっとも寒い場所で、暗く謎めいた衛星だ。そんな冷凍されたような状態でも、星の営みはやはり存在する。イカの墨のように真っ黒な炭素のプリュームが、地表の割れ目から噴き出しているのだ。上空にのぼった煙は、まるで見えない手に叩かれたように突然水平方向に折れ曲がっている。海王星の北半球では、この驚くべき光景の下の方、そしてどんな海よりも底知れぬ青い広がりのすぐ上を、かぼそい銀色の雲がたなびいていた。

眠れぬ夜がつづく。私は恒星間、そして銀河間空間を移動する。これまで惑星や衛星が見せてくれたもっともエキゾチックな光景が"ローカル"に思えてしまうような場所へ……。それらの画像は、また違う種類の宇宙探査機によって送られてくる。地球のまわりを回っているハッブル宇宙望遠鏡だ。当初は近視のような困った状態だったのだが、1993年のシャトル・ミッションで複雑な振り付けの5回の宇宙遊泳によって治療されてからは、びっくりするような観測結果を送りつづけてきた。宇宙にはもううんざりしている天文学者（またはヴィジュアル・アーティストや、加えて言うなら神学者）でさえ、畏敬の念に打たれて黙り込んでしまうほどの衝撃的画像を送ってきているのである[7]。

2002年、ハッブルからのデータを共有する幸運にめぐまれていた天文学者たちは、人類がこれまで見たなかでもおそらくもっとも黙示録的な光景を目撃した。ふたつの銀河の衝突場面である。数週間後、私のモニターには"タドポール［オタマジャクシ］"銀河が映っていた。星やガスなどの物質が輝く尾のように、遠くかたよった中心部からのびているため、そう名づけられたのだ。当て逃げを決め込もうとしている小さな青い銀河は、星々の巨大な渦からのびる、ねじれた腕の後ろにほとんど隠れているといってもいい。これはもう想像を絶する、狂乱状態ともいえる凄まじさだ。しかし同時に、気高くも美しい。あまりにも規模が大きく、またあまりに遠くで起こっている天変地異なので、私たちがそれを理解したことはもちろん、とらえられる力をもっていたというその事実だけで、私たち自身に対して抱いているイメージを一新させるほどだ。この星の尾の残骸と、私たちはどんな関係にあるのだろう？　死後の世界の幻ではないのだ。実際は、これは私たちが種として誕生する以前の出来事なのだ。にもかかわらず私たちは奇跡的にも、その完璧な絵姿、ぶつかり合う星々のストップモーション画像をつくり出し、そしてそれをコンピュータのハードディスクに閉じこめるところまでたどり着いたのである。

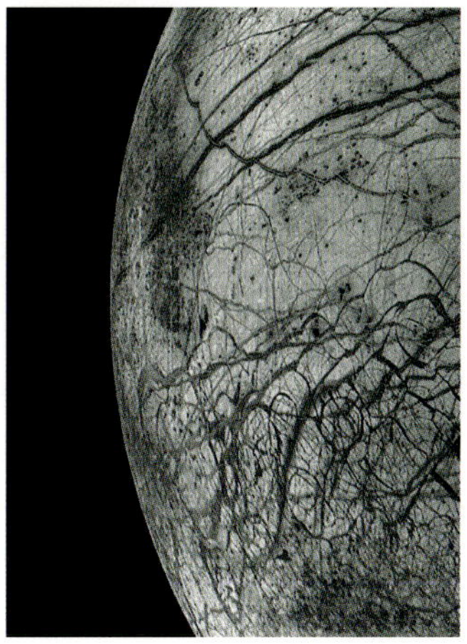

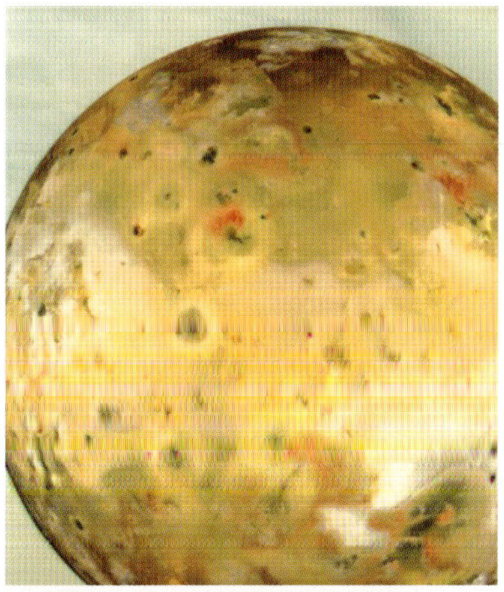

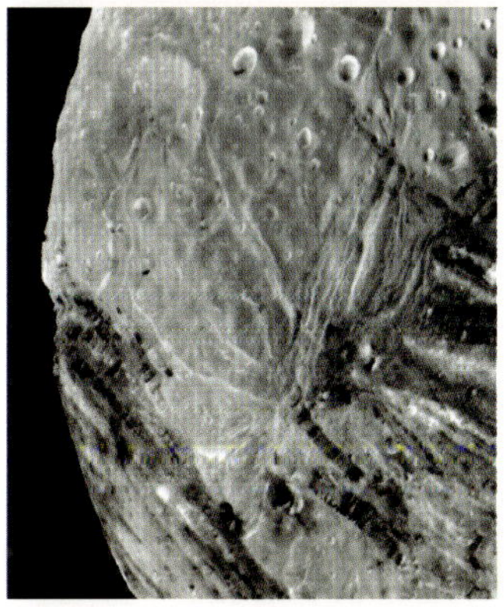

上：木星の、水の衛星エウロパ。
ガリレオ、1996年6月27日

中：木星の水素の雲を背景にしたイオ。
ガリレオ、1998年3月29日

下：天王星の衛星ミランダ。
ボイジャー2号、1986年1月24日

7 http://oposite.stsci.edu/pubinfo/pictures.html 参照。

上：海王星の雲。
ボイジャー2号、1989年8月24日

下：“タドポール［オタマジャクシ］”
銀河の衝突。
ハッブル宇宙望遠鏡、2002年

そもそも私たち人間を構成する材料となった宇宙塵は、こうしたものと似ていなくもない大爆発でつくられた。二重螺旋——生化学的な引き金となる遺伝子の連鎖——が材料を加工するようになったのは、もっとずっと後のことである。時々、私は考えてしまうのだ。人間がつくったセンサーが天空から送りつづけてきた、目を見張るほどの豊かさに、多くの人が気づかなかった、あるいはあえて目を向けようとしなかったという事態は、私たちの文明について一体何を物語るのだろうかと。こうした夢のような機械をつくりだした非宗教的な時代が同時に、機械によって解き明かされたものに向けられるべき畏怖の念を多少なりとも消し去ってしまう原因にもなっているのだろうか。機械にある程度の心と好奇心を与えたことによって、私たちはその分、自分たちの心と好奇心を失ってしまったのだろうか。もしかしたら、私たちにはもっと時間が必要なだけなのかもしれない。あるいは、角度を変えれば、もっと空間が必要なのかもしれないのだ。

アレン・ギンズバーグは、トレードマークの長い詩を叫びながら、それを上手く表現した。彼の叙事詩『吠える』のなかでヒップスターたちは、「夜のからくり仕掛けのなか、星々のダイナモとの古からの神聖なつながり」を求めているのだ。そこまで最先端をいっているわけではないが、やる気では負けていないハッブルのスタッフたちは、あるとき面白い実験をしている。宇宙で活動がもっとも少ないと思われる領域に、1995年12月18日から28日まで宇宙望遠鏡の焦点を合わせてみたのだ。生命に満ちあふれている状態に飽き飽きした生物学者のチームが、ついにはスライドの上に蒸留水を落として“何もない何か”を見ようとするように、彼らは私たちの銀河の混みあった所から離れたポイントを選ぶと、ハッブルの焦点をできるだけ遠くにあわせた。彼らが調べた、北斗七星の柄の近くに位置する四分円形の場所には、見たところ何もないようだった。調査領域——その画像はこれまで撮影されたなかでももっとも遠い宇宙の写真となった——は、公式なプレスリリースによれば、「25m先にある10セント硬貨程度の大きさでしかない、空の一片」である。

宇宙のこのちっぽけな空間からやってくるかすかな光は、連続10日の撮影期間で342枚の画像に集められた。これらの画像は整理され、処理され、デジタル合成される。そうすることによって、かすかな光の点が2、3あるだけの写真ではなく、時間と空間の奥深くまで永遠に広がりつづけていくようにみえる、色とりどりのカーペットのような銀河の写真になるのだ。ハッブルが切り取る宇宙の「コア・サンプル」のなかを猛スピードで動いているのは、約1500におよぶ神々しい回転花火やその他の形をした銀河だが、いずれもあまりにかすかなものなので、地上最大の望遠鏡でもとらえられない。たとえば30等星級の光の場合、人間が裸眼で識別できる明るさの40億分の1でしかないのだ。「ハッブル・ディープ・フィールド」と呼ばれるその画像は、“記録された歴史”という言葉に目の眩むような新しい意味を与えているのである。

この写真のもっとも解像度の高いファイル、つまりイギリスのどこかに保管されていた67メガバイトものファイルを探し出すと、私は“ダウンロード”をクリックし、4時間ほど外出した。冬の夜のリュブリャナ。濃い霧のなかを、乱暴な運転のドライバーたちが駆け抜けていく。空を見上げてみたが、そこには何もなかった。アパートではラップトップPCが、いましも整然と銀河を集合させているのだが。

入り組んだ中世の道を抜けてギシギシ鳴る階段を上がり、ようやく帰宅してみると、人間が知る現実の最果ての画像が、私のモニター画面を満たしていた。上へ横へとスクロールしながら、私はその意味を知ろうと試みる。「いや、思い違いなんかじゃない」、やっと結論を下せた。「ここにある科学の成果は、どこを見ても、旧約聖書の冒頭の数節と同じくらい含蓄に富んでいる」。

しばらく前、私はこの文章の草稿を、ニューヨークに住む友人の作家ローレンス・ウェシュラー（本書の「終わりに」を参照のこと）に送った。彼はそれに応えて、カール・セーガンの文章を送ってよこした。

> **畏れを抱かせることにかけて、科学はいくつかの点で宗教をはるかに越えてしまった。それなのにどの大宗教も科学についてじっくり考え、次のような結論を出すことがないのは、一体どうしたことか。「これは、我々が考えていたことよりずっといい！　世界は、我々の預言者たちが言っていたよりはるかに大きい——ずっと壮大で、精緻で、優雅だ。神も我々が夢見ていたより偉大に違いない」と。そのかわりにこんなことを言う。「違う、違う、違う！　我が神は小さな神だ、そして私は神にそうありつづけて欲しいのだ」。現代科学が解明した世界の素晴らしさを強調してみせるような宗教があれば、それが古いものであれ新しいものであれ、旧態依然とした信仰にはあまり縁のなかった敬意や畏敬の念を集めることができるかもしれない。遅かれ早かれ、そういう宗教が生まれるだろう。**

私たちが知る最古の文字、シュメールの楔形文字では、神は星形で書き表されていた。言い換えれば、かつて文と絵はひとつだったのだ。それから5000年後、“純粋に”世俗的科学の産物であるハッブルは、私たちを振出しに戻してくれた。話し言葉であれ書き言葉であれ、人間のどんな言語よりはるか彼方を見ることで、ハッブルは人間を振出しに立ち返らせたのである。シュメール人の時代から100億年あまり昔、「ディープ・フィールド」に見えるもっとも遠い、したがってもっとも古い銀河たちは、まだその形成過程にあった。宇宙望遠鏡科学研究所によれば、形成過程にあったのは（銀河の誕生時に放たれた赤みがかった光が私たちのところへ届くまでにかかる時間を考えると、写真のなかではまだ形成過程にあることになる）、「おそらく、ビッグバンによる宇宙誕生から10億年に満たないくらい」のことである。

「ディープ・フィールド」が撮影された７年前のあの冬以来、カメラをディープフォーカスした宇宙の一画がたとえ一見がらんとしていても、必ずそこには古代のきらめく光があるのだというのが宇宙望遠鏡天文学者たちの結論となった。こうした色とりどりの銀河の間をぶらつきながら（「ディープ・フィールド」の画像はあまりに大きいので、解像度をフルにすると私のモニターでは一部分しか映すことができない）、私は首を振った。明らかに科学は、一種の宗教的強さをもったイコンのような画像を生み出しつつある。見えるもの（つまり、少なくとも仮には理解できるもの）と、表現しようのないほど広大な彼方との境界を押しやりながら。この“彼方”には、そもそもこの言葉にふさわしい価値がある。そして、宗教的イコンや、ヴィジュアル・アートの作品がいずれもそうであるように、そもそも「ハッブル・ディープ・フィールド」に銀河の群が見えるのは、その後ろにある存在ゆえだ……それは暗闇である。なにかはっきりとはわからないものだ。その場所――いや、むしろ場所のないところというべきか――を、天文学者たちは「ダーク・ゾーン」と名づけた。

この絶対的な闇は、ビッグバンの両側に存在している。その謎めいた力は、神の“言葉”の前にも後にも急速に拡大している。究極の“無”であるそれは、“始まり”のために、背景となる真っ黒なカンヴァスを用意しているのだ。このようなミステリーの前では、因果関係をもとめようとする。答のない問いのなかに、科学も宗教も芸術もすべてひとつに溶け合ってしまう。旧約聖書第一書の英語の題［創世記Genesis］は、“宇宙・世界の起源”を意味するギリシア語の「Genesis　Kosmou」に由来する。だが、こうした目に見える最初期の銀河の彼方にある黒い背景幕は、私たちにはその意味を決して突きとめられないテキストなのだ。それはページの余白を越えて広がるインクで書かれている。

私は、危険なほどの猛スピードでバイクをとばしているときのように、前屈みになっていることに突然気づいた。鼻はモニター画面にわずか十数cmというところまで近づき、ポンとぶつかったなら、するりと中へ飛び込んでしまいそうだ――そして、遠い過去に迷い込んでしまうだろう。それとも、私はすでにそこにいて、さらに遠くを振り返っているのだろうか。だが一体、無のなかでどう無を測るのか。時間と空間の双方を超越してしまっている“何もない何か”を、その時空のなかにどうやって位置づけるのか。私たちが、つかめないはずのものをつかみかけ、傲慢にもそのまわりにフレームさえつけようとするせいで、緊張が、あるいは揺れが、生じている。この不在という神聖な存在は、ノヴァーリスの次のような言葉を思い起こさせる。「哲学とは郷愁である。どこにあっても故郷にいたいという衝動である。ならば、我々はどこに行こうとしているのか。常に故郷に向かっているのだ」。

結局、ハッブルのスタッフたちは、探していた空を鋤の上に見いだしたのだ――そして、彼らの空はこぼれおちたのだ。いまも私たちの頭上では、途轍もなく遠いところにある、あの無数の銀河から放たれた光が流れ過ぎていっている。それに比べれば、鳥の羽が落ちるのもセコイアの巨木が地面に倒れるのも同じようなものだろう。

私はログオフしながら、無限に広がる、しかしきわめて精密な“彼方”とのつながりを解いた。ふと、宇宙空間のデータを保管しているところから画像を取り出そうとサイバースペースに指示を送ることは、地球を遠く離れた探査機とデータをやりとりすることと、まったく同じなのではないかという思いが浮かんだ。人工頭脳探査機たちのために時々刻々更新されていくサイトは、内宇宙と外宇宙を結びつける絆であり、また、私たちがもつさまざまな情報の中心で複雑にむすびつき拡大と変化をつづけるウェブと、その遠くはなれたフィラメントとを結びつける絆なのだ。この精巧な仕組みの統一体が、情報世界の全体とでもいうものを構成しつつある。そしてそれは、ノヴァーリスが言ったような、故郷となるのだ。

たとえば、指を何度か動かすだけで、人類がつくった人工物体のなかでもっとも遠いところにあるボイジャー１号の“コマンド・ロス・タイマー”を別の日にセットしなおすことができる。どれだけ推進剤が残っているか、そして発電機のパワーレベルはどのくらいかを知ることができる。「現在約130億km彼方にいる」というように。探査機の心電図が示す数値はきわめて小さく、NASAの深宇宙通信グローバル・ネットワークに入ってくる信号はわずか10の16乗分の１ワットにすぎない。普通のデジタル時計でも、その200億倍の電力を使うのだ。また、現在ボイジャーから送られる信号が地球に届くまでには、光速でも10時間以上かかっている。

もうしばらくしたら私は画像を編集し、トリミングし、プリントアウトするだろう。それからコーヒー。朝の日差しが雪に照りかえる。窓の下では、ユーゴ［旧ユーゴスラヴィア製の自動車］が１台、虫のようにブンブンうなりをあげている。もしこうした太陽系や恒星の写真が、人間が撮影したものだったら、たとえばアンセル・アダムスによるヨセミテ渓谷の名高い写真や、フレデリック・チャーチが描いたナイアガラなどの芸術作品と同じように考えられていたことだろう。けれども、こちらの自然描写の方がはるかに荒々しい。ガリレオ探査機が撮影した複雑な、嵐の吹き荒れるモザイク合成の白黒写真をじっくり見つめてみる。これは、巨大な木星水素雲の帯の写真５枚を稲光をつなぎあわせたようにぎざぎざに組み合わせたものだ。ローマ神話の世界の支配者にちなんで名付けられた惑星にふさわしい写真である。レオナルド・ダ・ヴィンチが描いた単彩画『東方三博士の礼拝』も思い起こさせる。フィレンツェにあるウフィッツィ美術館の一室を飾っている未完の絵だ。三賢人が驚きの表情で神の子を見つめている。中央に座り、構

ディープ・フィールドの一領域。
ハッブル宇宙望遠鏡、
1995年12月18～28日

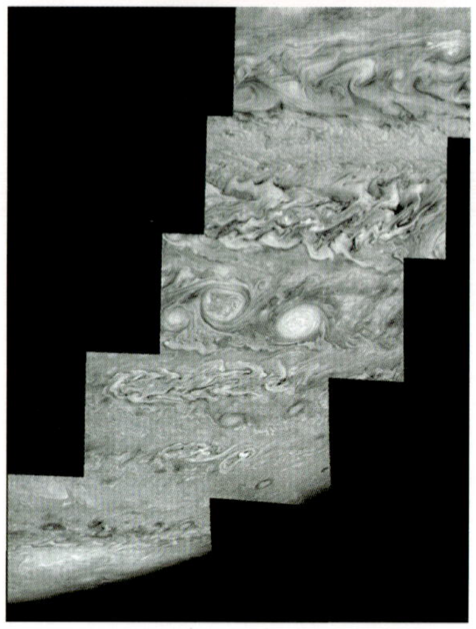

上：レオナルド・ダ・ヴィンチ、
『東方三博士の礼拝』

中：『東方三博士の礼拝』細部

下：木星の南半球。
近赤外線感光によるモザイク合成画像。
ガリレオ、1997年5月7日

図の要となっている聖母は、謎めいた微笑みを浮かべている。周囲には、不可思議な世界が渦を巻いている。同心円状のその渦は、最後には作品の上部そして外部へとのびる階段へ、つまりは天へと広がっているのだ。

タルコフスキー最後の映画『サクリファイス』には、黙示録的闇のなかで、登場人物ふたりが額に入ったこの絵の複製を不安げに見つめるシーンがある。そのひとりは作品を「不吉」と評し、「レオナルドにはいつも怖い思いをさせられてきた」と打ち明ける。『礼拝』の画像を探して、私はCD-ROM版百科事典をクリックし、「レオナルド」を検索した。するとこんな文章があった。「彼の科学理論は、彼の芸術面での新機軸と同様、注意深い観察と綿密な文献調査に基づいていた。同世紀および次世紀に生きたほかの誰よりも、彼は精緻な科学的観察の重要性を理解していた」。

レオナルド・ダ・ヴィンチの死から90年後、ガリレオが望遠鏡を空に向けた──そして宇宙についての私たちの知識は激増することになった。17世紀末までに、太陽系内の天体数は2倍以上にもなった。300年後、機械の方のガリレオは、その寿命が尽きる日も近くなったが、発見した衛星の間を縫うようにいまも飛びつづけている。世界はふたたび劇的に拡大しつつあるのだ。

私はガリレオが撮影した木星の画像をCD-ROMに焼くと、写真画質の大判画像を主として広告用に印刷している店へもっていった。店にはピカピカの新品マシンがいくつも並び、高速インクジェット・プリンタのウィーンという音がしていた。そこで何かのスイッチをパチパチやっていた男は、絵はがきサイズ1枚という私のおかしな注文にはもちろん、この荒れ狂う木星の嵐にとても興味をもち、ドアほどの大きさのパネルにプリントしてくれたうえ、金を受け取りもしなかった。私はリュブリャナのスリルにみちた環状道路を車で戻りながら、探査機の科学的発見は否定できないものであるし、功績と考えられているのに、その写真には著作権の点から芸術作品としてきちんとした評価が与えられない傾向にあるという事実について考えていた。とはいえ、このような問題は最近、高尚な芸術界でも非常によく見られるようになっている。アンセル・アダムスでさえ、アンセル・アダムスであるのはその一部なのだ。多くの写真家がそうしているのだが、彼はまず膨大な数の写真を撮り、そのなかからほんの一部を選び出していた。それが現在、私たちが彼の名前と結びつけて考える作品である。はるかな宇宙空間の画像についても、実はたいした違いはない。ただそれらが、幾多の人間の科学的・技術的努力と、宇宙そのものがもつ純然たる、人を不安にさせるほどの美との結合からつくられるというだけのことなのだ。残るは選別──美術館の学芸員がするように芸術作品として選ぶ作業なのである。

これらの写真を芸術として認めるべきだと私が主張するのには、もうひとつ理由がある。それは、こうした作品のミステリアスな、ダ・ヴィンチ風とも言うべき微笑みだ。怒れる木星のまわりを回っているエウロパという天体の、凍った地表の下には、何か豊かで奇妙な形の生命体が泳ぎ回っている（かもしれない）などというものすごいことを誰が考えつくだろうか。それに地球を離れ、闇に浮かぶこの青と白のマーブル模様の輝きを眺め、そしてどんどん小さく、ついには極小サイズのまたたく点になって、回転する大きなシステムのなかに消えてしまうこの場所を振り返って見る方法が、いまほかにあるだろうか。宇宙を進みながら撮影されるこのトラッキング・ショットには、空間と時間だけがおさめられているわけではない。そこには私たちの地球で生まれ育ったさまざまな科学や哲学、芸術がすべてとらえられているのだ。それらが究極的に解き明かしてくれるのは、きらめく光の洪水──すなわち宇宙である。

のっぺりと凹凸のないエウロパの、細かな幾何学模様。宇宙空間にのんびり浮かぶ、そのほかの天体の風変わりな地表面。恒星間の汚れなき真空空間。くるくると渦巻く銀河をつつみこむ、広大で響きわたるような、なんの特徴もない銀河間空間の計り知れない虚空。それらはすべて種の苦境や人類の理解の限界を映しかえす完璧な哲学的鏡像として役立ってくれている。遠い彼方の我らが道具たちが輪郭を描き出している、うつろいやすいその形は、人類を“既知のもの”の中心に据えているが、本当は、私たち自身のことを記した私たちの地図──あとにつづく世代へと代々受け継いでいく海図──なのである。子孫たちはいつかある日、そうしたすべてのものに対する私たちの見方に、あどけない原始性を、あるいは興味深い先見性を見るのかもしれない。

私は車を停めると、雪の吹き溜まりを踏み越え、きしむ階段をのぼる。ガリレオ探査機の作品である木星像をデスクの上の飾る。そこには、どこかもっと遠くの星から来たのではないかと思うくらいに弱々しい冬の光が差しこんでいる。これは科学か、宗教か、それとも芸術か。あるいはこの2000年紀に生まれた、すべてを超越した組み替え型の何かなのだろうか。ダ・ヴィンチの聖母が地球の浸食地形の前で落ち着き払って微笑んでいるのは、そうした疑問の答えを知っているからなのかもしれない。だが結局のところ、彼女がどう言おうとその答にたいした意味はない。曖昧さはそれでも残っているからだ。はるか彼方の風景のなか、未完の『礼拝』の階段の上に。

軌跡

円グラフを見たことがある。惑星に向けてロボット探査機を打ち上げる場合、実際に目的地までたどり着くのは全体のほんの一部、円グラフのなかのごくごく薄い部分にすぎない。残りは大量の推進剤、ブースター・シェル、真空空間を錐もみしながら飛び去っていく金属廃棄物などの屑、バラストである。円グラフのほとんど全部といいたくなるほど大部分を占める、こうしたすべてのゴミは、あることのために、あるひとつのことのためだけに必要なのだ。それは長い、だがほんの短時間での、地球引力からの脱出である。

残りの部分は当然のことながら軽く薄くなければならず、大抵はトンボに似ていて、普通、業界では“バス”とよばれるもの——実際には、箱形合金フレーム——でできている。そこには太陽エネルギー・パネル（探査機の目的地が内太陽系の場合。内太陽系というのは火星と木星の間の、小惑星帯とよばれる岩屑の浮かんだ一帯より内側のこと）か、または先端に原子力電池、別名、放射性同位体熱電発電機がついた長いブーム（小惑星帯より先では、太陽が動力源として使えなくなってしまうため）が取り付けられている。バス内部、あるいは別のブーム上に、さまざまなスコープやスキャナー、そのほかの機器類や通信アンテナが搭載されており、塵の採取から、放射線やプラズマのレベル測定、指標となる星をまばたきひとつせず見つめつづけることまで、あれこれと興味深く価値あることをやっているのだが、私たちにとってもっとも重要なのは画像関連の機器、つまりはカメラである。

レンズは広角、狭角の両方を用いることが多いが、カメラ本体には次のような種類がある。まず第一に、現代の探査機ほぼすべてに使われ、紫外線から可視光線、赤外線に至るまで、可視スペクトル以外の波長も写真に記録できるSSI、つまり固体撮像システム。次に、テレビカメラに似たビディコンという、SSIの前のシステムで、1970年代半ばにボイジャー外惑星探査ミッションおよびバイキング火星探査機で用いられたシステム。ほかに、1990〜91年にマジェラン探査機が、金星の厚い雲を透過し、非常に精密な包括的測量をおこなうために用いた合成開口レーダー（SAR）もある。1960年代半ば、五つのルナー・オービター月探査計画で使われた、70mmフィルムを露光し、機上で現像、それからネガをスキャンして、その情報を地球に送信するというユニークな撮影システムもあった。

惑星間の長い距離からして交信に遅れが出るのは仕方のないことで、これらのカメラもリアルタイムでは制御できない。そのかわり探査機のコンピュータには、目標物についての正確な知識や、そうした情報に裏付けられた推測にもとづいて、ポイント・アンド・クリック式の指令が順次アップロードされている。そのため、たとえば火山が魅力の木星衛星イオが、ある時、ある場所に位置するだろうということはわかっていても、どんな地形がカメラに写るのかは必ずしもわからない——ましてや、接近飛行の際に数多い活火山のうちのいずれかが噴火しているかどうかなど、わかるはずもないのだ。ミッションが進展する際——とりわけ、同じ対象（または地表の同じ一角）をくりかえし視界にとらえられる、軌道周回ミッションの場合——カメラをどこに向けるかを決めるには、当然、ミッションを管理するスタッフの経験が重要になってくる。だが、それでも結果にはばらつきが生じてしまう。探査機は必ずしも常に指示されていたとおりの方向を向くとは限らないし、被写体も予測されたとお

ボイジャー探査機。放射性同位体熱電発電機が写真上端に、ビディコンカメラ・スキャン・プラットフォームが下端に見える

上：1957年12月、アメリカ初の人工衛星となるエクスプローラー１号の実物大模型を取り囲む、ジェット推進研究所の技術者たち

下：V-2ロケットの模型を手にする、若き日のヴェルナー・フォン・ブラウン

りの場所にあるとは限らない。また（火星でしばしば起きたように）突然、砂嵐が惑星表面をおおい隠してしまうこともあるのだ。

ここで私たちが話題にしているのは、銀河系史上とはいわないまでも（その判断はまだ下せないので）、太陽系史上もっとも遠く離れたところで、遠隔操作されているカメラのことだ。そして、大変興味深いことに、これら探査機は打ち上げられるやいなや宇宙時間体系とでもいうべきもののなかに組み込まれる。そこでは宇宙の広大さが——太陽系という比較的ローカルな宇宙においてさえ——相対論的輪ゴムのように時間を引き延ばすのだ。遠くの星々や宇宙から流れ込んでくる光は古く、はるか昔のものである。その光は多くの場合、地球の諸大陸が形成される以前に源の星を離れてきた。太陽が形成される以前に出発したものもある。私たちと、私たちが送り出した惑星への使者たちとの時間的隔たりはもちろんそれほど大きくないが、人間の尺度ではかればやはり相当に大きい。かくして、探査機ガリレオ——1995年の到着以来８年を経て、本書が印刷に回される頃もなお木星の周回軌道上にあるはずだ——が設計されたのは、実際の木星到達よりずっと以前のこととなって、1970年代に一部の高級ステレオの目玉だったものと区別のつかない、旧式なオープンリールのテープレコーダーをいまだに使っているというような事態が起こるのである。もちろん寂しい巡視中に音楽を聞いているわけではなく、データを記録しているのだが、結果として、ガリレオのテクノロジーと今日の私たちのテクノロジーとのギャップは、宇宙飛行史全体からみると意味のないものとはいえないほどに広がっているのだ。それは、こうしたものを設計し、目指すところへ到達させるのに、どれほど長い時間がかかるか、また時には、到達してから作動しつづける時間がどれほど長いかということをあらわしている。

航空宇宙関連業者の子宮を思わせるようなクリーンルームや、カリフォルニア州のジェット推進研究所で複雑に設計され、細心の注意をはらって組み立てられた探査機は、いずれも多くの細工をほどこされた手作りの芸術作品である。いわば任務を負った彫刻のようなものだ。その知能レベルはカニや微生物のそれくらいといわれてきたが、カール・セーガンが指摘したように、これは実のところかなり素晴らしいことなのだ。進化によって現在の生物が“つくりあげられる”までには何十億年という時間がかかったが、私たちはこのゲームに参加して、まだわずか40年なのだから。一旦打ち上げられてしまうと探査機はとにかく多芸多才になる。設計されたときの用途とは違う、穴埋め的な応急利用をしばしば要求されるからだ。ガリレオはそのいい例だろう。重力を利用して推進力をつけるため1989年の打ち上げ以来、金星を一度、地球を二度通過[1]したこの木星行き探査機は、やがてようやく大きな高利得アンテナを広げるよう指示を受けた。外太陽系から地球と交信するためのメイン機器である。ところが、それまで傘のように折りたたまれていたアンテナは押しつぶされていて、何度指令を受けても頑として開かなかった。ミッションそのものを終わらせてしまいかねない大変な事態となった。

ついに見つかった解決策は、例の年代物のテープレコーダーに大きな負担をかけることになった。そもそもこのテープレコーダーは、ガリレオの大気圏プローブ——1995年に木星へ到着したとき、雲のなかに送り込むため搭載された装置——から地球までの中継データをバックアップするためだけに使われる予定だった。だが、探査機の操作者たちははっきりと理解した。苦境を打開する唯一の道は、ガリレオ本体が収集したデータをうまく圧縮する方法を見つけだし、本来、内太陽系からの送信だけを目的とする、小さくパワーも少ない低利得アンテナをメインの通信手段として使うことだと。そして、それを実現するための唯一の方法が、木星衛星への接近飛行の度に集められる画像その他のデータを例のテープレコーダーに蓄積することだった。そうすれば、探査機が何カ月もつづく拡大軌道にある間、つまり各衛星を巡る合間に、きわめて低いワット数でなんとか地球にポツポツと送信することができる[2]。本来の目的のいくつかは達成できなかったものの、ガリレオのその後のミッションは誰が見ても成功だった。宇宙探査機の歴史は、こうしたフライト中に起きた困難を巧みに切り抜ける話で一杯だが、そのほぼすべてで、広い空間を越えての指令や応答、デジタル情報のやりとりがポイントになっている。

アーサー・C・クラークが本書の序文で指摘しているように、ロボットたちは宇宙飛行で人間の先を越してきたし、こういう考えは受け入れ難いかもしれないが、その上に彼らは成功してきたのである。1950年代末の初期探査機たちは、私たちが現在単に人工衛星とよんでいる、地球周回軌道まで行くのがやっとのものだった。当時、宇宙空間は大気のすぐ外側からはじまっていた。人類が初めて宇宙に送り出した人工物である1957年のスプートニク１号が、無線発信器をのせたアルミニウム・ボールと大差なかったのに対し、わずか１カ月後に打ち上げられたスプートニク２号は、すでに太陽輻射検知器と複数の実験をおこなうためのパッケージを搭載していた。つまり初めての本格的宇宙探査機だったのだ。（宇宙旅行をおこなう初の生物ものせられていた。ライカという名の犬で、軌道上で１週間過ごしたのち薬殺されたとされる。）

遅れをとるまいとするアメリカは、一連の発射台爆発事故に見舞われたものの、スプートニク１号から４カ月足らず後の1958年１月、極小サイズのエクスプローラー１号の打ち上げを成功させた。搭載された宇宙線検知器は、ただちに太陽から流れてくる大量の高密度放射線を検知した。分析してみると、その放射線の多くが実は地球を取り囲むベルト状の一帯からきており、磁場によって捕らわれていることがわかった。そこは、実験を考案したジェイムズ・ヴァン・アレンにちなみ、バンアレン帯と名付けられた。宇宙のロボット探査はこのように私たちの惑星の周回軌道からはじまり、やがて徐々に外へと進んでいったのである。（本書には、太陽観測衛星TRACE〈トレース〉やハッブル宇宙望遠鏡など、現代の地球周回探査機が撮影した画像もおさめられている。）

1 この点については本書13ページ、「地球と月」の章を参照のこと。
2 ガリレオについての詳細は、計画責任者ビル・オニールのインタビューを本書のウェブサイトに掲載しているのでwww.kinetikonpictures.comを、またガリレオ計画のホームページhttp://galileo.jpl.nasa.gov/ を参照。

宇宙探査の歴史について語るとき、20世紀の政治を避けてとおることはできない。また、「あらゆる文明の記録は同時に野蛮の記録でもある」という、ヴァルター・ベンヤミンの言葉以上に適切な表現を見つけることも難しい。きわめて予言的ではあるが、西暦紀元後、中国で兵器として発射されたものが最初であったというロケット史をさかのぼって調べなくとも、探査機をその目的地に到達させるために用いられるテクノロジーが、冷戦の妄想じみた圧迫感のもと、いまにも世界が破滅するかもしれないという脅威のなかで完成されたものであったことは容易に理解できる。人類の好奇心を満たすための機器を地球周回軌道上へ、月へ、さらにはその先へと送り込んだブースター・ロケットは、そもそも諸大陸を吹き飛ばし、放射能を帯びた屑にしてしまう手段を手に入れるために開発されたものだったのだ。また、米ソ両国が核兵器を手にする以前にまでさかのぼれば、Ｖ２ミサイル生産に必要な予算（およびユダヤ人の強制労働）が確保されたのは、ナチス・ドイツが“報復兵器”を必要としていたからである。ドイツ人ロケット設計者ヴェルナー・フォン・ブラウンについても、次のような皮肉がよく知られている。『I Aim for the Stars（私は星にねらいを定める）』と題された彼の伝記には、「けれども時々ロンドンに当てた」という副題がつけられるべきだった[3]、というのだ。（しかし、彼を弁護するわけではないが、人類を月へと送り込んだアポロ・ロケットの設計者フォン・ブラウンは、ヒトラーが権力の座につくはるか前から宇宙旅行という展望に夢中だったことがわかっている。）

スプートニク・ショックによってアメリカは、自国がどこにもひけを取らないこと、ましてや共産主義ソ連には劣らないことを証明したいという、理屈抜きの欲求に駆られた。アメリカの政界のほぼ全体が奮い立ち、アイゼンハワー大統領と、それにつづくケネディ大統領は、生まれつつあったアメリカの宇宙計画に莫大な資金をつぎこんだ。こうした競争は確かに科学的成果の達成を促したかもしれないが、それが計画全体の真の目標としてレーダースクリーンに映し出されるようなことはなかった（いつでも副産物扱いだったのだ）。その証拠に、NASA（アメリカ航空宇宙局）がようやく現役科学者を宇宙へ送り出したのは1972年の最後の月面探査ミッションだったことがあげられるだろう。それ以降のアポロ計画は、実現されればもっと多くの成果をあげていたはずだが、一般の人々の関心が薄れるにつれてNASAによってつぶされてしまった。月争奪戦でアメリカ側がはるかにリードを奪ったことから、ミニシリーズのテレビ視聴率は下がり、ニクソン大統領は——いずれにせよ彼は宇宙計画を、仇敵ケネディ家からの遺産か何かのように考えがちだった——NASAの予算に大なたを振るったのである。

この事態のなかには、またこうした事態にこそ、あからさまに種族的ではない何かが見られるものだ。人類史上最良の日のひとつに当然数えられる、人類を月に送ったという偉業は、その動機がなんであれ、人類が成し遂げられることの一例として非難されるものではない。だが、月ロケット打ち上げの大騒ぎとその衰退の陰にすっかり隠されてしまったが、辛抱強い新型機械が、有人宇宙飛行の補佐的存在だったとはいえ常に科学を最優先にして生き残り、予算が削減されるなかでも育っていたのだ。東西両陣営の間隙をぬって生えた丈夫な雑草のように、宇宙探査機は無数の科学者や技術者によって生かされつづけてきたのである。

有人飛行のときと同様、初めはソビエトが優勢だった。（偶然ながら、“ロボット”という言葉もロシア語で労働者を意味する“ラボートニク”がもとになっている。）1959年、ルナ２号が地球を出て月に衝突した最初の機械となり、同年、ルナ３号は月の裏側の写真撮影に成功。ルナ９号は着陸を果たし、月の地表面の様子を初めて撮影した。そして1967年、ベネラ４号は金星の雲のなかに探査体を送りこんだ——地球でつくられた機械がほかの惑星の大気中に入り、成果を上げたのは、これが初めてだった。アメリカの探査機と地球上でおこなわれた電波天文学上の観測結果によって、金星がかなり高温であることは以前からわかっていたが、ベネラ４号はその地表が事実500℃という灼熱の世界であることを決定的に解き明かしてみせた。金星が豊かなジャングルのような世界であるという途方もない考えは、このとき消え去ったのである。1975年に金星へ軟着陸したベネラ９号は、別の惑星から地球へとデータを送り返してきた最初の“ラボートニク”となった。またソ連は1970年にルノホートとよばれる大型の遠隔操作探査車を月に着陸させた。ルノホートは「雨の海」を11日間にわたって走り回った。また同じ1970年には、ルナ16号が月面標本を20グラム採取しソ連領内に帰還、人間の労働者を月に送り込めなかった失敗を多少埋め合わせた。1973年には２機目の探査車ルノホート２号が「晴れの海」に４カ月間、轍をきざみつづけた。

その間、アメリカも多くのロボット探査機をつくったが、それらは次第に高性能となり、フライト中でもさまざまな変更をおこなえる融通性をそなえるようになった。それを可能にしたのは、ソ連が手に出来なかった高度な電子工学や遠距離通信技術である。カメラや画像送信システムも、アメリカ製の方が優れていた——ソ連の宇宙計画で撮影された写真が本書に一点もおさめられていないのは、そのためだ。1962年12月、マリナー２号は史上初めてほかの惑星、つまり金星への接近飛行を成功させた。1965年にはマリナー４号が火星に到達した初の探査機となり、クレーター痕のある荒れ果てた大地の写真を22枚送ってきた。そのためしばらくの間、火星は月より少しばかり大きいだけというような見方が定着してしまった。その後のミッションによってこの見方は覆されたが——実は火星は、息をのむような深い渓谷や火山、また大規模な気象システムをもつ世界だった——、マリナーは、運河を築くほどの文明がかつてこの赤い星に花開いていたという、もうひとつのＳＦ的幻想をうち砕いたのである。

火星は、ソ連にとっては良い目的地でなかった。この惑星を目指した探査機が何度も失敗を重ねたからだが、ようやく１機、マルス３号が1971年、激しい砂嵐のなかで沈黙するまでの20秒間、ひどくぼやけたビデオ・データを火星表面から

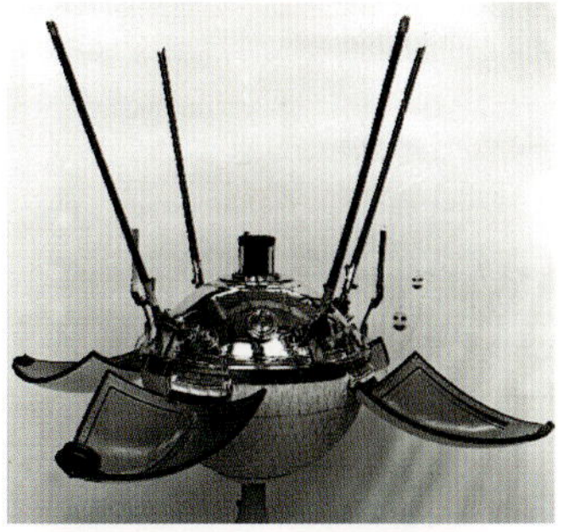

上：地球外の世界に初めて到達した探査機、ソ連のルナ２号。1959年９月、月の「晴れの海」東方に激突

下：ソ連２台目の月面車ルノホート２号。1973年１月15日着陸、４カ月にわたって活動した

3 1997年９月25日付「ニューヨーク・リヴュー・オヴ・ブックス」、ティモシー・フェリスの記事を参照。

ルナー・オービター探査船は、70mmフィルムを露光・現像し、スキャンした情報を地球に送信していた

送信してきた。同じ年、同じ嵐の上空でアメリカのマリナー9号が初の火星周回探査機となり、やがて同機の名前をもつことになる巨大な渓谷を発見した。3年後にはマリナー10号が、太陽の猛威にあえぐ水星を訪ねる途中、金星を通過した。この探査機が太陽系のもっとも内側をめぐる惑星と三度の接近遭遇を成功させるには、それまでのどのミッションよりもはるかに込み入った軌道を設定しなければならず、またミッション担当チームは重大な危険をもたらしうる技術的問題をいくつもフライト中に解決した。惑星間宇宙飛行は、さらに複雑な段階へと到達したのである。

1976年、アメリカの2機のバイキングに搭載されていた着陸機が火星に軟着陸し、赤錆色の砂漠をとらえた見事な360度パノラマ写真を送信してきたほか、さまざまな実験をおこなった。その実験のひとつが、生命は存在しない——少なくとも、ロボット・アームが掘り出したマッチ箱サイズの土の標本には存在しない——という、いまだに議論されつづける結論を下したものである。その間、バイキング周回軌道船は、初めての火星全図をつくる作業を黙々と進めていた。着陸機のうちの1機は1982年まで機能し、火星からの送信を6年間とぎれることなくつづけることになる。

短命に終わったマルス3号によって、ソ連は史上初の火星軟着陸成功という、議論の余地のある名誉（当時の気象状況から考えて、それほど“軟”着陸ではなかったらしい）を獲得することができたものの、こと火星探査にかけては実際、2機のバイキングに並ぶものはなかった。一方、金星となると、ソ連の方がはるかに大きな成功をおさめていた。ソ連は、ふたつのミッションで合計19の探査機を、この雲におおわれた圧力鍋に送り込んだ。大気測定用の探査体を投下したり、二酸化炭素と硫酸のどんよりした大気のなかにバルーンを降下させたり、灼熱の地表に8機の驚くべき着陸機を軟着陸させたりしたのである。あちこち動き回ったルノホートとともに、一連のベネラ探査機はソ連によるロボット宇宙探査の頂点だったといえよう。

さまざまな理由からソ連は、不確定要素の多い小惑星帯を突き抜け、ガス型巨大惑星——リングのついた惑星と全惑星の王、すなわち土星と木星は猛スピードで回転する水素やヘリウムの天体である——の支配する外太陽系へ到達しようと試みることはなかった。一方アメリカは1972年のパイオニア10号打ち上げを皮切りに、小惑星帯を越えたその先へ、いくつかの探査機を送り出すことになる。実際の小惑星帯は、危険な暗礁地帯というにはほど遠く、統計的にみれば単なる真空空間と変わらないことがわかった。この浮遊物は、火星のすぐ外で太陽のまわりを回っていた第10惑星が粉みじんに壊れた残骸と考えられ、その総量はパイオニア10号と11号によって想像よりずっと多いことが判明したのだが、そこを通る探査機のことを心配する必要はほとんどないくらいに拡散していたのである。(ガリレオやNEARのような後の探査機によって、こうした宇宙の小島のいくつかには調査がおこなわれた。ガリレオは小惑星アイダが小さな小惑星衛星を伴っていることを発見し、これにはダクティルという名がつけられた。NEARは小惑星エロスの周回軌道に入り、最終的には2001年２月に着地した。この種の着陸はこれが最初で、ほかに例がない。)

パイオニア10号と11号は木星と土星のそばを高速で通過し、質はあまり良くないが、それでも地球上の高解像度望遠鏡をはるかに上回る画像を送ってきた。この探査機は２機とも、すでに太陽系外縁部を離れつつある。(パイオニア10号の最後のかぼそい信号が、2003年１月23日、地球に届いた。打ち上げから30年以上の月日が流れていた。)両機につづいたのが２機のボイジャーだ。前任者より大きく、はるかに精巧なこの探査機は1977年、外惑星をめぐる旅に出た。ボイジャーはある意味、アメリカ合衆国議会の知らないところで旅立った。176年に１度しかない惑星直列の好機を利用しようというこの大旅行のアイディアは、1971年にNASAの出資者たちから、あまりにも高くつきすぎると却下されていたのだ。その結果、２機のボイジャーは当初、木星と土星だけをめざす、より安価なミッションとして設定された。ところが、実は密かにその先へ進めるよう設計されていたのである。探査機が順調に運航していればNASAもそのままつづけさせるための資金をかき集めるだろう、と期待してのことだった。原案では五つの外惑星を訪ねるはずが木星、土星、天王星、海王星の四つに削減されはしたものの、実際、期待どおりの結果となった。通常は一番外側をまわっている小さな冥王星だけが待たなければならなくなり、いまも待ちつづけている(したがって、本書には写真がない)。

ボイジャーが木星と土星から送ってきた写真は、バイキング軌道船による火星のパノラマ写真とともに、自然景観をとらえた画像として史上最高レベルのものである。そうした写真によって複雑かつ自由に動き回る衛星やリングのシステムが明らかになったわけだが、それは多くの点で太陽系と非常に似通った小型システムだった。土星やそのぼんやりとした微粒子の環について私たちが知っていることは、ほとんどすべて２機のボイジャーが解き明かしたことであり、天王星と海王星についての知識はほぼすべてボイジャー２号——このふたつの惑星をめざしつづけたのは、これ１機だけだった[4]——によってもたらされた。こうした偉業により、ボイジャーは宇宙探査機の分野で頂点に立った。両機ともいまは太陽系最外縁部にいて、打ち上げから25年以上を経てなお機能しつづけている。撮影システムはずいぶん前にシャット・ダウンしたが、稼働中の機器は現在、太陽系のヘリオポーズの位置をつきとめようとしている。ヘリオポーズとは、太陽の磁場が恒星間宇宙との境界で、ほかの恒星から吹きつける星間風と遭遇する一帯のことだ。2020年頃に燃料が尽きた後も、２機のボイジャーは地球から星々へ、あの有名なメッセージを運びつづけるだろう。双方とも金のレコード盤を積んでいるのだ——ガリレオのテープレコーダー同様、時とともに古めかしさを増し、現代のテクノロジーより1970年代のステレオ・システムの方が良く似合うようなものではある。

５年ほどの長い打ち上げ延期期間の後、1989年になってようやくガリレオは外太陽系と木星を目指す遠回りの道にのりだした。部分的には解決をみたものの通信上の問題をかかえつつ、ボイジャーより大きく、より複雑になったこの探査機は、木星の雲のなかに大気観測装置を投下し、木星の四つの大型衛星に30回以上の接近飛行をおこなって、予定されていた学術調査の多くを成し遂げた。ガリレオは、設計時の想定レベルの放射能に幾度もさらされながらこれに耐え、主なミッションが終了してからも４年以上機能しつづけた。データの伝送容量が減った分を活動期間の長さでほぼ取り戻せたわけだ。ガリレオは数多くの重要な発見をしたが、なかでも木星衛星エウロパの表面をおおう氷の下に海がある可能性が高いというのは大発見だった。地球以外に液体の水がある唯一の場所と考えられることから、エウロパは地球外生物圏となる可能性のもっとも大きい場所になったのである。

ロシアの無人宇宙探査はこの10年ほど、ほぼゼロに近い状態まで減ってしまったが、内太陽系はもちろんいまも重要な活動の場である。アメリカも、しばしばヨーロッパのパートナーと協力しながら、この領域を目指しており、何度か大きく後戻りすることはあったものの注目すべき成果をあげてきた。1990年８月、主としてほかの探査機の余剰品で作られた低予算探査機マジェランが金星をまわる楕円軌道に入り、レーダーでマッピングをはじめた——高利得アンテナ(ボイジャー用のスペア)を使って、雲におおわれた金星の地表へ信号を送り、そこから返ってくるエコーを受信するのである。こうして集められたデータは探査機搭載のテープレコーダー(ガリレオのスペア)に記録され、探査機が軌道を１周してその頂点にさしかかるたびに、地球に向け直したアンテナから送信される。２年以上におよぶこうしたパルスの流れによって、きわめて解像度の高い、不気味なほど人の目をひきつけるレーダー写真がうみだされ、最終的に探査機から送信されてきたデータの合計量は、ほかの全無人探査ミッションで得られたものすべてを合わせたよりも多くなった。マジェランの写真にはどこか不思議な、変わった美しさ

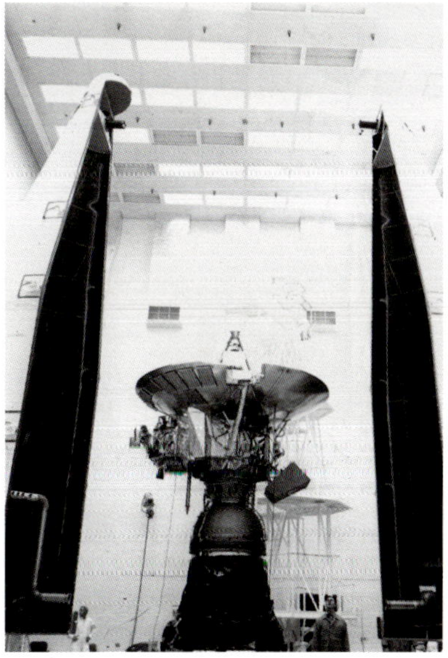

上：土星の北極側から見たリング。ふたつの画像を明暗度補正合成。パイオニア11号、1979年９月１日

下：保護カバーの取り付けを待つパイオニア11号。1973年３月

4 ボイジャー１号が、緯度からみて上方へ軌道をとり、土星の大型衛星タイタンに接近したためである。タイタンは厚い雲におおわれていることがわかり、残念ながらこの賭けは失敗という結果に終わった。ボイジャー１号はそのまま、太陽系の軌道平面上方へと外れていった。

左：1996年11月７日、マーズ・グローバル・サーベイヤーの打ち上げ

右：1975年８月20日、火星をめざすバイキング１号の打ち上げ

がある——撮影に用いられた技術と、奇妙なクレーターやさざ波のようなうね、気味悪く枝分かれしたカルデラなど、金星の地形がもつ現実離れした風貌の、ふたつが結びついた結果である。

とはいえ、内太陽系でもっとも人をひきつけつづけているのは、やはり火星だった。マーズ・オブザーバーという高価な探査機が、火星周回軌道に投入される直前の1993年８月、なぜか通信を絶った。それとほぼ同時に同探査機のスペア・コンポーネントの多くが——それまででもっとも精度の高い、深宇宙撮影システムを含む——マーズ・グローバル・サーベイヤーという、より安い探査機に組み込まれた。マーズ・グローバル・サーベイヤーは1997年９月に火星へ到達し、解像度の高い画像データを現在に至るまでとぎれることなく地球に送りつづけている。その量は、２機のバイキング軌道船の２倍をはるかに越え、解像度もはるかに高い（当然ながら、パノラマ写真はバイキングより少ない）。1993年７月、また別の比較的低予算の探査機で、今度は小さな探査車を積んだ着陸機が、火星表面への軟着陸に成功した。バイキング着陸機以来初めての火星着陸である。マーズ・パスファインダーとよばれ、着陸後はカール・セーガン記念基地と改称したこの着陸機は、ソジャーナーという小さな探査車を展開するや、メディアにセンセーションを巻き起こし、一般大衆は宇宙開発にまだ関心を寄せうると主張しつづけていた人々の希望を復活させたのである。1999年末、NASAは、進行中の火星探査計画が２機の低予算探査機の相次ぐ失敗という惨事に見舞われたにもかかわらず、2001年、３機目の——1968年制作の映画『2001年宇宙の旅（スペース・オデッセイ）』に敬意を表して名付けられた——マーズ・オデッセイを打ち上げた。グローバル・サーベイヤーと同じく、マーズ・オデッセイも現在周回軌道上にあり、無数の写真を地球に送りつづけている。それらの画像を撮影しているのは、可視光線と同様に赤外線スペクトルにも反応して記録できる特殊な熱画像化カメラだ。

どういうわけか忘れられがちだが、それでもあらゆるものの中心にどっしりと鎮座して見落とすのも難しい太陽も、いくつかの機器にじっと見つめられつづけてきた。そのひとつが、インターネットに接続できる人なら誰でもアクセス可能な画像を、すでに８年間も毎日送信しつづけている、欧州宇宙機関のSOHO（ソーホー：太陽と太陽圏観測衛星）だ。SOHOによるリアルタイムの観測は非常に詳細で、簡単にアクセスできることから、この探査機を利用して発見された500におよぶ太陽接近彗星の大半は、同ミッションのウェブサイト上で世界各地のアマチュア観測者が見つけたものという状況になっている[5]。1995年の打ち上げ以来SOHOは地球と太陽の間の、双方の重力場が等しくなる場所、通称「Ｌ１ラグランジェ・ポイント」に近い「ハロー軌道」上を漂っている。SOHO以前からすでに、「ようこう」という日本のＸ線太陽観測衛星が運用されていたが、これは1991年に地球周

5 http://sohowww.nascom.nasa.gov/ 参照。

回軌道に投入されたものだ。1998年４月には、また別の地球周回探査機TRACE（トレース：遷移領域およびコロナ探査衛星）が加わり、驚くほど真に迫った、指でも火傷してしまうのではないかと思うような動画やスチール写真を提供しつづけてくれている。

これらすべての機械によって得られたデータが、科学者たちを何世代にもわたって忙殺するほどの量に達したとはいえ、宇宙探査機史上もっとも野心的なミッションのいくつかはすでに前線を退いてしまっている。惑星探査の栄光の日々は、もう過ぎ去ってしまったのだろうか。本書を企画した動機のひとつは、探査機の科学的業績ではなく、太陽系の純然たる美と神秘を伝える、この上ない能力について、簡単なまとめのようなものをつくりたいと思ったことだ。冷戦が遠い過去のことになり、21世紀の新しい戦争が起こる予兆の感じられるいま、宇宙の平和的探査は必ずしも急務と認識されず、NASAの予算は削減されている。宇宙探査機はある意味で、私たちが生きるこの時代という炭鉱のカナリアなのかもしれない。地球上のつまらない敵対関係や紛争に拍車をかける武器体系にさらなる資金がつぎこまれるという誤った優先順位のせいで、探査機たちが犠牲になるのだとしたら、私たちは新たな「暗黒時代」に入っていくかもしれない。だが、もし探査機が生き残れたなら……そうなれば、彼らがすでに示してくれたように、世界は無限に広がってゆく。

おそらく、探査機は生き残るだろう。2004年春、惑星の果てではるか昔に消えた液体の水の痕跡を探し回った――そして見事に見つけた――２機の探査車の成功を含め、NASAの火星プログラムは勝利に次ぐ勝利をおさめている。スピリットとオポチュニティの両探査車は、地球以外の惑星の地表で撮影されたなかでも飛び抜けて人の心をひきつける風景画像も送ってきた。また、もうひとつのミッション、ヨーロッパのマーズ・エクスプレス・オービターも、はるか上空から高品位ステレオカラー画像を作成している[6]。この文章を書いているいま、火星には３機の軌道船と２機の探査車がいて、それぞれが同時にこの惑星を探査している――これは新記録だ。また2004年６月末には、これまでに製図板の上から深宇宙へと跳躍したなかでもっとも精密な惑星探査機が、８年のフライトを経てようやく土星に到達する。スクール・バスとほとんど変わらない大きさの、この巨大探査機カッシーニは、惑星規模の大きさをもつ衛星タイタンの厚い雲に円盤形をした大気観測探査体ホイヘンスを投下、2008年６月に主なミッションを終了したあとも、土星とその衛星をおそらくは長年にわたり研究しつづけることになるだろう[7]。その一方、低予算探査機もいくつか開発中だ。水星をめざす２度目のミッションとなるメッセンジャーもそのひとつで、二度接近通過したあと、2011年3月頃、約6年半におよぶフライトを終えて水星の周回軌道にのる予定である。また一度は中止になりながらも、2006年の打ち上げに向けて予算が認められたプルート・カイパー・エクスプレスもある。この探査機は、太陽系でもっとも遠く小さな惑星である冥王星をめざした後、その先、彗星の雪玉がベルト状にあつまる謎の地帯カイパー・ベルトへと進み、そして恒星間宇宙との境で、もしかしたら乗り捨てられた異星人の宇宙船を見つけるようなことになるかもしれない。

めざす場所にたどり着いたとき、これらの、また後につづくほかの頑丈な“ラボートニク”探検者たちも、これまでの探査機が皆やってきたのと同じことをするだろう。それはすなわち、私たち人間を空間と時間のなかで位置づける手伝いである。彼らは、私たちのいる場所や可能性についての考えを改めさせ、まばゆい太陽のもと、輝かしくも予期しなかった未来への展望を示してくれるのである。

6 http://marsrovers.jpl.nasa.gov/home/ および http://www.esa.int/SPECIALS/Mars_Express/ 参照。
7 http://saturn.jpl.nasa.gov/cassini/index.shtml 参照。

写真について

ローマを訪ねる絶好のチャンスだった。本書掲載の写真をまとめるには、深宇宙探査機による風景写真を集めた資料保管場所を何百時間にもわたって念入りに調べなければならず、その保管場所というのはオンライン上と、NASA　(アメリカ航空宇宙局) が南欧に置いている惑星画像資料センター (PIRF) だった——そして、このセンターの所在地が偶然にも「永遠の都」の郊外、ブドウ畑が広がる町フラスカティの大きな研究機関の地下だったのだ。いうまでもなく、惑星にはいずれもローマの神々にちなんだ名がつけられている。しかし、太陽系はオリンポスの山や円形闘技場よりはるか昔から存在してきたのであり、私たちが遠くまで見通せるようになったのは比較的最近のことでしかない。思えば、国立天体物理学研究所からそれほど遠くないところで、ローマ法王庁によるガリレオの逮捕令状が発行された。そして、高速道路をのぼったあたりでは、レオナルド・ダ・ヴィンチがトスカーナの丘にのぼり、初めて俯瞰による風景をスケッチした。そのスケッチも、ガリレオがペンとインクで注意深く描いた木星とその衛星の図も、本書におさめられた画像の直系の先祖である。

ここにある写真は、そのほとんどがさまざまなミッションによって記録された軌跡の映像を、オンラインで眺めたどって選んだものだ。たとえば、1970年代末と1980年代に２機のボイジャーが木星と土星を通過したとき撮影された何万枚ものショットを、私は一点一点見ていった。フラスカティの地下室にこもり、宇宙探査機の模型や、学校にあるような金星儀や火星儀に囲まれながら、1976年に火星へ到達した２機のバイキング周回軌道船の写真もすべて見たし、1960年代半ばのルナー・オービター５機の記録も全部見た。こうした太陽系をめぐるヴァーチャル旅行を「発見の旅」とよんだら、それは月並みにすぎるだろう。だが、ほかに表現のしようがないことも事実である。48秒に１枚の写真を地球へ送信できる探査機の軌跡を画像でたどると、ある意味ではその旅を、つまり、荘厳な惑星の眺めに心から驚嘆するような瞬間が時々訪れる、長い退屈な時間を、経験することになる。ついにはまるで実際にそうした惑星旅行の乗客だったような気がしてしまったほどで、それは、本書を編纂する上で経験したなかでは、おそらくもっとも貴重なものだったろう。そんな感覚が部分的にでも（もちろん、旅の退屈な部分ではなく、驚嘆するような部分のことだ）伝えられれば、大変嬉しい。

本書の写真の一部はインターネット上から選んだもので、すでに多少なりともフィルター加工がほどこされていた。たとえばNASAのA　Planetary　Photojournal[1]という素晴らしいオンライン情報源や、マーズ・グローバル・サーベイヤーの写真が、すべてというにはほど遠いものの（私は全画像データの方にも目をとおした)、数多く収められているイメージ・アーカイヴなどである。また、ビル・ハミルトンが運営する優れたウェブサイト Views of the Planetsのように、もっと規模が小さかったり、個人的なサイト[2]にあった写真もいくつかある。本書に掲載した写真の多くはマルチフレーム・モザイク合成といって、連続するめぼしいコマを探してひとつひとつつなぎあわせ、時には文字通り地平

1 http://photojournal.jpl.nasa.gov/ 参照。
2 http://www.solarviews.com/eng/homepage.htm や、http://www.nineplanets.org/ などを参照のこと。

線にいたらせるような処理をしてある。(127ページから130ページの激しい火星の砂嵐はこうしてつくられたものだ。240、241ページの、木星と、海があるとされる衛星エウロパの、合計60パートからなるモザイク写真も、このページの右側に載せたような、数コマの素晴らしい写真を見つけたところからはじまった。ちなみに右の写真は、コントラストは強めたものの、それ以外ほぼ私の見つけた状態のままになっている。)

このように、あるショットを使うかどうかという判断はすべて私が下した。大抵の場合、一次資料をあさったあとで選択するわけだが、そこから合成画像を制作することもしばしばだった。入手しうる膨大な画像からすでに一部を選んでいた画像キュレーターたちの、鋭い眼識に助けられることもあった。彼らに感謝したい。

ほとんどすべての写真に、かなりのデジタル処理が必要だった。多くはそれまでカラー化されたことがなく、カラー処理をほどこされていたものも、もうずいぶん以前にさまざまな研究機関のデータバンクのなかで行方不明になっていたのだ。幸運にも私は、惑星学の世界においてもっとも腕がいいとされる画像処理者のひとり、ポール・ガイスラーの協力を得ることができた。私が選んだ多くの白黒シングル・フレーム写真に色をつける手伝いをしてくれたのだ。この件については、やや説明を要するだろう。

1980年代半ばのガリレオ木星探査ミッションまで、ほとんどすべての探査機は、ビディコンとよばれる撮影システムを搭載していた。スチール写真の撮影も可能ではあったが、ビデオ撮像管を使うこのシステムは白黒テレビカメラによく似たものだった。カラー写真を撮影するには、フィルター回転システムを用いなければならない。それぞれ異なる波長の光を受ける何枚ものフィルターが、レンズの前を通っていく仕組みだ。カラー写真の作成には、まず探査機が3種類(たとえば、オレンジと緑と青)の可視光線フィルターでそれぞれ画像を記録する。それらを地球で受信し、重ね合わせ、カラー合成ができるのである。その後、ビディコンは半導体CCDにかわった。CCDというのは電荷結合素子の略で、ここ10年あまりアマチュア天文学に大変革を引き起こした[3]ものと同じ、ソリッドステート・テクノロジーによる超高感度システムである。だが、CCDを使うようになっても、カラー写真の作成方法は基本的に以前と変わらない。CCDの場合は、受光素子のさまざまなレイヤーが、異なる波長の光をとおすようにカラー・コーティングされているというだけのことである。

なぜ探査機は、これら三つの可視光線による画像を自分で組み合わせ、完成したカラー写真を地球に送ってこないのか。その大きな理由は、赤外線のような目に見えない波長も含め、各波長の光は被写体について異なる情報をもたらしてくれるからであり、言うまでもないことだが、こうしたミッションを企画・実行する人々にとっては、美しいカラー写真を鑑賞するより科学的関心を満たす方が重要なのだ。(これは、色が重要でないという意味ではない。衛星や惑星や小惑星の表面構造を測定しようとする際には、むしろ非常に役に立つ。たとえば120ページの写真にうつっている火星の渓谷の場合、斜面の赤みがかった部分は酸化鉄の鉱床であることがわかった。[4])

カラー写真はひとつの被写体につき少なくとも三度露出しなければならないというだけで充分に厄介だが、その上、探査機はきわめて高速で移動しているということも考えてみて欲しい——たとえば、ボイジャーの接近飛行時、時速は約5万6000kmで、ライフルの銃弾よりはるかに速い。このため、とらえられる景観は露出の度にどうしても変わってしまう。激変することさえ多いのだ。並んだコマを三つ得るためには、普通、デジタル機器を使って遠近感がほぼ同じになるよう処理しなければならない。それでも多くの場合、隣のコマと重なり合う部分がなくて、カラーにできるのはひとつのショットのほんの一部にすぎない状態だ。しかも、すでに書いたように、本書のカラー写真は多くが合成画像であるが、実に複雑なことに、合成画像を構成する各コマ自体がすでに少なくとも3ショットで構成されているのである。当然ながら、その各コマは、たとえ猛スピードの探査機に撮影されたことで角度に変化が生じていたとしても、写真を見る人間に違和感をあたえないよう、それぞれスムーズにつながっていなければならない。

このような場合、私はいつでも、まず加工のベースになるような白黒の合成写真をつくることから始めた。それができて初めて——その写真をカラーにする必要があると考えた場合——ポール・ガイスラーに手助けを求めることにしていた。オンラインですでにカラー化されていたものを選んだのでないかぎり、本書に掲載した写真はすべてポールが合成した。私のモノクロ合成画像に色をつけるため、彼はたびたび、手品のような技を編み出さなければならなかった。3枚目のフィルターが数カ月後の軌道周回から見つかることもあったし、選んだ画像が狭角カメラで撮られたものだった場合、2枚目、3枚目は同じ時に稼働していた

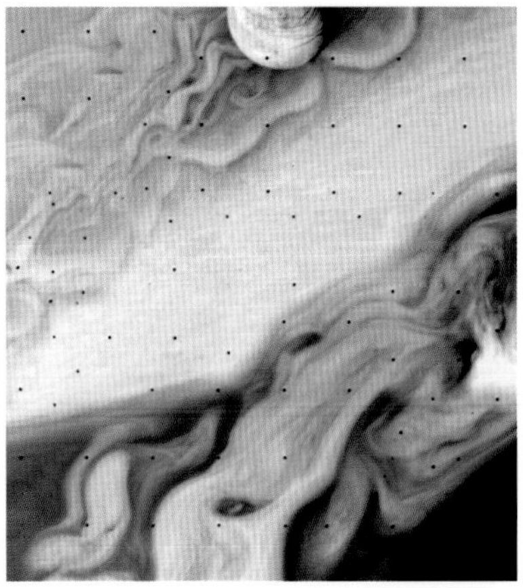

左ページ:火星の北の極冠をとらえた3コマの合成写真。色合成のために必要なフィルターが重ねられている。同じ写真のモノクロ版は166〜167ページに掲載。
バイキング1号軌道船、1978年6月1日

上:いずれもコントラストを強めた以外は手を加えていない1コマものの写真で、240〜241ページ掲載のマルチフレーム合成画像を構成する際に使われたもの。
ボイジャー1号、1979年3月3日

3 この件についてはティモシー・フェリスの近著『Seeing in the Dark : How Backyard Stargazers are Probing Deep Space and Guarding Earth from Interplanetary Peril』(New York, Simon & Schuster, 2002)に詳しい。
4 P・ガイスラー、R・シンガー、G・コマツ、S・マーチー、J・マスタードが論文誌「Icarus」(106号、380〜391ページ)に発表した「An Unusual Spectral Unit in West Candor Chasma : Evidence for Acqeous or Hydrothermal Alteration in the Martian Canyon」参照。

広角カメラの写真から借用する（またはその逆）こともあった。時には、別の軌道周回で得たデータから色彩情報をすべて移入することもあり、また、まったく別のミッションで得た色彩情報をわずかながら利用することも二度おこなった。やがてポールから、２枚ずつセットになった写真が頻繁に送られてくるようになった。１枚は、私の白黒画像をトップ・レイヤーとして使い、その上に色彩情報をくわえた（このテクニックは、上手に使えば継ぎ目のないカラー画像をつくりだせる）カラー画像。もう１枚は、私のモノクロ画像を組み入れず、もともとのコマに戻って、それを新たにつなぎあわせたもの（同上。さまざまな要因次第――312ページ、火星の極冠の合成写真を参照のこと）だ。そこで私がどちらかを選択するわけだが、大抵はその画像にさらなる処置をほどこしていた。

いくつかの特殊な例をのぞけば（いずれもキャプションで確認できるようにしてある――また、これに関してミスがあれば、それはすべて私の責任である）、本書では、「本物の」色を出すために適当だと思われる努力はすべてした。科学的な意図で色彩を誇張したり「薄め」たりした方がいいと判断することが時々あったが、特に――ここが重要だ――被写体が私たちには直接見られないものである場合、写真を美しく見せる目的でそのような処理をすべきだとは決して考えなかった。人工的な色づけなどしなくとも、太陽系はそのままで十分見応えがあり、美しい。私が特に気をつかったのは、たとえばあの恐ろしく派手な木星衛星、火山が噴煙をあげる黄色と赤の硫黄の星という素顔をもったイオのような被写体が――オンライン写真の多くがそうであったような――誇張された形で本書におさめられることのないようにという点だった。イオは、実際の色あいのままでも美しいのだから。これに関して、ポールの言葉を次にあげておく。

イオの本当の色についてだが、http://pirlwww.lpl.arizona.edu/HIIPS/EPOに私が一番好印象をもった写真がある。特に、コントラスト増幅についてのページを見て欲しい。色彩に関する君の見方はとても面白いが、それは時代によるものだ。イオの場合、重要なのは、赤いところは赤い！ということ。ボイジャーは赤色を認識しなかったから、ガリレオが行くまでイオの色は正確にはわからなかった。イオの赤い色は、加熱か放射で破壊された硫黄によるものだ。進行中の噴火が原因でなかったとしたら、赤いところはすべて黄に変わっていただろう。

私は、ひとたび画像をモニター上に開いたら、暗室で写真をプリントする人がやる以上のことはしないように努めた。つまり、黒いところはくっきり、白いところもくっきりとするよう気を配ること、最初は概して非常にフラットな画像のコントラストを増すこと、さまざまな基準に基づき、人間の目には実際はどのように見えるのか、望遠鏡での観測結果をふくめ、これまでにわかっている情報に即した色をつくろうとすること、そして、小さな羽虫のような無数のレゾー・マークを消していくことである。ちなみにレゾー・マークとは、ボイジャーとバイキングが撮影した原画[5]をおおうように散っている、黒い点である。この整列した点の群は、故意につけられたもので、画像が地球上のグリッドに一致しているか確認するために用いられた。ビディコンの画像に入り込む可能性がある、わずかな変異を考えれば必要だったのだ。作業をつづけるうちに、この点を（そして、それを消すために近くの画素を複製したものまで）夢に見るようになってしまった。

自らに課した“本物の色”ルールで唯一例外となったのは、太陽である。いずれにせよ太陽は決して肉眼では見られないものであり、そもそもが目に見えない波長（主に紫外線）によって画像化されていた。太陽はエネルギーそのものだ。磁気を帯びたフィラメントのループから巨大な爆発まで、本書の写真はその現象の多くを詳細に見せてくれる。また、私が使った色は多分、炎はこのように見えるはずという私自身の地球的先入観がどんなものかをあらわしているだろう。（こう書くのは、SOHOとTRACEの画像チームから提供された写真の色にしばしば手を加え、時に根本的な、時にごく微妙な変更をしたことを断っておきたいからだ。その結果、誰かを傷つけてしまったとしたら申し訳なく思う。）だが、全体としては出来るかぎり人間の視覚に忠実であろうとしたつもりだ。また、どこかにミスがあれば、それは私ひとりの責任である。私は、そう遠くない未来、この本が実際にそれぞれの場所を――太陽は無理としても、少なくとも、広範囲に散らばるその従者たちのところへ――旅できることを願っている。そして、ここにおさめられている写真と、窓の外に実際に見える天体を、人間の目で見比べられればいいと思う。そう思って、打ち上げのときにかかる重圧とそのあとの無重力状態に耐えられるよう、本書は特別頑丈につくっておいた。

本書におさめたカラー写真のうち、かなりの数は前出のオンライン・アーカイヴで入手可能であることを、ここで指摘しておかなくてはならない。だが、そうした写真でも加工処理をほどこす必要がたびたびあって、現在わかっている最善の情報にあわせて色を修整したり、モザイク合成したコマのつなぎ目を消したり、補正されていない画素の斑点や、そのほか送信時にできたノイズなどに複写した画素を重ねたりした。またもちろん、いくつかの写真は修整作業の必要もなく、そのままおさめられた――これは、大抵匿名のままで、その写真にはただJPL（ジェット推進研究所）やNASA　としか記されない、才能ある画像処理技術者たちの存在の証である。称えられることのない、こうした人々にも、感謝の気持ちを捧げたい。もっと簡単に探し当てられるものなら、私はその人たちの名前も本書にのせたかった。

白黒写真についても、同じような考え方であたった。自然光のなかで、コダックのTri-Xフィルムに撮影していたら――ありそうにないことだが、想像はできる――そして、いまそのフィルムを引き伸ばし機にかけているのだとしたら、暗

5 各種惑星探査ミッションのオリジナル画像は、http://pdsimg.jpl.nasa.gov/Atlas/Atlas.htmlに多数保管されている。

室でどうしただろうか、と常に考えた。だがここでも、私の“可視光”ルールにとって、いくつか特筆すべき例外があった。1990年代初頭に探査機マジェランが送信してきた金星のレーダー写真がそのひとつだ。レーダー写真の場合、撮影範囲が可視光線をどう反射吸収するかは無関係で、その場所の地形のきめによって画像が決まるからである。これらの金星写真では、暗い部分がきめの荒い、レーダーを拡散させる地形で、明るい部分は平坦か、レーダー波をその発生源に反射しかえす物質で構成されているかのどちらかだ。とはいえ、判読可能な画像をつくるのに十分なほど可視光線写真と近い（だが、夢のような雰囲気をかもし出すくらいには異なった）結果が得られる。可視光で撮影されなかったごく少数の白黒写真にも、別の理由から、同じことがあてはまる。たとえば、本書で最初に登場する金星の画像や、木星上空にうかぶ衛星エウロパの２枚の写真がそうだが、この３点はいずれも赤外線で撮影されたものだ（56、242、243ページ）。可視光線で撮影されていない場合は、そのことを必ずキャプションに記してある。また、モザイク合成の場合もそう明記した。

1966～67年に５機のルナー・オービターから送られてきた月の白黒画像は、特殊なケースだ。いずれの写真も70mmフィルムで撮影されており、月周回軌道上で自動的に露出、現像され、さらにスキャンされて無線信号として地球へ送られ、再構成されるという手順をふんでいる。（おそらくここには、初期のスパイ衛星技術が、アポロの着陸地点候補を探す目的でつかわれたのだろう。）その結果、見事なハード・コピー写真ができたのだが、右上の写真でわかるように、はっきりとした“ベネチアンブラインド状の横縞”がでてしまった。そのためこれらの写真については、撮影後40年以上を経て今回あらためて超高解像度ドラム・スキャンをかけた後、アメリカ地質調査所（精巧な惑星地図や、探査機の成果をベースにしたさまざまな資料を手がける素晴らしい機関[6]）のルナー・オービター・デジタル処理計画当時から改良されたソフトウェアを使って、ポール・ガイスラーが部分的処理をほどこした。ルナー・オービターが撮影した画像についてはいずれも、ユニークな作成方法によって残ってしまった跡を、すべてとは言わないまでも取りのぞくため、デジタル・ツールを使って、さらに長時間にわたる手作業をしなければならなかった。

最後に、デジタル・クローニングと迫真性について、少し述べておきたい。前述したレゾー・マークの消去以外でも、探査機の信号中断や、画像処理中のさまざまな障害によって生じる、同一写真上のデータのとぎれをカバーするため、多くのケースでクローニング・テクニックを用いた。現代の画像処理プログラムをもってすれば簡単なことではあるが、それでもできるだけ最小限におさえた。太陽系の天体をとりかこむ黒いスペースを増やしたりもしたが、それは、その空間になにも見えるものが存在しないことを論理的に確信できる場合（多くは、同時に撮影された広角画像を参照した）に限った。また、127～130ページ掲載の、火星の砂嵐をマルチフレームでとらえた画像の右下隅がその代表例だが、場合によっては惑星の周縁部を少々つけたし、反対側の地平線とバランスがとれるようにした。私があえてこのようなことをしたのは、その方が写真の価値を高めると信じたからという以外に、そのモザイク画像を構成するコマが撮影されたとき、バイキング・オービターから見た火星のその辺りは、いずれにせよ不透明で光をはねかえす大気の幕におおわれていたからでもある。（ともかく、デジタル処理でつけくわえた部分は、その画像全体の５％以下にすぎない。）すべて打ち明けるために、もうひとつつけ加えよう。私はデジタル技術を使って、既存のモザイク合成画像２点に惑星の明暗境界線――惑星や衛星の昼夜をわける境界線のこと――を書き足した。どちらの画像でも、明暗境界線の一部は修整後と同じ位置にきちんと見えていたのだが、モザイク合成する際にもちいたほかの画像の縁がそのあたりに重なって見えなくなってしまったのだ。114ページと174～175ページ（様相は異なるが、この２枚は同一の火星モザイク写真）、および288～289ページ（海王星の衛星トリトンをとらえた唯一最高のモザイク写真）がその２点である。

だが、実質に迫らなければならないという重圧や長期にわたる画像作成作業について、ここに記したことを誤解してほしくはない。私は、いつの日か本当に自分で行ってみたいと思っているのだから――けれど、そのときはまずTri-Xフィルムかカラーのリバーサル・フィルムに替え、ブーツの紐ひもをむすび、ヴァイザーを下げ、宇宙食のチューブをくわえるだろう。かつてロバート・ハインラインは、その著書で呼びかけた。「宇宙服を着よ、旅に出よう」。

本書の写真についてのお問い合わせは、下記のURLからご連絡ください。
www.kinetikonpictures.com

「東の海」をとらえたルナー・オービターの画像。横縞をとりのぞく処理をする前と後。49ページも参照のこと。
ルナー・オービター４号、1967年５月25日

6 http://wwwflag.wr.usgs.gov/USGSFlag/Space/GEOMAP/PGM_home.html 参照。

終わりに：
地球にはなぜ人間がいるのか

ローレンス・ウェシュラー

第７学年［日本の中学１年生］、英語の小テスト。先生は「人類が地球上に存在しているのは何のためか」というシンプルな質問をして、生徒たちにその場で短い作文をさせる。時間は15分だ。

答はさまざまだが、そのうち11歳の少女（ここでは、私の娘サラとした）の作文を右に紹介しておいた。

読者の皆さんも同意してくださることと思うが、この種の答としてはなかなかの出来である。ほぼ同じような結論に達するのに、カントは３冊の分厚い本を書いたのだから。それに本書に集められた写真に対するコメントとしては（文法や綴りの点で些細なあやまりがあるにせよ、それはさておき）、実に適切である。

不思議と調和と論理か、なるほど。これに美と優雅さを加えてもいいだろう。しかし、必然的にはかなく、ちっぽけで、実に不確かな人間のまなざしに見つめられなければ、それらすべては——ここがサラの洞察力のすごいところだ——それらすべては無駄なのだ。

要するに、アーサー・クラークや、彼が本書の序文で展開しているいくつかの概念にその考え方が反映されている未来主義者諸氏は、すっかり誤解している。（見事に、ぞくぞくするほどに、刺激的なまでに間違えている——とにかく間違いは間違いだ。）ホモ・サピエンスにマキナ・サピエンスが取って代わり（どこかほかでは、カーボン・ベースの生命にシリコン・ベースの後継者が取って代わる、という言い方もされていた）、「本書の主題である探査機などは……私たちの後継者となっても不思議ではないだろう」という主張の方はそれほど間違っていない。あり得ることだ。そうならなければいいと思うけれど、私にはわからない。

いや、クラーク一派（そのなかには、我々の素晴らしいホストにしてキュレーターであるマイクル・ベンソンも含まれるように思われる時がある）が決定的に間違えているのは、どこかもっと微妙な副次的主張においてである。「このような証拠写真があるにもかかわらず、しかもそれは風景写真の最高傑作に数えられてもいいほど素晴らしい出来だというのに、ロボットたちにわずかでも知性や創造性があることを認めようとしない人は多い」とクラークは（思うに、私のような機械化反対者的ネアンデルタール人たちを引き合いにして）断言し、「だが、認めるのは早ければ早いほどいい。経験から学んで、失敗もうまく利用し、さらには人間と違って同じ過ちを二度と繰り返さない、そんな機械を私たち人間はもうすでに開発している」とつづける。それからその少し先では、自らの進化論的論旨を説明して（そして私が不器用にもやりかけた反論を巧みに先取りして）次のように言う。「生命のない惑星で、ほかからの助けも受けず、金属鉱物や鉱床が自力でコンピュータに直接進化するということはまずありえない。だが、知性と創造力が生物からしか生まれないとしても、一旦生み

『地球にはなぜ人間がいるのか？』

私たち人間が地球をずいぶん傷つけてきたのは事実だけれど、私たちがこの惑星に存在しているのには理由があると思う。私たちがここにいるのは、不思議で、調和がとれていて、論理もそなわっている世界が驚嘆されることを必要としているからだと思う。それに、そういうことのできる能力があるのは（わかっているかぎりでは）私たちの種だけだからだ。人類だけが、私たちのまわりに何があるのかと思いはかれるだけでなく、それがどうして私たちのまわりにあるのか、どんなふうに動いているのかを問えるのだ。私たちがここにいるのは、私たちがここでよく見ていなければ、世界の素晴らしい複雑さが無駄になってしまうからだ。それから最後に、私たちがここにいるのは、なぜ世界がそこにあるのかを考える存在を世界が必要としているからだ。

——サラ・ウェシュラー、11歳

冥王星・海王星の軌道の彼方から初めて太陽系全体をおさめた「ポートレート」写真の一部と、そこにうつった「淡いブルーの点（Pale Blue Dot）」、地球［Pale Blue Dotはカール・セーガンの著書名。邦訳『惑星へ』］。この写真を撮ったとき、ボイジャー１号は64億kmの彼方にいて、地球はわずか0.12ピクセルしかない。ボイジャー１号、1990年２月14日

出されてしまえば、その知性と創造力は、いまのところは必要とされている脆い有機基質がなくてもやっていけるようになるかもしれない」。彼と私が袂を分かつのは、ここなのだ。

よかろう、経験から学び、失敗から教訓を引き出せるような存在は、一種の知性と一種の創造性すらをも証明しているといえるかも知れない。だが、そういう類の知性なり創造性は、人間の意識のそもそもの根本ではない。畏怖というものについてはどうだろう？　それは、単なる人間にすぎない本書の読者の内に起こる圧倒的経験であるに違いない。私の娘の言葉によれば、私たちがここにいるのは、私たちがここでよく見ていなければ、世界の素晴らしい複雑さが無駄になってしまうからだ。そして、その素晴らしい魅惑的な複雑さを人間が経験するのは、畏怖という感覚——機械や探査機には決して（おそらく最終的には唯一）複製できない、まさにその感覚——を通してのことなのである。

サルトルが、1943年刊行の『存在と無』でハイデガーとフッサールの足跡をたどり、存在を即自と対自とに分けて説明したことはよく知られている。それによれば、即自とは、単にあるがままに存在するすべてである——つまりすべての物質的実在性（世界、大洋、大陸、あらゆる動植物、あらゆる惑星と恒星、恒星間の真空、あらゆる原子に原子間の空間、あふれんばかりの豊かな存在物、そしてもちろん、それらすべての一部分として、物質的実在のあらゆる刺激とプレッシャーにさらされ、物質的対象として独自の存在様式を取る我々自身）である。即自については、存在するすべては岩が岩であるのと同じありようであると言える。つまりそれは即あるのだ。これとは対照的に、対自は、＜意識＞という概念を引き出すためにサルトルがもちいた方法である。それはすなわち、程度の差こそあれ自らを認識し、感動やあこがれなどを自分自身で抱くことなのだ。指摘しておくが、サルトルは＜意識＞という概念を人間存在のみに限定してはいない——あらゆる意識は、なるほど最初こそ不完全だが、おなじ実存的実在性を分かち合う。これは岩のそれとはまるで異なる実在性であり、単にあるところのものとしてあることの決してない実在性であり、充満し飽満した状態を切望しながら、絶えず薄れてはなくなっていく実在性である。サルトルは論議のあちこちで、即自を本のタイトルにある＜存在＞と同一視し、対自を＜無＞と同一視しているようだ。そして、あらゆる対自存在はその定義からして、壊れやすく、死を免れず、完全に偶然的である（それは決してここにあるべきではなかったし、必ずや滅するだろう）。そういう意味では、死に向かって（程度の差はあっても自覚的に）邁進しているのだ。

私がこういう（明らかに単純化しすぎた）言葉で言いたいのは、クラークとその考えに同調する人たちが例のマキナ・サピエンスという夢へと明るく観念的突進をしながら無頓着に退けてしまっている、あのきわめて「脆い有機基質」こそが、驚異なり畏怖を経験するための基本的必須条件であるということだ。惑星と探査機それ自体は、即自という領域にもっぱら属している点で似ている。たくさんの小道具類がブーンと音を立てていようが、探査機の本質は結局のところ、岩が岩であるのと同じありようであり、それ以上のものではない。狙い、焦点を合わせ、パチリとやって、送信するように、との指令を受けることはできる。さらに、狙い、焦点を合わせ、パチリとやって、送信するというすべての過程をより一層効果的にやるよう自らに指令せよとの指令を受けることさえいくらでもできるが、畏怖を経験するようにとの指令を受けることはできない。そして、畏怖——驚異、感嘆——こそが、この写真集から学びとるべき最も重要なものなのである。結局のところ、それこそが価値あることで、とどのつまりは大切なのだ。

卓越した人物だった、かのバックミンスター・フラーは、晩年のある日、宇宙旅行の時代にあれほど貢献しながら、自分自身は宇宙空間をついに体験できなかったことで、結局は失望したのではないかと訊ねられたそうだ。老人は厳然と答えていわく、「お言葉ですが、ここは宇宙空間ですぞ」。

フラーの話を私に教えてくれた画家のデイヴィッド・ホックニーは、その日、宇宙ものの映画にどうしても興味をひかれないわけも語ってくれた。「そういう映画はどれもこれも輸送機関のことばかり取り上げているようでね。それぱかりなんだよ」と彼は強調したものだ。「ところで、輸送機関は我々を宇宙の果てに連れていけるようにはならんよ、バスをあてにするようなものさ。我々の頭のなかの意識みたいなものになら、可能かもしれないが」。

存在物としての宇宙探査機たちは、彼方まで飛翔しながら、宇宙の圧倒的な壮麗さをあますところなく体験しているだろうか？　しているだろう、多分。しかし、別の意味では（ホックニーの言う意味では）、探査機はただの猛烈に高性能化された超精密レンズ、見たところ永遠に広がりつづけていく活動範囲の最果てにある二焦点レンズにすぎないのだ。探査機そのものは、そもそも興味深いものである（公平に言えばもちろん興味深いなどという程度でなく、魅力的で、驚くようなものだ。その仕事の精巧さ、ましてやまったく大胆なその構想を考えれば、それ自体が口をあんぐりさせるほどの驚きと畏怖の対象なのである）——が、しかし結局はそれも、もっと驚異的なあるものの単なる延長にすぎない。あるものとは、はかなき人類の、眺め、驚嘆する能力——否、性癖——である。

かくして、あなたがいま手にしている本は、何層にも重なった不思議のレイヤーケーキなのである。もちろん、天体そのものの素晴らしさも味わわせてくれる。しごく単純にまったく何もないのではなく、どうして何かがあるのだろう、という疑問は、哲学者たちが真っ先に考える根元的なものだ。いまならこれに付け加えていいのかもしれない、どうして——とにかく、あるとして——これほどまでに途方もなく、本当とは思えないほどに、胸をかきむしるほどに素敵な何かが、と。しかし、そう表現してみると今度は、卓越した機構の心臓部で震えゆらめく魂という、もっと大きな謎が出てきてしまう。何もないのではなく何かがあるとするなら、あのような素晴らしさを認識し、ましてや感心もできるようになり得る何かが、その中心にはめ込まれて存在するというようなことが、どうして起こるのか（結局のところ、どうしてこれまで簡単に起こらなかったのか！）（そして、どうして恐ろしく簡単に起こらなくなるのか）？

そして、第一のもののあまりの大きさに比べてみたときの、この第二のもののはかなさ、つまり——あの延々とつづく方程式にあらわされる——本当にごくわずかな確率の偶然性こそが、この驚くべき写真集のあらゆるページに鳴り響きつづけている、素晴らしい宇宙の和音なのである（そして私はここで、私の幼い娘とのささやかな意見の一致を見いだすのだ)。*

---

*本書の締めくくりの言葉は、スロヴェニアの要塞で奮闘している、我らがホストにしてキュレーター、マイケル・ベンソンに委ねるべきだろう。私がこのテキストの初期草稿を送ったところ、彼は電子メールで以下のような文章を送信してきた。

草稿を読んでみて、次のようなシーンを思い出した。年配の著名な未来主義者であり、ＳＦ作家であり、著書を通じて宇宙における畏怖を伝えるという能力を長年発揮してきた大した人物が、南スリランカでお気に入りの浜辺のヤシの木陰にいる。車椅子と呼ばれるサイバネティックス支援器具にすわっている。彼の小さな愛玩犬ペプシは、いるべきところにいる。ぼくは、がたのきた塀に腰を下ろしている。熱帯の寄せる波が音を立て、遊ぶ子供たちの叫び声が聞こえている。海は、ここから赤道を経て、はるばる南極大陸までつながっている。ぼくたちは、絞りたての美味いジュースを一気に飲む。丘の上には、白い大きな仏教寺院が建っている。「ねえ、アーサー」とぼくは、素晴らしい浜辺の広がりを指し示しながら言う。「時々思うんだけれど、HALレベルの人工知能があったら、ああいったものに感心するだろうか」。「いい質問だ」と未来主義者は言う。

個人的にはこう思う——きっと、『2001年宇宙の旅』のHAL-9000の影響だろう——マシンの意識がビーッと鳴って息づいたら、それは畏怖心に似た何かを抱いて、というよりまさに畏怖心そのものを抱いて物を見ることができるだろう、ただ意識があるおかげで。IBMのビッグ・ブルーやぼくのアップルのような、いや、探査機カッシーニでもいいが、そういう栄光に輝く加算機のことを話しているわけではない。宇宙のなかにありながら独立した存在として自らを意識し、また、独立したものとしての優位な立場から宇宙を眺められる、なんらかのもののことだ。これは実際、意識のテストだよ、まさにあなたの主張するところだ。アインシュタインが言っているように（あなたとアーサー・クラークとがそれぞれ別々にぼくに引用してみせたやつ）、「宇宙で畏怖を経験できないのなら、その人は死んでいるも同然だ」。ぼくが言いたいのはつまり、原生人的猿人や、とてもよそよそしい、機械のような宇宙飛行士がたくさん登場する映画のなかでは、HALが実際もっとも人間らしいキャラクターだということだ。しかもHALは、自らがもつ道徳観ゆえに不安を感じており、スイッチを切られるのではと怯えている。思うに、キューブリックはそこでぼくら人間がマシンに何かを委ねるようはっきり言っていた……。ぼく自身のささやかな言葉を引用させてもらおう。「時々、私は考えてしまうのだ。人間がつくったセンサーが天空から送りつづけてきた、目を見張るほどの豊かさに、多くの人が気づかなかった、あるいはあえて目を向けようとしなかったという事態は、私たちの文明について一体何を物語るのだろうかと。こうした夢のような機械をつくりだした非宗教的な時代が同時に、機械によって解き明かされたものに向けられるべき畏怖の念を多少なりとも消し去ってしまう原因にもなっているのだろうか。機械にある程度の心と好奇心を与えたことによって、私たちはその分、自分たちの心と好奇心を失ってしまったのだろうか。もしかしたら、私たちにはもっと時間が必要なだけなのかもしれない。あるいは、角度を変えれば、もっと空間が必要なのかもしれないのだ」。

最後に、ひとつ。「たくさんの小道具類がブーンと音を立てていようが、探査機の本質は結局のところ、岩が岩であるのと同じありようであり、それ以上のものではない」とあなたは言うけれど、あの火星探査車についてのぼくの話を思い出してほしい。「親機」は息を引き取ったけれど、探査車自体は、さまざまな理由から、親機ほど寒さに弱くなかった。そして、地上の誰もが想定していたよりずっと長く「生きた」らしい。NASAのプレスリリースの仰天するような文章を思い起こしてほしい。いわく、「探査車の状態と状況は不明である、しかし、おそらく着陸機の周辺をまわりながら、交信を試みているだろう」。

もちろんポイントは、岩が死んだ「親」と連絡を取ろうとしながら、そのまわりを回るだろうか、ということだ。こんなことをするものが岩で、「それ以上のものではない」だろうか？　あるいは、ここでは物質が、何か思いがけず、興味深く、前例のないことをやっているのだろうか？　前例がないというのは、あなたもぼくも、サラも、誰もが物質でできているという事実を別にすれば、ということだけれど。

謝辞

本書は、数々の素晴らしい旅を計画・実行した科学者や技術者のチームがいてくれなければ生まれなかった。彼らの背後には、コンスタンチン・ツィオルコフスキーやヘルマン・オーベルト、ロバート・ゴダード、ヘルマン・ポトチュニック・ノルドゥングのような天才たちがいる。宇宙飛行が可能になったのはこの人たちのおかげだ。また、惑星学分野専門の画像処理技術者、さまざまな宇宙空間ウェブ・ノードの管理者諸氏にも感謝したい。

本書は、私が一度も会ったことのない人たちの恩恵にもあずかっている。なかでもカール・セーガンとティモシー・フェリスは、その著書によって、宇宙への畏敬の念と、その宇宙のなかで私たち人間が自らを位置づけようとしてきた努力の歴史を教えてくれた。またデイヴィッド・A・ロザリー、ヘンリー・S・F・クーパー、ダニエル・フィッシャー、ウィリアム・E・バロウズ、ジェフリー・クルーガーは、著書をとおして無人宇宙飛行と惑星学について教示してくれた。世間を驚かせたアポロ写真集『フル・ムーン』の著者であるマイケル・ライトは、彼の思うところを聞かせてくれた。現在は引退してしまったが、ガリレオ計画のディレクターで、ロボット探査機による宇宙開発の歴史に長年現場で立ち会ってきたビル・オニールと長時間話せたことも、私にとっては幸運だった。

イタリアの国立宇宙天体物理学研究所では、NASA（アメリカ航空宇宙局）地域惑星画像資料センターのデータ・マネージャーをしているアンナ・マリア・サンブーコと、現在、ESA（欧州宇宙機関）でマーズ・エクスプレスのミッションに携わっている気鋭の惑星学者ロベルト・オローゼイのおかげで、くつろいだ気分にさせてもらった。それどころか、当座の住まい——ベッドとミニ・キッチン、ヒーターを完備した船積コンテナ——の鍵までもらった。ロベルト、アンナ・マリア、本当に助かった、ありがとう。

アリゾナ大学のポール・ガイスラーは、惑星学界屈指の画像処理技術を惜しみなく発揮して、本書の企画を手伝ってくれた。2004年4月、JPL（ジェット推進研究所）のエリック・デジョンは、火星探査車が撮影したばかりの真新しいフル解像度画像をCD-ROM 3枚一杯におさめてくれた。セントルイス、ワシントン大学におかれたRPIF（地域惑星画像センター）のマーゴ・ミューラーとレイモンド・アーンスト、月惑星研究所のメアリ・アン・ヘイガーは、ルナー・オービターの画像や情報を提供してくれた。NASA/GSFC（ゴダード宇宙飛行センター）のドーン・マイヤーズはTRACE（トレース）の高解像度画像を送ってくれた。MODIS（モディス：地球観測衛星テラ搭載のセンサー）サポート・チームのブランドン・マッケローネは、私が地球の画像にアクセスするのを助けてくれた。ノースウェスタン大学のマーク・ロビンソンは、彼がつくった水星とエロスの見事なモザイク合成画像を使わせてくれた。タイフン・ワナーも海王星の衛星トリトンの合成画像使用を許してくれた。カルヴィン・J・ハミルトンはわずかな謝礼で10枚程の画像を貸してくれた。ローマのフォトーリオ・ガンバは月のスキャニング・ショットを多数提供してくれた。そして、それらの写真のいずれもが、アメリカの納税者の存在なくして本書に収まることはなかった。探査ミッションの資金は、この人たちが出したのだから。

貴重なインスピレーションの源であり、長年にわたって思慮ある言葉をつづっているローレンス・ウェシュラーがいなければ、私はニューヨーク出版業界の“食物連鎖”のなかをくぐりぬけられなかっただろう。彼はこの企画に最初から参加してくれた。ギャレット・ホワイトは、写真集や画集などのビジネスについてアドバイスしてくれた上、エージェントのサラ・レイジンにコンタクトを取ってくれた。私のエージェントになってくれたサラは、巧みな操舵術でこの企画に最適な港を見つけてくれた。また、たくさんの貴重なアドバイスをくれたことにも感謝したい。

経験豊かな編集者の手引きがあれば、本の制作プロセスというものは、はるかに実り多く楽しいものになりうるのだと気づくのに、そう長い時間は要らなかった。この本は、良いときも悪いときもずっと、エイブラムズ社の編集主任エリック・ヒメルがもつ知識と情熱、直接手を下しての仕事ぶりに大きく負っている。彼には深く感謝している。

本書に収められたテキストのうち3点と、写真数点は、すでにほかのところで発表したものである。「時間と空間の旅」は「アトランティック・マンスリー」誌に、「軌跡」は別の形で（そして別のタイトルで）「ガンツフェルト」に、小惑星の章もやはり少し違う形で「オムニヴォール」に掲載された。「アトランティック」のトビー・レスターは、洞察に富んだ編集作業をしてくれた。メアリ・パーソンズとジャック・ビーティもだ。レン・ウェシュラー、スティーヴ・ローレンス、私の兄弟のニック、ロバート・ポイントン、カレン・エリザベス・ゴードンは、主に「アトランティック」に出た記事について多くの貴重な意見をくれた。「ガンツフェルト」は、同誌に寄せた文章がきっかけで本書に協力してくれることになった。辛抱強く、また親切だった「ガンツ」のデザイナー、ピーター・ブキャナン=スミスには特に感謝している。

アーサー・C・クラークは、私がまだ読み方を習っていた頃からインスピレーションの源だったと言ってもいいだろう。もっとずっと最近の話になるが、私はその彼を個人的に訪ねるという幸運に恵まれ、スリランカで刺激的な楽しい会話を交わせたことを、とてもありがたく思っている。サー・アーサーのオフィスに勤めるロアン・デ・シルヴァ、レーニン・クマラシリ、ナラカ・グナワルデネも、彼が養子縁組を結んだ愉快な家族、ヴァレリーとヘクター・エーカナーヤケも、そろってユーモアあふれるもてなしをしてくれた。アシュリーとランジャネ・ラトナヴィブシャナは、スリランカでの私の旅がより楽しく素晴らしいものになるよう尽力してくれた。

妻メリタ・ガブリックの助けなしでは、この本は完成しなかった。妻の両親についても同じことが言える。3歳になる息子ダニエルを、ふたりはいつも喜んで田舎の邸に迎えてくれた。いつも変わらず支えてくれた父と、昔から宇宙に夢中だった母にも、ここで敬意を表しておきたい。1968年に母が『2001年宇宙の旅』を見につれていってくれなければ、この本は存在していなかっただろう。また、義理の姉リリー・ダイアーは、ニューヨークにある地の利のいいアトリエを快く使わせてくれた。

PR代理店ブリストップのフランチ・ザヴルは数年来サポートしてくれている協力者だが、私がリサーチして是非とも必要と考えた機器を、2種類の補助金で購入できるようにしてくれた。エレクトロニクスの大家イーヴォ・ヤズベッチは、コンピュータ関連のトラブルを解決してくれた。GVビジネス出版のスロボダン・シビンチッチとデュサン・スノイも、励ましばかりか直接資金援助までしてくれた。ファーマスイス社のスチュアート・スワンソンも、鋭い助言と金銭的援助、また本社での展覧会という素晴らしいアイディアまで出して、この企画を支えてくれた。

写真集や画集などのビジネスに詳しい写真家のマルコ・モディッチと、その妻にして熟練のグラフィック・デザイナー、バルバラ・ストゥピツァは本書に多大なる貢献をしてくれた。ZDF-Arte放送のドリス・ヘップは、この本の作業が私の長期にわたる映画企画『More Places Forever』を遅らせることになってしまったときも、実に辛抱強く待っていてくれた。チック・ビルズは本のタイトルや役に立つ連絡先をいくつも送ってきてくれた。

フォトーリオ・ドレンツでは、ダムヤン・ドレンツ、プリモツ・オレシュニック、デヤン・ベルチェフスキが、そろって忍耐強く、長時間にわたる協力をしてくれた。ASOBIデザイン・スタジオのミハ・トゥルシッチが腕を貸してくれ、探査機や太陽系のイラストを描いてくれたことも私には幸運だった。ミシガン州のビル・ジョーダンには、その熟練技をもって印刷前のチェックをしてもらった。

核心をつくアドバイスをくれたMITプレスのラリー・コーエンと、パウル・ツェランの詩『Thred-Suns（絲の太陽たち）』の使用を許可してくれたズールカンプ出版社のクリスティナ・ハートにも感謝している。

宇宙が大好きで、無重力状態の尋常ならざる開拓者ともいうべきアーティスト、マルコ・ペリハンとドラガン・ジヴァディノフのふたりは、10年にわたり、インスピレーションの源となってくれた。最後に、不思議なことかもしれないが、もしブライアン・イーノが生み出した音楽の複雑な筋と抽象的構造とがなかったら、この本は見た目も雰囲気ももっと違ったものになっていただろうと思う。「アナザー・グリーン・ワールド」は、いつかきっと見つかるに違いない。

2004年5月17日
スロヴェニア、リュブリャナにて
キネティコン・ピクチャーズ
マイケル・ベンソン

First published in the English language in 2003
By Harry N. Abrams, Incorporated, New York

Original English title: Beyond

ビヨンド 惑星探査機が見た太陽系

著者　マイケル・ベンソン
訳者　檜垣嗣子（ひがき・つぎこ）
発行　2005年3月20日

発行者　佐藤隆信
発行所　株式会社新潮社
郵便番号162-8711
東京都新宿区矢来町71
電話　編集部　03-3266-5411
読者係　03-3266-5111
http://www.shinchosha.co.jp
日本語版DTP　有限会社フロント
印刷所　シーアンドシーオフセットプリンティング
製本所　シーアンドシーオフセットプリンティング
加藤製本株式会社

乱丁・落丁本は、ご面倒ですが小社読者係宛お送りください。
送料小社負担にてお取替えいたします。
価格はカバーに表示してあります。
ISBN4-10-545101-4 C0072

Printed and bound in China by C&C Offset Printing Co., Ltd.

PICTURE CREDITS: The author gratefully acknowledges the individuals and institutions that have provided source images to this book, and takes full responsibility for any changes that may have been made to them. Every effort has been made to insure the accuracy of the picture credits, but corrections of any errors of attribution that may have taken place are invited. All images credited solely to MB [Michael Benson] or PG [Paul Geissler] come directly from primary data sets.

FRONT MATTER: Page 2 University of Arizona/LPL, MB; 5 NASA RPIF, PG, MB; 8 NASA RPIF **THE EARTH-MOON SYSTEM:** Page 12 SeaWiFS Project, NASA/Goddard Space Flight Center, and ORBIMAGE; 15 JPL; 16 NASA Goddard Space Flight Center, Image by Reto Stöckli , enhancements by Robert Simmon. Data and technical support: MODIS Land Group; MODIS Science Data Support Team; MODIS Atmosphere Group; MODIS Ocean Group Additional data: USGS EROS Data Center (topography); USGS Terrestrial Remote Sensing Flagstaff Field Center (Antarctica); 17 Jeff Schmaltz, MODIS Rapid Response Team, NASA/GSFC; 18 SeaWiFS Project, NASA/Goddard Space Flight Center, and ORBIMAGE; 19 (top left) Jacques Descloitres, MODIS Land Rapid Response Team, NASA/GSFC; 19 (top right) Jacques Descloitres, MODIS Land Rapid Response Team, NASA/GSFC; 19 (bottom left) The SeaWiFS Project, NASA/Goddard Space Flight Center, and ORBIMAGE; 19 (bottom right) Jacques Descloitres, MODIS Land Rapid Response Team, NASA/GSFC; 20 SeaWiFS Project, NASA/Goddard Space Flight Center, and ORBIMAGE; 22 Jacques Descloitres, MODIS Land Rapid Response Team, NASA/GSFC; 23 Jacques Descloitres, MODIS Land Rapid Response Team, NASA/GSFC; 24 Jacques Descloitres, MODIS Land Rapid Response Team, NASA/GSFC; 26 the SeaWiFS Project, NASA/Goddard Space Flight Center, and ORBIMAGE; 28 Jeff Schmaltz, MODIS Land Rapid Response Team, NASA/GSFC; 29 Jacques Descloitres, MODIS Land Rapid Response Team; 30 NASA Goddard Space Flight Center, Image by Reto Stöckli , enhancements by Robert Simmon. Data and technical support: MODIS Land Group; MODIS Science Data Support Team; MODIS Atmosphere Group; MODIS Ocean Group Additional data: USGS EROS Data Center (topography); USGS Terrestrial Remote Sensing Flagstaff Field Center (Antarctica); 32-33 PG, MB; 35 NASA RPIF, PG, MB; 36 NASA RPIF, PG, MB; 38-39 NASA RPIF, PG, MB; 41 NASA RPIF, PG, MB; 42-43 NASA RPIF, PG, MB; 44 NASA RPIF, PG, MB; 45-48 NASA RPIF, PG, MB; 49 NASA RPIF, PG, MB; 50-51 NASA RPIF, PG, MB; 53 NASA RPIF, PG, MB; 54-55 NASA RPIF, PG, MB **VENUS:** page 56 Calvin J. Hamilton; 59 US Geological Survey, MB; 60 US Geological Survey, MB; 61 US Geological Survey, MB; 62 US Geological Survey, MB; 63 US Geological Survey, MB; 64 US Geological Survey, MB; 66 US Geological Survey, MB; 68 US Geological Survey; 70 US Geological Survey, MB; 72 US Geological Survey, MB; 74 US Geological Survey, MB; 76 US Geological Survey, MB; 77-80 US Geological Survey, MB; 81 US Geological Survey, MB; 84 US Geological Survey, MB **SUN:** Page 86 TRACE, Stanford-Lockheed Institute for Space Research, MB; 89 SOHO (ESA & NASA), MB; 91 SOHO (ESA & NASA), MB; 92 TRACE, Stanford-Lockheed Institute for Space Research, MB; 93 TRACE, Stanford-Lockheed Institute for Space Research, MB; 95 (top) TRACE, Stanford-Lockheed Institute for Space Research, MB (bottom) SOHO (ESA & NASA); 96 TRACE, Stanford-Lockheed Institute for Space Research, Dawn Myers, MB; 97 (top) TRACE, Stanford-Lockheed Institute for Space Research, Dawn Myers, MB; (bottom) TRACE, Stanford-Lockheed Institute for Space Research, MB; 98 (top) TRACE, Stanford-Lockheed Institute for Space Research, MB; (bottom) TRACE, Stanford-Lockheed Institute for Space Research, MB; 99 TRACE, Stanford-Lockheed Institute for Space Research, MB 100 Lockheed Martin Palo Alto Research Center and ISASS, Japan **MERCURY:** Page 102 TRACE, Stanford-Lockheed Institute for Space Research, MB; 105 Mark S Robinson, Mercury 10 Image Project, Northwestern University, MB; 107 Mark S Robinson, Mercury 10 Image Project, Northwestern University, MB, 108 Calvin J. Hamilton,additional frames/processing MB; 110 Mark S Robinson, Mercury 10 Image Project, Northwestern University, MB; 112 Mark S Robinson, Mercury 10 Image Project, Northwestern University, MB **MARS:** Page 114 USGS, MB; 117 MB, colors PG and MB; 119 USGS, MB; 120 MB, colors PG and MB; 122 MB,PG; 123 ESA/DLR/FU Berlin (G. Neukum), MB; 124 mosaic and prccessing by MB, color by PG, MB; 126 MB; 127-30 mosaic by MB and PG; color by PG; addtl proc MB; 131 NASA/JPL/MSSS,MB; 134 NASA/JPL/MSSS,MB; 135-38 NASA/JPL/Cornell, MB; 139 NASA/JPL/MSSS, MB; 140 NASA/JPL/MSSS, MB; 142 NASA/JPL/MSSS,MB 144 PG, MB; 145 MB, PG; 146 MB; 147 MB; 148 MB, PG; 149, MB, PG; 150 MB; 151 NASA/JPL/Arizona State University; 152 NASA/JPL/Arizona State University; 154 MB; 155 MB; 156 NASA/JPL/MSSS, MB; 157 (top, bottom) MB; 158 (top) NASA/JPL/MSSS, MB (bottom) NASA/JPL/MSSS; 160 (all shots) NASA/JPL/MSSS; 161 NASA/JPL/MSSS, MB; 162 MB; 163 ESA/DLR/FU Berlin (G. Neukum), MB; 164 MB; 166 MB; 168 (top & bottom) NASA/JPL/MSSS; 170-171 (top left) NASA/JPL, MB (top right) NASA/JPL, MB (middle) NASA/JPL, MB (bottom left) ESA/DLR/FU Berlin (G. Neukum), MB (bottom right) NASA/JPL, Dr. Norbert Gasch (via WhatonMars.com), MB; 172 NASA/JPL, MB 174 USGS; MB 176 NASA/JPL/MSSS; 177 MB, PG; 178 MB **ASTEROIDS:** Pages 180-181 Mark S Robinson, Northwestern University, MB; 182 Mark S Robinson, Northwestern University, MB; 185 JPL,MB; 186 MB; 187 JPL,MB; 188 Mark S Robinson and Kirk Moore, Northwestern University, MB; 189 Mark S Robinson and Kirk Moore, Northwestern University, MB; 190 Johns Hopkins University, Applied Physics Laboratory, MB; 191 Johns Hopkins University, Applied Physics Laboratory, MB; 192 Mark S Robinson and Ashley Milne, Northwestern University, MB; 193 Johns Hopkins University, Applied Physics Laboratory, MB **THE JUPITER SYSTEM:** Page 194 JPL, MB; 197 PG, MB; 198 NASA/JPL/CICLOPS/University of Arizona, MB; 199 NASA/JPL/CICLOPS/University of Arizona, MB; 200 JPL, MB; 202 JPL, MB; 203 PG, MB; 204 PG, MB; 205 (top and bottom) JPL, MB; 206-207 MB; 208 MB, PG; 210 NASA/JPL/CICLOPS/University of Arizona, MB; 212 NASA/JPL/CICLOPS/University of Arizona, MB; 214 PIRL/U of Arizona, MB; 216 (top & bottom) U of Arizona LPL, MB; 217 PIRL/U of Arizona, MB; 218 University of Arizona/LPL, MB; 220 USGS, MB; 221 PIRL/U of Arizona, MB; 222 USGS, MB; 223 USGS, MB; 224 JPL, MB; 225 PG, MB; 226 MB; 227 MB; 228 MB; 230 MB; 231 MB; 232 MB; 234 NASA/JPL, MB; 235 MB; 236 MB; 237 JPL; 238-239 MB; 240 MB; 242 MB; 243 MB; 244 University of Arizona, MB; 245 PIRI/University of Arizona, MB; 246 USGS, MB; 248 PG, MB; 249 MB; 250 (left) MB (center) JPL (right) MB; 252 JPL; 253 Calvin Hamilton, MB **SATURN:** Page 254 NASA and STScI/AURA w/: R.G. French (Wellesley College), J. Cuzzi (NASA/Ames), L. Dones (SwRI), and J. Lissauer (NASA/Ames); 257 MB; 258 MB; 259 MB; 260 NASA and STScI/AURA w/: R.G. French (Wellesley College), J. Cuzzi (NASA/Ames), L. Dones (SwRI), and J. Lissauer (NASA/Ames); 262 MB, 263 MB; 264 MB; 265 MB; 266 JPL, MB; 267 MB; 268 MB; 270 MB; 271 MB except for top left image, which is Calvin Hamilton; 272 MB except for bottom right image, which is JPL; 273 Calvin Hamilton **URANUS:** Page 274 Calvin J. Hamilton; 277 JPL, MB; 278 (top) Calvin J. Hamilton (bottom) USGS; 279 Calvin J. Hamilton **NEPTUNE:** Page 280 JPL, MB; 283 JPL, MB; 284 JPL, MB; 285 (top) JPL, MB; (bottom) Calvin J. Hamilton; 286 JPL, MB; 287 JPL, MB; 288 USGS;MB; 290 A. Tayfun Oner; 291 JPL, MB; 292 Calvin J. Hamilton, MB **ESSAYS:** page 294 David H. Scott and Kenneth L. Tanaka, USGS; 295 NASA/JPL/MSSS; 296 (top) NASA/JPL/MSSS; (bottom) JPL; 297 (top) Johns Hopkins University, Applied Physics Laboratory; (bottom) SOHO (ESA & NASA); 298 (top) JPL (bottom) NASA/JPL/MSSS; 299 (top) NASA/JPL/MSSS; (bottom) NASA/JPL/MSSS; 300 (top) JPL (bottom) JPL; 301 (top) MB (middle) PG (bottom) USGS; 302 (top) JPL (bottom) Space Telescope Science Institute; 303 STSI; 304 (top and middle) Uffizi, Florence; (bottom) California Institute of Technology; 305 NSSDC; 306 (top) NASA (bottom) NASA; 307 (top) NSSDC (bottom) NSSDC; 308 NASA; 309 (top) NASA Ames (bottom) NASA KSC; 310 (left) NASA MSFC; (right) NASA MSFC; 312 PG, MB; 313 (top and bottom) MB; 315 (top) NASA RPIF (bottom) NASA RPIF, PG, MB; 216 JPL.

OUTER SOLAR SYSTEM
（外部太陽系）